Heinrich Harrer · Ordnungsreduktion

Heinrich Harrer

Ordnungs-reduktion

Vom komplexen Strukturmodell zur vereinfachten Beschreibung technischer Systeme

Mit 52 Abbildungen und 25 Tabellen

Pflaum

Die Deutsche Bibliothek – CIP-Einheitsaufnahme

Ein Titeldatensatz für diese Publikation ist bei
der Deutschen Bibliothek erhältlich.

Titelbild: Schema einer Gasturbine mit Strukturdarstellung

ISBN 3-7905-0847-0

Druck und Bindung: Pustet, Regensburg
Printed in Germany

Inhalt

Hinweis

Zum Autor

Dr. Heinrich Harrer, Maschinenbaustudium, Vertiefungsrichtung Energie- und Kraftwerkstechnik; Promotion, Thema *Modellbildung, Systemanalyse und Entwicklung reduzierter Modelle zur dynamischen Simulation von Fluggasturbinen;* mehrjährige wissenschaftliche Tätigkeit im Bereich der Regelungstechnik an einer elektrotechnischen Fakultät; Projektingenieur in einem Industrieunternehmen

Vorwort

Dieses Buch gibt eine praktisch orientierte Einführung in die breite Thematik der Ordnungsreduktion mathematisch beschriebener Systeme. Die Anwendung von Ordnungsreduktionsverfahren ist vor allem in der Regelungstechnik von großer Bedeutung, hat allerdings in vielen anderen Bereichen für Ingenieure und Wissenschaftler einen großen Stellenwert erlangt. Das Buch stellt ein wichtiges Bindeglied dar zwischen allgemeinen Darstellungen in Werken zur Systemtheorie, die dieses Gebiet nur am Rande betrachten, und Fachartikeln, die spezielle Detailprobleme vertieft beleuchten. Diese Lücke zu schließen, war Motivation für die vorliegende zusammenfassende Betrachtung des Themenkomplexes. Das Buch ist als Lehrbuch konzipiert, dient darüber hinaus jedoch auch als Nachschlagewerk für Ingenieure, die Interesse haben, sich das weite Feld der Ordnungsreduktion zu erarbeiten oder ihr Wissen auf diesem Gebiet zu vertiefen bzw. zu erweitern.

Die Kapitel 1 und 2 geben eine grundlegende Einführung in die Thematik der Ordnungsreduktion mathematisch beschriebener Systeme und beleuchten die zunehmende Notwendigkeit zur Anwendung von Ordnungsreduktionsverfahren. In Kapitel 3 und 4 sind die wesentlichen Verfahren zur linearen Systemtheorie sowohl im Frequenzbereich als auch im Zeitbereich ausführlich und vertieft dargestellt, wobei ein wesentlicher Schwerpunkt auf die Hervorhebung der jeweiligen Vorzüge der verschiedenen Verfahren gelegt wurde. Zur Verdeutlichung der dargestellten Sachverhalte wurden, wo es lohnend erschien, Beispiele angeführt. In jüngerer Zeit verschieben sich die Forschungsschwerpunkte auf dem Gebiet der Ordnungsreduktion immer mehr in Richtung nichtlinearer Verfahren; bereits bestehende Verfahren werden weiterentwickelt, neue Verfahren an realen Aufgabenstellungen erprobt. In Kapitel 5 wird deshalb eine zusammenfassende Darstellung moderner Verfahren der Ordnungsreduktion nichtlinearer Systeme gegeben.

Einleitung

Die mathematische Beschreibung der dynamischen Eigenschaften eines Systems bezeichnet man als mathematisches Modell. Das der Modellbildung zugrunde liegende dynamische System kann z.B. ein chemischer Prozess, ein elektrischer Antrieb oder ein Flugzeug sein. Die Entwicklung von, der Realität entsprechenden, mathematischen Modellen ist der wichtigste Teil einer anschließenden Analyse- oder Reglerentwurfsaufgabe. Mit dem Bestreben, immer bessere Produkte zu erzeugen, steigen die Anforderungen an die Regelung und Überwachung technischer Prozesse. Um Qualität und Zuverlässigkeit zu verbessern, ist eine genaue Kenntnis der Prozesse und der auf sie einwirkenden äußeren Einflüsse notwendig. Dies führt dazu, dass bei der Modellbildung möglichst viele physikalische Eigenschaften berücksichtigt werden müssen, um die Wirklichkeit nachbilden zu können. Man gelangt somit zu Modellen hoher Ordnung ($n = 20, \ldots, 200$). Je größer die Modellordnung ist, desto schwieriger werden Systemanalyse und -synthese, so dass es schwer fällt, Aussagen über das dynamische Verhalten der Systeme oder über die Vorgehensweise bei der Reglerauslegung zu machen. Daraus ergibt sich die Notwendigkeit, die angesprochenen Aufgabenstellungen durch den Gebrauch von Modellen geringer Ordnung, die eine gute Nachbildung der Wirklichkeit darstellen, zu erleichtern. Weiterhin ist die dynamische Optimierung komplexer Prozessabläufe, wie sie vor allem in der chemischen und biotechnischen Industrie zu finden sind, im Hinblick auf die Kostenstruktur und damit auf die Konkurrenzfähigkeit von entscheidender Bedeutung. Neben einer Vielzahl von Möglichkeiten zur Modellvereinfachung unterstützen den Anwender weitergehende Verfahren zur Ordnungsreduktion. Die Aufgabenstellung bei der Modellreduktion ist, eine reduzierte Systembeschreibung für ein Modell hoher Ordnung zu finden, damit das reduzierte Modell in Bezug auf eine bestimmte Systemeigenschaft das ausführliche Modell möglichst genau abbildet.

Es gibt mehrere Möglichkeiten, die Höhe der Modellordnung in Grenzen zu halten. Schon bei der Modellbildung kann versucht werden, unerheblich erscheinende physikalische Effekte zu vernachlässigen. Dies hat zur Folge, dass ein einfaches Modell (geringe Modellordnung) entsteht, die Abbildung der Wirklichkeit jedoch äußerst grob wird. Schwierig ist dabei die Auswahl derjenigen Effekte, die in Bezug auf die Modellbildung vernachlässigt werden dürfen. Das reduzierte Modell, das man aus den physikalischen Gesetzen erhält, kann für den weiteren Gebrauch ungeeignet sein. Folglich müssen an dem ausführlichen mathematischen Modell, unter der Bedingung, dass die wesentlichen Eigenschaften des Systems erhalten bleiben, selbst Vereinfachungen vorgenommen werden.

In der Regel sind alle technischen Prozesse nichtlinear, so dass allgemeine lineare Verfahren (z.B. zur Reglerauslegung) nicht angewendet werden können. Ein erster Schritt zur Modellvereinfachung ist der Übergang zu einer linearisierten Systembeschreibung. Weitere Möglichkeiten sind dann z.B.:

- Approximation von Systemen mit verteilten Parametern durch Modelle mit konzentrierten Parametern,
- Ersetzen der kontinuierlichen Systeme durch zeitdiskrete Systeme,
- Ersetzen von linearen zeitvariablen Systemen durch zeitinvariable Systeme,
- Reduzierung der Ordnung linearer zeitinvariabler Modelle.

Die oben genannten Verfahren zur Modellvereinfachung beziehen sich im Wesentlichen auf Vernachlässigungen bei der Modellbildung und werden als bekannt vorausgesetzt. Die breite Vielfalt der Ordnungsreduktionsmethoden, ausgehend von einer bereits durchgeführten Modellbildung, verlangt einen großen Erfahrungswert zur Auswahl eines geeigneten Verfahrens. Obwohl etliche Übersichtsaufsätze [12, 14, 96, 144, 145, 157, 158] veröffentlicht wurden, steht bisher ein umfangreiches Nachschlagewerk auf diesem Gebiet nicht zur Verfügung. Einige dieser Arbeiten [96, 144] haben ein spezielles Verfahren im Auge, dessen Vorzüge durch Vergleich mit alternativen Methoden hervorgehoben werden soll. Andere Arbeiten [14, 44, 64, 145, 159] berühren Themen wie *Reduktion nichtlinearer Modelle* nicht oder nur ansatzweise, so dass sie die Zielrichtung, die mit diesem Buch verfolgt wird, nicht erfüllen können. Hiermit soll diese Lücke geschlossen werden, um einem wesentlich größeren Anwenderkreis dieses Spezialgebiet zu erschließen. Das vorliegende Buch soll deshalb zum einen als Nachschlagewerk und zum anderen als Lehrbuch dienen. Neben der Beschreibung der wichtigsten Methoden auf dem Gebiet der linearen Systemtheorie und der Darstellung der neuesten Entwicklungen im Bereich der nichtlinearen Systemtheorie werden praktische Aspekte zur Auswahl eines geeigneten Ordnungsreduktionsverfahrens, mit der Zielrichtung, die Verlässlichkeit bekannter Methoden hervorzuheben, untersucht.

1 Modellreduktion

Jedes Modell ist eine vereinfachte Darstellung der Wirklichkeit. Die Nützlichkeit eines Modells ist dann gegeben, wenn es diejenigen Effekte der Realität beschreibt, die für eine spezielle Anwendung wichtig sind. Beispielhaft sei hier die Vorgehensweise bei einer Reglerauslegung genannt. In diesem Fall muss das Modell neben etwaigen Systeminstabilitäten auch mögliche Störeinflüsse berücksichtigen und korrekt nachbilden. Die Notwendigkeit, eine Ordnungsreduktion durchzuführen, ergibt sich zwangsläufig dann, wenn als Ergebnis einer Modellbildung eine mathematische Systembeschreibung hoher Ordnung entsteht. Verantwortlich dafür sind im Wesentlichen zwei Gründe. Zum einen wird ein umfangreiches Systemmodell generiert, je genauer die Systembeschreibung die Wirklichkeit widerspiegeln soll und die Modellbildung dazu bis ins Detail gehend erfolgen muss. Der zweite Grund für ein Modell hoher Ordnung liegt in der Komplexität des untersuchten Systems. Eine hohe Modellordnung wirkt sich jedoch dann nachteilig aus, falls das Modell als Basis zu einem Reglerentwurf herangezogen werden soll. Ein Grund dafür ist das Problem, geeignete Gewichtungsfaktoren oder geeignete Eigenwerte des geschlossenen Kreises zum Reglerentwurf bei umfangreichen Modellen sinnvoll vorzugeben. Weitere Schwierigkeiten bestehen darin, dass viele Reglerauslegungsverfahren Modelle hoher Ordnung nicht handhaben können, oder aber im Ablauf äußerst zeitaufwendig werden. Unabhängig von der Intention des erzeugten Systems hoher Ordnung, versuchen die verschiedenen Verfahren der Ordnungsreduktion die Handhabung des vorhandenen Modells zur Systemanalyse oder zur Reglerauslegung zu erleichtern. Je nach Aufgabenstellung (Systemanalyse, Reglerentwurf) verlangen die Ordnungsreduktionsverfahren allerdings unterschiedliche Vorgehensweisen, damit geeignete Ergebnisse erzielt werden können [41].
Bisher gibt es kein Ordnungsreduktionsverfahren, das universell für alle möglichen Modelldarstellungen geeignet wäre. Ein erster Schritt zur Einteilung der Ordnungsreduktionsverfahren ist an die Art der Modellbeschreibung gekoppelt. Man unterscheidet zwischen Systembeschreibungen im Frequenz- und im Zeitbereich. Eine weitergehende Klassifizierung der Verfahren zur Ordnungsreduktion nach [13] ist in Bild 1.1 zu sehen. Danach werden drei Kategorien der Ordnungsreduktion unterschieden:

- Methoden, die eine Polynomapproximation zugrunde legen (Frequenzbereich),

- Methoden, die auf Systemtransformationen im Zustandsraum aufbauen,
- Methoden, die bestimmte Fehlerintegrale approximieren (Zeitbereich).

Bei der Betrachtung dieses Schemas ist zu beachten, dass die Einteilung möglichst allgemein gehalten ist und keine speziellen Systemeigenschaften berücksichtigt, wie z.B.:

- Eingrößensysteme (SISO) – Mehrgrößensystem (MIMO),
- Symmetrische Systemmatrizen – unsymmetrische Systemmatrizen,
- Zeitdiskrete Systemdarstellung – Zeitkontinuierliche Systemdarstellung.

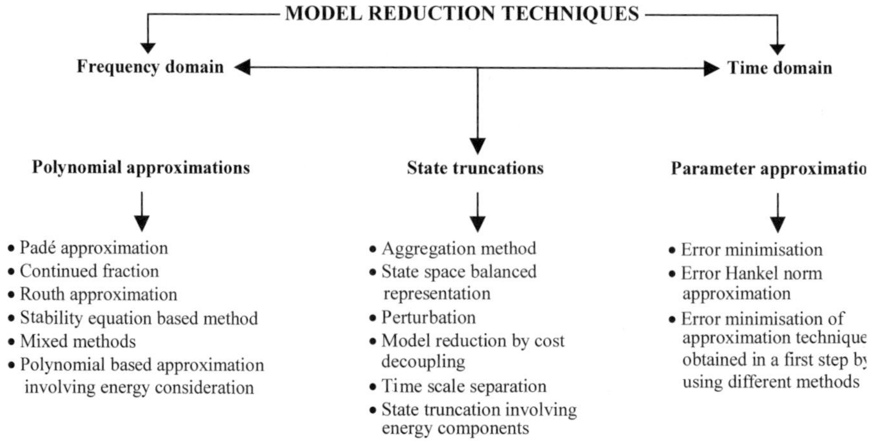

Bild 1.1: Klassifizierung nach Fortuna [13]

Grundsätzlich unterscheidet man zwischen Frequenzbereichs- und Zeitbereichsverfahren. Methoden, die auf Systembeschreibungen im Zustandsraum aufbauen, sind oftmals nicht eindeutig diesen Kategorien zuzuordnen, da deren Basisverfahren vollständig im Zeitbereich beschrieben sind, Modifikationen allerdings häufig Stützstellen im Frequenzbereich zur Ordnungsreduktion heranziehen.

Bei vielen Verfahren gibt es noch zahlreiche Untervarianten, die unterschiedlich gut z.B. für die Reglerauslegung geeignet sind. Diese modifizierten Verfahren werden aufgrund spezieller Detailverbesserungen der Basismethoden nicht weiter vertieft. Ein Nachteil aller Verfahren, die in diesem Buch besprochen werden, ist, dass nur parametrische Modelle reduziert werden können. Systeme, die als Messwerte der Systemantwort auf beliebige Eingangssignale beschrieben sind und Systeme, die in Form von gemessenen Werten des Frequenzganges vorliegen, können nicht mit diesen Verfahren bearbeitet werden.

2 Grundbegriffe der Ordnungsreduktion

Das Ziel aller Ordnungsreduktionsverfahren ist, ein Modell niedrigerer Ordnung für eine Systembeschreibung hoher Ordnung (ausführliches Modell) zu finden, so dass z.B. das Ein- / Ausgangsverhalten durch die reduzierte Systembeschreibung möglichst gut angenähert wird. Soll eine Modellvereinfachung durchgeführt werden, sind vorrangig die Eigenheiten des Systems und seines mathematischen Modells zu erarbeiten. Dadurch ergibt sich ein erster Anhaltspunkt für den zu wählenden Weg der Ordnungsreduktion. Speziell zu berücksichtigende Systemeigenschaften wie z.B. »Stabilität«, »Dämpfungsgrad« und »Linearität« erlauben besondere Methoden, die bessere Ergebnisse liefern als allgemeine Verfahren. Für lineare Systeme wurden seit Mitte der siebziger Jahre zahlreiche Reduktionsmodelle entwickelt [14, 26]. Die Basis vieler Verfahren ist dabei die Systemdarstellung im Zustandsraum. Diese Betrachtungsweise ist für die Beschreibung von komplexen Mehrgrößensystemen vorteilhafter als die Darstellung durch Übertragungsfunktionen.

Die Verfahren zur Ordnungsreduktion lassen sich in Anlehnung an [14] in fünf Gruppen einteilen:

- Minimierung des Ausgangsfehlers [1, 3],
- Minimierung des Gleichungsfehlers [2],
- Singuläre Perturbation [4, 117],
- Modale Ordnungsreduktion [94],
- Ordnungsreduktion anhand balancierter Zustandsraumdarstellungen [15].

Die Beschreibung der Systeme im Zustandsraum verlangt eine für die weitere Bearbeitung geeignete Darstellungsform. Ausgehend von den physikalischen Erhaltungssätzen und Bilanzgleichungen ist es zweckmäßig, diese in einen Satz von Differentialgleichungen erster Ordnung umzuformen. Die Vorgehensweise soll am Beispiel eines Gleichstrommotors, entnommen aus [194], prinzipiell vorgestellt werden. Eine ausführliche Beschreibung der Modellbildung findet sich in der Literatur [194].

Ausgehend von den Gleichungen des Feld- und Ankerkreises sowie den mechanischen Gleichungen erhält man folgendes Gleichungssystem:

$$\begin{aligned} &\dot{\psi}_{\mathrm{f}} = u_{\mathrm{f}} - R_{\mathrm{f}} i_{\mathrm{f}}\,,\; i_{\mathrm{f}} = f(\psi_{\mathrm{f}})\,, \\ &\frac{L_{\mathrm{A}}}{R_{\mathrm{A}}} \dot{i}_{\mathrm{A}} + i_{\mathrm{A}} = \frac{1}{R_{\mathrm{A}}}(u_{\mathrm{A}} - e_{\mathrm{M}})\,,\; e_{\mathrm{M}} = \mathrm{c}\,\omega \psi_{\mathrm{f}}\,, \\ &J\dot{\omega} = M_{\mathrm{A}} - M_{\mathrm{L}}\,,\; M_{\mathrm{A}} = \mathrm{c}\, i_{\mathrm{A}} \psi_{\mathrm{f}}\,,\; \mathrm{c} = \mathrm{const.}\,, \end{aligned} \tag{2.1}$$

mit $\dot{\Psi}_\mathrm{f} = \mathrm{d}\dot{\Psi}_\mathrm{f} / \mathrm{d}t$ dem induktiven Spannungsabfall an der Feldwicklung, Ψ_f dem magnetischen Fluss, i_f dem Feldstrom, u_f der von außen angelegten Feldspannung, $R_\mathrm{f} i_\mathrm{f}$ dem Spannungsabfall am Ohmschen Widerstand R_f des Feldkreises, u_A der von außen aufgeprägten Ankerspannung des Motors, $R_\mathrm{A} i_\mathrm{A}$ dem Spannungsabfall am Ohmschen Widerstand R_A des Ankerkreises, $L_\mathrm{A} \dot{i}_\mathrm{A}$ der Induktivität des Ankerkreises, ω der Winkelgeschwindigkeit des Ankers, M_L dem Lastmoment, M_A dem Antriebsmoment und J dem Trägheitsmoment. Durch Einsetzen der gewöhnlichen Gleichungen in die Differentialgleichungen und anschließender Auflösung nach den Ableitungen erhält man die gesuchte Systemdarstellung in folgender Form:

$$
\begin{aligned}
\dot{\psi}_\mathrm{f} &= -R_\mathrm{f} f(\psi_\mathrm{f}) + u_\mathrm{f}\,, \\
\dot{i}_\mathrm{A} &= \frac{R_\mathrm{A}}{L_\mathrm{A}} i_\mathrm{A} - \frac{\mathrm{c}}{L_\mathrm{A}} \omega \psi_\mathrm{f} + \frac{1}{L_\mathrm{A}} u_\mathrm{A}\,, \\
\dot{\omega} &= \frac{\mathrm{c}}{J} i_\mathrm{A} \psi_\mathrm{f} - \frac{1}{J} M_\mathrm{L}\,.
\end{aligned}
\tag{2.2}
$$

Die Beschreibung dieses Systems erfolgt durch einen Satz von drei Differentialgleichungen erster Ordnung. In Gl. (2.2) gehen die Feldspannung u_f, die Ankerspannung u_A und das Lastmoment M_L als *Eingangsgrößen* auf der rechten Seite der Gleichungen ein. Als zeitlich veränderbare Größen wurden bei der Modellbildung die Winkelgeschwindigkeit ω, der magnetische Fluss ψ_f sowie der Ankerstrom i_A bestimmt. Sind für diese Größen die Anfangswerte bekannt, so sind die Funktionen $\omega(t)$, $i_\mathrm{A}(t)$, $\psi_\mathrm{f}(t)$ die Lösungen des obigen Differentialgleichungssystems. Sie kennzeichnen den dynamischen Zustand des Systems für jeden Zeitpunkt t, weshalb sie als *Zustandsgrößen* des Systems bezeichnet werden. Ausgangsgröße ist die Winkelgeschwindigkeit ω der Welle, die zugleich auch Zustandsvariable des Systems ist.

Die beschriebene Vorgehensweise lässt sich verallgemeinern. Wie bereits erwähnt, erhält man durch die Systembeschreibung im Zustandsraum, ausgehend von den physikalischen Gesetzen (Bilanzgleichungen), einen Satz verkoppelter nichtlinearer Differentialgleichungen 1. Ordnung. Diese Gleichungen lassen sich im Allgemeinen linearisieren und werden dann in folgender Vektorschreibweise angegeben:

$$
\begin{aligned}
\dot{\boldsymbol{x}}(t) &= \boldsymbol{A}\boldsymbol{x}(t) + \boldsymbol{B}\boldsymbol{u}(t)\,, \\
\boldsymbol{y}(t) &= \boldsymbol{C}\boldsymbol{x}(t) + \boldsymbol{D}\boldsymbol{u}(t)\,.
\end{aligned}
\tag{2.3}
$$

In Gl. (2.3) ist $\boldsymbol{x}(t) = [x_1, \ldots, x_n]^\mathrm{T}$ der Zustandsvektor, $\boldsymbol{y}(t) = [y_1, \ldots, y_q]^\mathrm{T}$ der Ausgangsvektor und $\boldsymbol{u}(t) = [u_1, \ldots, u_m]^\mathrm{T}$ der Eingangsvektor. Die Vektorschreibweise lässt eine geometrische Deutung zu. Die Zustandsvariablen $\boldsymbol{x}(t)$ werden als Koordinaten eines n-dimensionalen Raumes aufgefasst. Dieser wird als

Zustands- oder Phasenraum bezeichnet. Zu einem bestimmten Zeitpunkt t_1 haben die Zustandsvariablen bestimmte Werte $x_i(t_1)$, und definieren damit einen bestimmten Punkt in diesem Zustandsraum. Für wachsendes t ändert sich der Zustandspunkt. Den Verlauf, den der Zustandspunkt im Zustandsraum einnimmt, bezeichnet man als Bahnkurve, Zustandskurve oder Trajektorie der Systemdarstellung.

Man kann bei einer gegebenen Aufgabenstellung annehmen, dass die einzelnen Zustandsgrößen unterschiedlich starken Einfluss auf das Übertragungsverhalten einer bestimmten Ausgangsgröße haben. Ein Problem besteht darin, diejenigen Zustandsgrößen herauszufinden, die im reduzierten System für eine gute Simulation wesentlich sind. Trilling [96] betont die Bedeutung der Auswahl von Zustandsgrößen. Er stellt fest, dass »ein wesentlicher, wenn nicht der wesentliche Punkt einer Systemreduktion die Auswahl der Variablen aus allen möglichen Zustandsgrößen ist«. Dieser Gedanke wurde von Barth und Jaschek [134] aufgegriffen. Es gelang ihnen, über Wesentlichkeitsmaße ein Auswahlkriterium anzugeben. Dieses Verfahren ist vor allem dann hilfreich, wenn die Ordnung des reduzierten Systems höher ist als die Anzahl der notwendigen Zustandsgrößen. Darüber hinaus sind aus den übrigen Zustandsgrößen noch zusätzlich diejenigen auszuwählen, die für das Übertragungsverhalten wesentlich sind. Die Zustandsgrößen lassen sich nach unterschiedlichen Kriterien festlegen [14]:

- *Messgrößen* – sind ohne großen Aufwand bestimmbar,
- *Ausgangsgrößen* – ihr zeitlicher Verlauf soll möglichst gut nachgebildet werden,
- *Kritische Größen* – haben im betrachteten System eine besondere Bedeutung (Grenzwerte) und dürfen deshalb nicht vernachlässigt werden.

Welche Zustandsvariablen wesentlich sind, hängt von der konkreten Problemstellung ab und ist nicht allgemein zu beantworten. Daher wird mittels geeigneter Dominanzuntersuchungen eine analytische Auswahl getroffen, die allerdings bei unbefriedigenden Ergebnissen überarbeitet werden muss. Nach Auswahl der wesentlichen Zustandsgrößen wird das System gemäß den Gln. (2.4, 2.5) neu geordnet. Im Vektor $\mathbf{x}_1(t)$ werden die r wesentlichen Zustandsgrößen zusammengefasst. Der Vektor $\mathbf{x}_2(t)$ enthält die $n-r$ »unwesentlichen« Zustandsgrößen:

$$\begin{bmatrix} \dot{x}_1(t) \\ \dot{x}_2(t) \end{bmatrix} = \begin{bmatrix} A_{11} & A_{12} \\ A_{21} & A_{22} \end{bmatrix} \begin{bmatrix} x_1(t) \\ x_2(t) \end{bmatrix} + \begin{bmatrix} B_1 \\ B_2 \end{bmatrix} u(t), \tag{2.4}$$

$$y(t) = [C_1 \quad C_2] x(t). \tag{2.5}$$

Vernachlässigt man die im Vektor $\mathbf{x}_2(t)$ zusammengefassten Zustandsgrößen, so erhält man für das durch »Abschneiden« (Index tru von »truncated«) reduzierte System:

$$\dot{\boldsymbol{x}}_{\mathrm{tru}}(t) = \boldsymbol{A}_{11}\boldsymbol{x}_{\mathrm{tru}}(t) + \boldsymbol{B}_1\boldsymbol{u}(t)\,, \tag{2.6}$$

$$\boldsymbol{y}(t) = \boldsymbol{C}_1\boldsymbol{x}_{\mathrm{tru}}(t)\,. \tag{2.7}$$

Der Vektor $\boldsymbol{x}_{\mathrm{tru}}(t)$ stellt dann den r-dimensionalen Zustandsvektor dar, der den Vektor $\boldsymbol{x}_1(t)$ möglichst gut annähern soll. Im Fall des beschriebenen Gleichstrommotors gelingt eine Reduzierung auf die 1. Ordnung. Die wesentliche Zustandsgröße ist die Winkelgeschwindigkeit ω. Aufgrund der kleineren Zeitkonstanten der Übertragungsvorgänge des magnetische Flusses ψ_{f} sowie des Ankerstromes i_{A} werden diese im reduzierten System vernachlässigt.

2.1 Allgemeine Definition

Ziel aktueller Projekte, wie z.B. auf dem Gebiet der Prozessführung, ist die Erschließung von Methoden zur Entwicklung vereinfachter Modelle, damit die momentan zur Verfügung stehenden Verfahren der Regelungs- und Steuerungstechnik praxisbezogen angewendet werden können. Die momentan zur Verfügung stehenden Verfahren verlangen zum Entwurf von z.B. Prozessführungsstrategien nach wie vor Modelle nicht allzu großer Komplexität. Da eine ausreichende Reduktion der Komplexität oftmals nicht ausschließlich durch Vereinfachungen während der Modellbildung erreicht werden kann, werden weitergehende Struktur- und Ordnungsreduktionsverfahren betrachtet. Damit gelangt man zu folgendender Definition für den Begriff »Ordnungsreduktion [139]«:

»*Unter Ordnungsreduktion versteht man die Aufgabe, ein mathematisches Modell hoher Ordnung mittels geeigneter Verfahren durch ein Modell niederer Ordnung mit minimalem Fehler gegenüber dem Originalsystem zu approximieren.*«

Unter dem Begriff *Modell* soll die analoge Beschreibung der Wirklichkeit verstanden werden, die es ermöglicht, einen Einblick in die »reale Welt« zu gewinnen [139]:

»*Als Modell bezeichnet man ein ideell vorgestelltes oder materiell realisiertes System, das einen Forschungsgegenstand adäquat wiederspiegelt oder spezifische Eigenschaften und Relationen analog reproduziert und ihn so zu vertreten vermag, dass sein Studium es dem Menschen ermöglicht, neue Kenntnisse über diesen Untersuchungsgegenstand zu erhalten oder zur besseren Beherrschung des Untersuchungsgegenstandes selbst beizutragen.*«

Modelle lassen sich je nach Ziel der Aufgabenstellung klassifizieren. Allgemein werden folgende Modellkategorien je nach Aufgabenstellung unterschieden [139]:

- »*Erkenntnis* – neue Informationen über das Original sind gesucht«,
- »*Erklärung und Demonstration* – gesucht sind Hilfsinformationen, die das Verständnis für im Prinzip bekannte Erkenntnisse verbessern (z.B. Fallbeispiele)«,

- »*Indikation* – am Modell werden Eigenschaften des Originals sichtbar oder messbar gemacht, die am Original selbst nicht zugänglich sind (z.B. Herzsimulator)«,
- »*Variation und Optimierung* – das Modell soll die Möglichkeiten schaffen, durch gezielte Operationen, bei gegebener Prinziplösung bzw. Struktur und Funktion von Original und Modell, eine quantitative Optimierung des Originals durch schrittweise Annäherung am Modell zu erlauben (z.B. Netzmodell der Energieverteilung)«,
- »*Verifikation* – eine vorhandene Hypothese oder eine technische Konstruktion soll am verkleinerten Modell geprüft werden (z.B. Versuchsmuster)«,
- »*Projektierung* – mittels eines Modells soll eine zweckmäßige Variante eines zu erarbeitenden oder zu produzierenden Objektes ausgearbeitet werden (z.B. Projektierungsmodell des Städtebaus)«.
- »*Ersatzfunktion* – Teilsysteme sollen abgebildet werden (z.B. Nachbildung spezifischer Anlagenkomponenten, die in direkter Verbindung zum untersuchten Gegenstand sind)«,

Ein weiterer wichtiger Begriff, *Simulation*, sei hier definiert:

Simulation ist die Nachbildung physikalischer, technischer oder biologischer Prozesse durch mathematische oder physikalische Modelle, die eine wirklichkeitsnahe, jedoch einfachere, billigere oder gefahrlosere Untersuchung als am Original erlauben.

Die Notwendigkeit für die Simulation von Prozessen mit vereinfachten Nachbildungen sind vielfältig und im Folgenden nach [221] aufgelistet:

- Der Prozess ist selbst nicht zugänglich (z.B. Mondlandung).
- Der Prozess ist noch nicht verfügbar (Entwicklung, Forschung).
- Die Untersuchung zerstört das Objekt (Zerstörende Materialtests).
- Langfristige Auswirkungen sollen vorhergesehen werden (z.B. Klimaveränderungen).
- Vorgänge verlaufen in der Realität zu schnell (z.B. Elektrotechnik).
- Untersuchungen am System sind zu gefährlich (z.B. Flugsimulationen).

Es gibt im Wesentlichen drei grundsätzliche Prinzipien zur Simulation von realen Systemen. Die verschiedenen Vorgehensweisen unterscheiden sich dabei im Grad der Abstraktion zum realen System (siehe Bild 2.1). Das der Wirklichkeit am besten entsprechende und damit am geringsten abstrahierende Prinzip wird hauptsächlich in der Flug-, Fahrzeug- und Schiffstechnik angewendet und basiert auf der »Physikalischen Ähnlichkeit«. Die »Physikalische Analogie« findet sich bei Untersuchungen am Analogrechner. Dort wird ein reales System über die Analogie eines elektrischen Netzwerkes abgebildet. Aufgrund der stürmischen Rechnerentwicklung ist die Anwendung des Analogrechners stark in den Hintergrund getreten und nur noch vereinzelt anzutreffen. Bei der in diesem Buch relevanten Kategorie handelt es sich um die mathematische Beschreibung der Wirklichkeit (»Mathematische Analogie«). Dieses Prinzip weist den

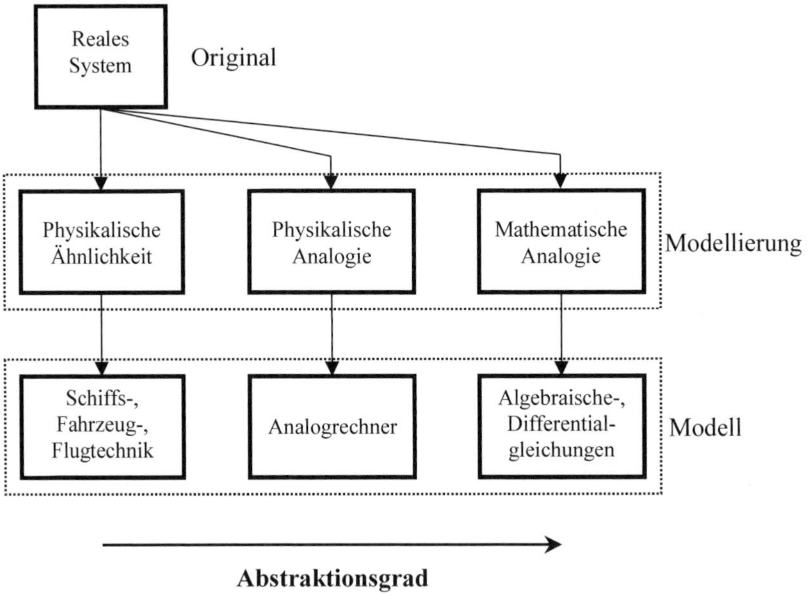

Bild 2.1: Prinzipien der Modellbildung

größten Abstraktionsgrad auf und beruht auf einem System von algebraischen Gleichungen oder/und Differentialgleichungen. Aufgrund der zunehmenden Leistungsfähigkeit der Digitalrechner haben die mathematischen Systembeschreibungen immer mehr an Bedeutung gewonnen, so dass sich daraus die Notwendigkeit einer umfassenden Darstellung der in diesem Buch geschilderten Thematik ergibt. Grundsätzlich ist zu beachten, dass die Simulationsergebnisse immer von der Qualität der zugrunde liegenden mathematischen Modellbeschreibungen abhängig sind. Ein wichtiger Punkt ist somit die Generierung hochwertiger Modelle, was zwangsläufig zu sehr komplexen Modellbeschreibungen führt. Daraus leitet sich die Notwendigkeit ab, reduzierte mathematische Modelle zu erzeugen. Die Vorgehensweise bei der Simulation erfolgt nach dem in Bild 2.2 dargestellten Schema. Ausgehend von einer realen Problemstellung wird ein mathematisches Modell mittels Bilanzgleichungen (z.B. physikalische Erhaltungssätze von Masse, Energie und Impuls) generiert. Darauf aufbauend erfolgt eine Modellvereinfachung/ Modellreduktion, um für die anstehende Aufgabenstellung (Simulation, Parameteranalyse, Regelungsentwurfsaufgabe, etc.) eine geeignete Darstellung zu bekommen. Ein wesentlicher Aspekt in der geschilderten Ablaufkette kommt der Modellerstellung zu. Sie erfolgt in drei Schritten: Systemanalyse, Modellanpassung und Modellbewertung. Durch die Systemanalyse werden die Schnittstellen (Eingangs- und Ausgangsgrößen) zur Umgebung sowie die internen relevanten Zustandsgrößen festgelegt. Dabei ist die Blockdarstellung der relevanten Teilelemente, wie es Bild 2.5 beispielhaft für eine

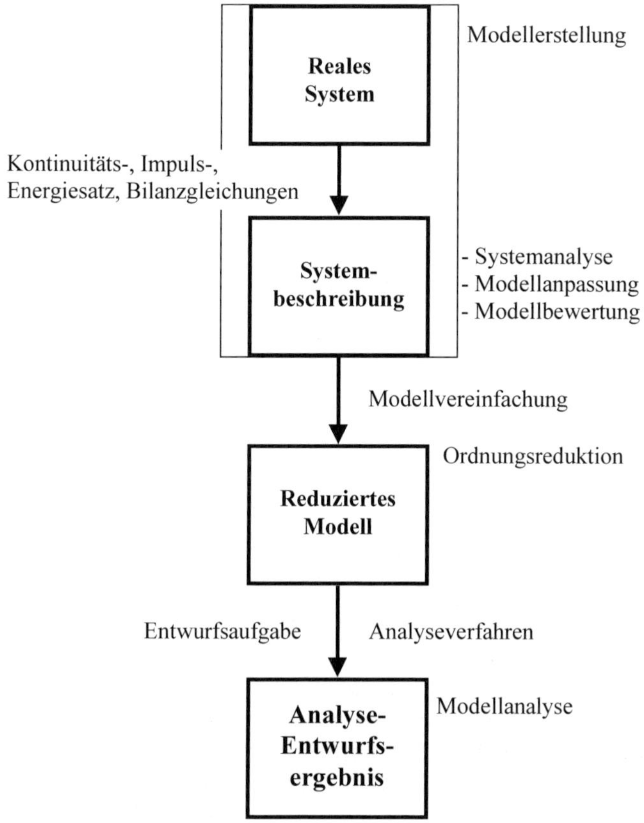

Bild 2.2: Vorgehensweise bei der Simulation

Heizungsregelung zeigt, hilfreich. Anschließend erfolgt die Umsetzung der physikalischen Zusammenhänge in mathematische Gleichungen. Werden dabei zeitlich veränderbare Größen, wie z.B. Drücke, Temperaturen betrachtet, führt das zu einem Satz von Differentialgleichungen. Damit das generierte Modell möglichst gut mit der Wirklichkeit übereinstimmt, werden im nächsten Schritt die Systemparameter angepasst. Zu beachten ist generell, dass das Modell immer nur eine vereinfachte Abbildung eines tatsächlichen Sachverhaltes sein kann. Eine Abschätzung über den Gültigkeitsbereich des Modells ist somit unumgänglich. Dies geschieht durch den Vergleich von Messreihen mit unterschiedlichen Eingangssignalen in verschiedenen Arbeitspunkten. Man spricht dabei von Modellvalidierung. Die zu untersuchenden Systeme lassen sich in verschiedene Gruppen einteilen. Für diese gibt es unterschiedliche Verfahrensweisen zur Simulation oder Systemanalyse. Man unterscheidet im Wesentlichen die in Tabelle 2.1 aufgeführten Begriffspaare. Die Abkürzung SISO steht für »Single Input Single Output« und klassifiziert Systeme mit nur einer Eingangs- und einer

Tabelle 2.1: Klassifizierung von Systemen

Stationär	Dynamisch
Linear	Nichtlinear
Deterministisch	Stochastisch
Zeitvariant	Zeitinvariant
Eindimensional (SISO)	Mehrdimensional (MIMO
Konzentrierte Parameter	Verteilte Parameter

Ausgangsgröße. Systeme mit mehreren Eingangs- und Ausgangsgrößen werden als MIMO-Systeme (»Multi Input Multi Output«) bezeichnet. Zur Verdeutlichung des Begriffs *System* soll in Anlehnung an [221] folgende Definition dienen.

Ein System ist eine abgegrenzte Anordnung verschiedener Komponenten, die in gegenseitiger Wechselwirkung zueinander stehen (Bild 2.3). Formell lassen sich Systeme mit Eingangs- und Ausgangsgrößen darstellen. Die verschiedenen Elemente des Systems können dabei körperliche Gegenstände als auch gedachte Methoden sein. Ein System heißt dynamisches System, wenn die beschreibenden Größen des Systems zeitlich veränderbar sind.

In Bild 2.3 beziehen sich die in Klammern gesetzten Eintragungen auf das Folgende Beispiel einer Heizungsregelung.
Als Beispiel für ein dynamisches System soll (entnommen aus [221]) die Temperaturregelung eines Hauses betrachtet werden (Bild 2.4 und Bild 2.5). Die Ein-

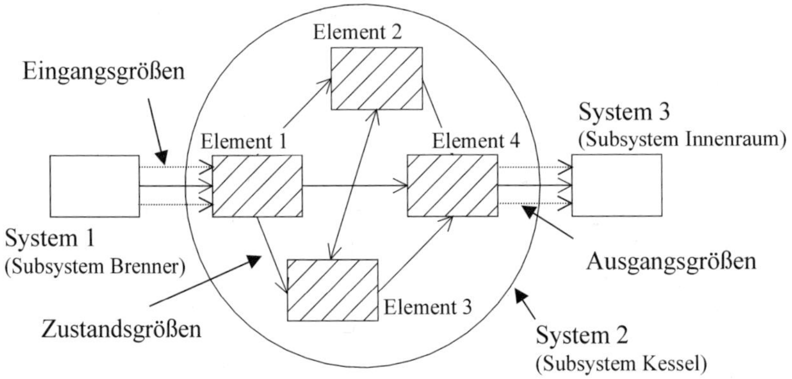

Bild 2.3: Symbolische Systemdarstellung in Anlehnung an [221]

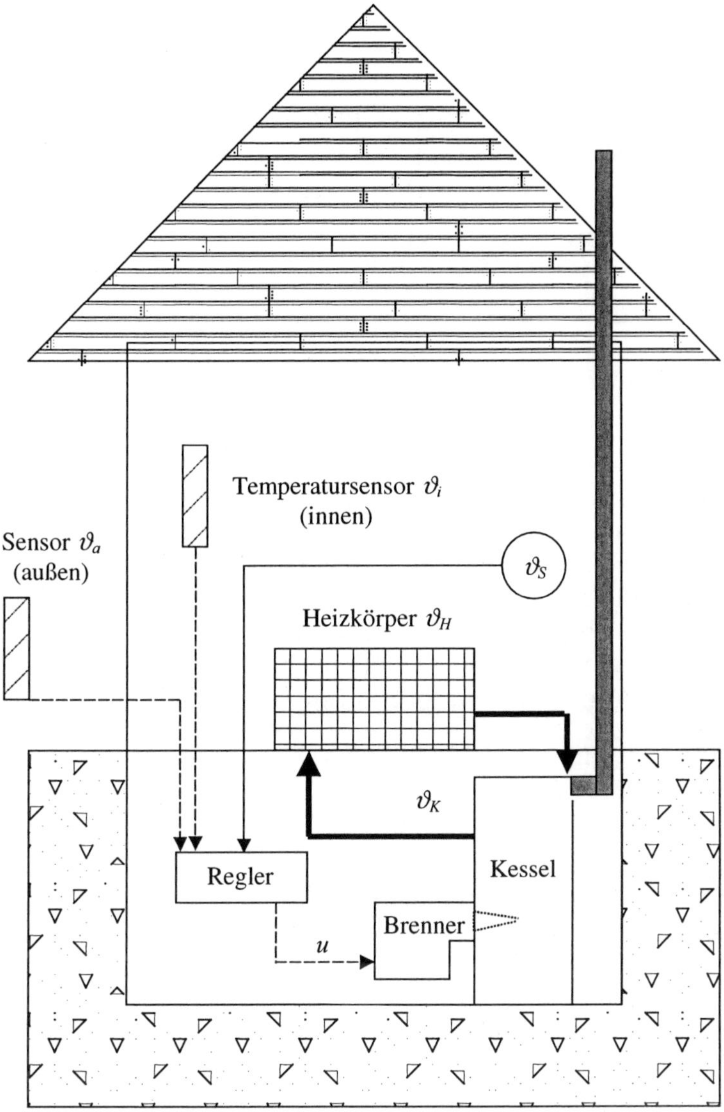

Bild 2.4: Heizungsregelung [221]

gangsgrößen in dieses Heizungssystem sind die Solltemperatur ϑ_S sowie die als Störgröße zu betrachtende Außentemperatur ϑ_a. Als Zustandsgrößen werden die Kesseltemperatur ϑ_K und die Innenraumtemperatur ϑ_i definiert. Die zu regelnde Größe, die Innenraumtemperatur, ist in diesem Beispiel sowohl Zustandsgröße als auch Ausgangsgröße. Die einzelnen Elemente (Subsysteme) des Gesamtsystems *Heizungsregelung* sind Brenner, Kessel, Heizkörper, Innenraum.

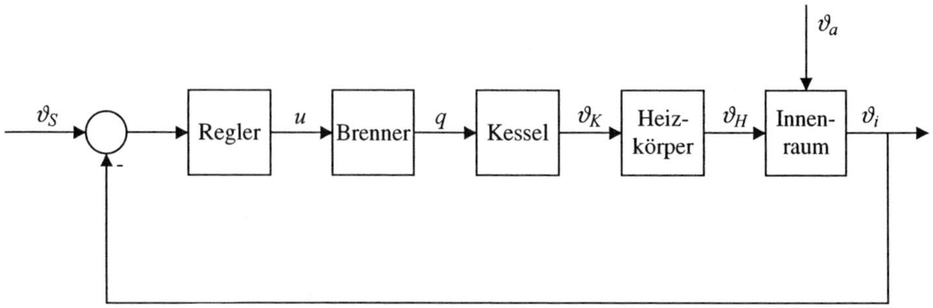

Bild 2.5: Blockdiagramm der Heizungsregelung [221]

Nach der Identifizierung relevanter Teilsysteme und deren Wechselwirkungen (Bild 2.5) soll im nächsten Schritt die Modellgenerierung aufgezeigt werden. Das Blockdiagramm dient zur Kontrolle, ob ein kontinuierlicher Signalfluss gewährleistet ist. Sollte das nicht der Fall sein, so wurden bei der Bestimmung der Teilsysteme wichtige Elemente nicht beachtet. Das Systemelement »Regler« ermittelt aus dem Vergleich von Sollwert (gewünschte Innenraumtemperatur $\vartheta_S(t)$) und dem vorhandenen Istwert (tatsächliche Innenraumtemperatur $\vartheta_i(t)$) unter der vereinfachten Annahme einer proportionalen Abhängigkeit das Stellsignal $u(t)$ für den Brenner:

$$u(t) = k_S\left(\vartheta_S(t) - \vartheta_i(t)\right). \tag{2.8}$$

Der Brenner erzeugt einen Wärmestrom $q(t)$, der in diesem Fall vereinfacht proportional zum Stellsignal angenommen wird:

$$q(t) = \mathrm{k}_1 u(t). \tag{2.9}$$

Durch Bilanzierung der Wärmeströme ergibt sich die Änderung der Kesseltemperatur $\vartheta_K(t)$:

$$\dot{\vartheta}_K(t) = -\frac{1}{\mathrm{T}_1}\left(\vartheta_K(t) - \vartheta_i(t)\right) + \mathrm{k}_2 q(t). \tag{2.10}$$

Die Heizkörpertemperatur $\vartheta_H(t)$ ist unter der Vernachlässigung von Wärmeübergangserscheinungen auf das Mauerwerk während des Transportes vom Kessel zum Heizkörper und unter Vernachlässigung der Transportzeit gleich der Kesseltemperatur $\vartheta_K(t)$:

$$\vartheta_H(t) \approx \vartheta_K(t). \tag{2.11}$$

Eine Bilanz für den zu temperierenden Innenraum ergibt folgende Differentialgleichung:

$$\dot{\vartheta}_{\mathrm{i}}(t) = -\frac{1}{\mathrm{T}_2}\left(\vartheta_{\mathrm{i}}(t) - \vartheta_{\mathrm{a}}(t)\right) + \frac{1}{\mathrm{T}_3}\left(\vartheta_{\mathrm{H}}(t) - \vartheta_{\mathrm{i}}(t)\right). \tag{2.12}$$

Die Gln. (2.8) bis (2.12) bilden das vereinfachte mathematische Modell der Heizungsregelung. Durch Einsetzen von Gl.(2.8) und Gl. (2.9) in Gl. (2.10) und durch Einsetzen von Gl.(2.11) in Gl. (2.12) ergibt sich die sog. Zustandsraumdarstellung des Systems, wie sie später im Buch in der Regel als Grundlage zur Modellbeschreibung verwendet wird. Die Koeffizienten T_1, T_2 und T_3 geben die Zeitkonstanten der relevanten Übergangsvorgänge im System an:

$$\begin{bmatrix} \dot{\vartheta}_{\mathrm{K}}(t) \\ \dot{\vartheta}_{\mathrm{i}}(t) \end{bmatrix} = \begin{bmatrix} -\frac{1}{\mathrm{T}_1} & \left(\frac{1}{\mathrm{T}_1} - \mathrm{k}_1\mathrm{k}_2\mathrm{k}_{\mathrm{S}}\right) \\ \frac{1}{\mathrm{T}_3} & \left(-\frac{1}{\mathrm{T}_2} - \frac{1}{\mathrm{T}_3}\right) \end{bmatrix} \begin{bmatrix} \vartheta_{\mathrm{K}}(t) \\ \vartheta_{\mathrm{i}}(t) \end{bmatrix} + \begin{bmatrix} \mathrm{k}_1\mathrm{k}_2\mathrm{k}_{\mathrm{S}} & 0 \\ 0 & \frac{1}{\mathrm{T}_2} \end{bmatrix} \begin{bmatrix} \vartheta_{\mathrm{S}}(t) \\ \vartheta_{\mathrm{a}}(t) \end{bmatrix}. \tag{2.13}$$

2.2 Modellvereinfachung

Im vorigen Abschnitt wurde die Vorgehensweise bei der Modellbildung an einem einfachen Beispiel erläutert. Es sollte verdeutlicht werden , dass die Modellbildung komplexer dynamischer Systeme eines der wichtigsten Aufgabenpakete bei der Systementwicklung oder Systemanalyse ist [135, 136]. So ist beispielsweise ein wichtiger Schritt bei der Entwicklung mikroelektronischer Schaltungen die Verifikation des Chip-Layouts vor der Fertigung. Dazu wird aus dem geometrischen Layout die elektrische Schaltung als Netzliste extrahiert. Werden dabei auch sogenannte Sekundäreffekte (z.B. Kapazitäten oder Widerstände von Leitungen) berücksichtigt, entstehen sehr große Schaltungen, die durch vereinfachte Darstellungen (reduzierte Modelle) simuliert werden sollen. Dazu wird zunächst, ausgehend von der Netzliste, eine Darstellung im Zustandsraum erzeugt, welche anschließend mit geeigneten Verfahren vereinfacht werden soll. Die Untersuchung eines dynamischen Systems im Hinblick auf eine Reglerauslegung oder zur theoretischen Analyse verlangt als Grundlage Modelle, die das Systemverhalten in Bezug auf die geforderte Aufgabenstellung möglichst genau beschreiben. Gleichzeitig ist eine möglichst einfache Darstellung des zu untersuchenden Systems gewünscht. Dabei handelt es sich um widersprechende Zielsetzungen nach zum einen realistischer und zum anderen einfacher Systembeschreibung. Jede Modellbildung ist somit zugleich an Modellvereinfachungen gekoppelt, um das aus physikalischen Gesetzen generierte Modell zur weiteren

Verwendung anzupassen. Häufig ergibt sich das Problem, dass ein Modell zu umfangreich ist, um für eine vorgegebene Aufgabenstellung eingesetzt zu werden. Deshalb müssen Strategien zur Modellvereinfachung schon bei der Modellbildung mit einbezogen werden. Diese Strategien basieren entweder auf physikalischen Annahmen oder auf bestimmten mathematischen Vorgehensweisen zur Modellreduktion. In diesem Zusammenhang stellt sich die Frage, weshalb nicht schon bei der Bildung des mathematischen Modells solche physikalischen Effekte vernachlässigt werden, die für die vorgegebene Aufgabenstellung unbedeutend sind. Es würden damit Modelle hoher Ordnung schon bei der Modellgenerierung durch eine »physikalische Modellreduktion» verhindert. Um diese Forderungen zufriedenstellend erfüllen zu können, müssen eine Vielzahl von Entscheidungen getroffen werden:

- Welche Größen, Kräfte oder Einflüsse sind zu modellieren oder zu vernachlässigen?
- Welche Terme sind nur mit schwachen Kopplungen und/oder mit hohen Eigenfrequenzen am Übertragungsverhalten beteiligt?
- Welche Annahmen über lineare Beziehungen können getroffen werden?
- Wie lässt sich das Gesamtsystem in vereinfachende Subsysteme mit welchen Wechselwirkungen aufteilen?

Im Vorfeld der Modellbildung muss also schon die Entscheidung fallen, welche Effekte als unbedeutend zu betrachten sind. Insbesondere bei Systemen mit einer Vielzahl von gleichartig strukturierten Elementen und ähnlichen Dimensionen in den Parametervektoren, wie z.B. bei Destillationskolonnen oder großen Raumfahrtstrukturen, lässt sich eine Aussage darüber nur schwer treffen. Momentane Forschungsvorhaben, wie z.B. »Entwicklung reduzierter Modellstrukturen für gerührte Bioreaktoren« [147] oder »Methoden zur Vereinfachung komplexer Modelle am Beispiel von Blasensäulen-Reaktoren« [146], zeigen die Aktualität dieser Aufgabenstellung. Ein anlagenspezifisches Expertenwissen ist notwendig, um die aufgeführten Fragestellungen beantworten zu können. Die gebräuchlichste Vorgehensweise zur Erstellung vereinfachter Modelle ist die Erzeugung von linearen zeitinvarianten Modellen, abgeleitet aus nichtlinearen zeitvarianten Systemen mit verteilten Parametern. Generell lassen sich die in Tabelle 2.1 in der rechten Spalte aufgezeigten komplexen Systemeigenschaften durch ihr Pendant in der linken Seite vereinfacht beschreiben. Für diese Klasse von vereinfachten Modellen existieren viele Entwurfs- und Systemanalyseverfahren. Weiterhin reicht, bei z.B. alleiniger Betrachtung des Übergangsverhaltens, die Beschreibung der vollständig steuer- bzw. beobachtbaren Teilsysteme aus, um gute Ergebnisse zu erhalten. Bei einem anschließenden Reglerentwurf müssen auch alle wesentlichen nicht steuer- und beobachtbaren Systemanteile berücksichtigt werden. Zum Entwurf einer Festwertregelung genügt eine an einem Arbeitspunkt liniearisierte Modellbeschreibung, wogegen bei Folgeregelungen oder Regelungen mit wechselnden Arbeitspunkten eine an einem Arbeitspunkt linearisierte Modellbeschreibung zu ungenügenden Resultaten führen kann.

Abhelfen kann dabei die Bildung eines Multimodells, wobei die Stabilitätsfrage besonders beachtet werden muss. Ein weiterer Gesichtspunkt zur Modellvereinfachung ist die Ersetzung funktionaler Zusammenhänge (z.B. Kennlinien) durch vereinfachende Ansätze (z.B. analytische Funktionen). Diese Problematik ist eine von Genauigkeitsanforderungen geprägte zusätzliche komplexe mathematische Aufgabenstellung. Weitere Methoden zur vereinfachten Modellbeschreibung sind durch Einführung geeigneter Zustandsrückführungen zur »Exakten Linearisierung« oder Entkopplung von Mehrgrößensystemen gekennzeichnet. Ziel ist die Zerlegung in voneinander unabhängigen Eingrößensystemen, die sich leicht in wesentliche oder vernachlässigbare Systeme gruppieren lassen. Unter Berücksichtigung der genannten Methoden zur strukturellen Modellvereinfachung kann das Problem auftauchen, dass die Ordnung des vereinfachten Modells im Hinblick auf die Anzahl der Zustandsgrößen bzw. Systemparameter nach wie vor zu komplex ist, um zufriedenstellende Ergebnisse zu liefern. Dies zeigt sich z.B. bei der Betrachtung von großen Raumfahrtstrukturen [137]. Nach Föllinger [14] bestehen bereits bei Modellen ab 20ster Ordnung Schwierigkeiten, das Systemverhalten klar zu erkennen. Vor allem lassen sich nur schwer Aussagen über das dynamische Verhalten und die Vorgehensweise beim Reglerentwurf machen. Viele Verfahren, die für lineare Systeme entwickelt worden sind und gute Ergebnisse bei Modellen zweiter bis fünfter Ordnung liefern, versagen bei den Modellbeschreibungen hoher Ordnung. Die Vorgabe gewisser Entwurfsziele zur Reglerauslegung, wie z.B. Eigenwertvorgabe, Bestimmung von Gewichtungsmatrizen bei Systemen mit einer Anzahl von mehr als 20 Differentialgleichungen, erscheint kaum sinnvoll machbar. In solchen Fällen stellt sich zwangsläufig die Frage, ob es möglich ist, eine einfachere mathematische Beschreibung der Problemstellung zu finden. Zusätzlich zu den »physikalischen Vernachlässigungen« ergibt sich die Notwendigkeit, vereinfachte Modelle hoher Ordnung mittels mathematischer Verfahren durch Modelle geringerer Ordnung zu approximieren. Unter Ordnungsreduktion soll somit die Problematik verstanden werden, Modelle geringer Ordnung von Modellen hoher Ordnung abzuleiten. Diese Thematik wird in [138] sogar als die herausragende Teilaufgabenstellung bei einem etwaigen Reglerentwurf betrachtet. Wünschenswert ist dabei, dass die Ordnungsreduktion und Modellvereinfachung zu einem System führt, dessen Parameter und Zustandsgrößen wieder physikalisch interpretiert werden können.

3 Zeitbereichsverfahren

Umfangreiche Systeme werden üblicherweise in der Zustandsraumdarstellung (Zeitbereich) beschrieben und untersucht. Diese Art der Modelldarstellung ist für Analyse oder Synthese von Mehrgrößensystemen besser geeignet als die Beschreibung mittels Übertragungsfunktionen (Frequenzbereich). Eine Einteilung der Zeitbereichsverfahren lässt sich je nach Zielsetzung in drei Kategorien formulieren:

- Eigenwertspezifische Verfahren,
- Mathematisch orientierte Verfahren,
- Physikalisch orientierte Verfahren.

Da die Stabilität eine fundamentale Eigenschaft eines Systems darstellt, beruht die Reduktion der Systemordnung von Mehrgrößensystemen im Wesentlichen auf zwei Voruntersuchungen:

- Zerlegung des Modells in ein stabiles und ein instabiles Teilsystem,
- Getrennte Ordnungsreduktion für den stabilen sowie instabilen Systemteil.

In den folgenden Abschnitten wird von einem stabilen Teilsystem ausgegangen.

3.1 Eigenwertspezifische Verfahren

Obwohl die eigenwertspezifischen Verfahren (modale Verfahren) zur Ordnungsreduktion physikalisch ausgerichtet sind, werden sie, aufgrund der großen Bedeutung, als eigenständige Klasse zur Ordnungsreduktion betrachtet. Im Gegensatz zu den in diesem Buch betrachteten physikalische Ordnungsreduktionsverfahren ist hier eine Systemtransformation notwendig, so dass die Festlegung einer eigenen Kategorie als gerechtfertigt erscheint.
Das Verfahren stellt sicher, dass bestimmte (dominante) Eigenwerte in das reduzierte System übernommen werden. Dabei versucht man diejenigen Eigenwerte des Originalsystems auszuwählen, welche die physikalischen Eigenschaften des Systems für die anstehende Systemuntersuchung am besten beschreiben. Das lineare, zeitinvariante System liegt in folgender Zustandsraumdarstellung vor:

$$\begin{bmatrix} \dot{\boldsymbol{x}}_1(t) \\ \dot{\boldsymbol{x}}_2(t) \end{bmatrix} = \underbrace{\begin{bmatrix} \boldsymbol{A}_{11} & \boldsymbol{A}_{12} \\ \boldsymbol{A}_{21} & \boldsymbol{A}_{22} \end{bmatrix}}_{\boldsymbol{A}} \begin{bmatrix} \boldsymbol{x}_1(t) \\ \boldsymbol{x}_2(t) \end{bmatrix} + \underbrace{\begin{bmatrix} \boldsymbol{B}_1 \\ \boldsymbol{B}_2 \end{bmatrix}}_{\boldsymbol{B}} \boldsymbol{u}(t), \tag{3.1}$$

$$\boldsymbol{y}(t) = \underbrace{\begin{bmatrix} \boldsymbol{C}_1 & \boldsymbol{C}_2 \end{bmatrix}}_{\boldsymbol{C}} \begin{bmatrix} \boldsymbol{x}_1(t) \\ \boldsymbol{x}_2(t) \end{bmatrix}. \tag{3.2}$$

In Gl. (3.1) und Gl. (3.2) ist $\mathbf{x}(t)$ der n-dimensionale Zustandsvektor, $\boldsymbol{u}(t)$ der m-dimensionale Eingangsvektor und $\boldsymbol{y}(t)$ der q-dimensionale Ausgangsvektor. $\boldsymbol{A}$, $\boldsymbol{B}$, $\boldsymbol{C}$ sind reale Matrizen der entsprechenden Dimensionen. Vorausgesetzt wird im Allgemeinen die Stabilität des Grundsystems sowie die vollkommene Steuer- und Beobachtbarkeit. Ziel aller Verfahren ist, ein System niedrigerer Ordnung ($r < n$) zu finden, das jedoch das Originalsystem Gl. (3.1) und Gl. (3.2) möglichst gut annähern soll. Bevor die eigentliche Ordnungsreduktion durchgeführt werden kann, muss das Originalsystem (Gln. (3.1), (3.2)) mittels der Transformation (3.3) in Modalform gebracht werden. Dazu wird auf das Originalsystem die Transformation

$$\boldsymbol{x} = \boldsymbol{V}\boldsymbol{z} = \begin{bmatrix} \boldsymbol{V}_{11} & \boldsymbol{V}_{12} \\ \boldsymbol{V}_{21} & \boldsymbol{V}_{22} \end{bmatrix} = \begin{bmatrix} \boldsymbol{z}_1 \\ \boldsymbol{z}_2 \end{bmatrix} \tag{3.3}$$

angewandt, mit der Transformationsmatrix $\boldsymbol{V}$ und den Modalkoordinaten $\mathbf{z}$. Die Matrix $\boldsymbol{V}$ besteht aus den Eigenvektoren der Systemmatrix $\boldsymbol{A}$ und verändert die Systemeigenschaften nicht. Sie wird als Modalmatrix bezeichnet. Um das transformierte System zu berechnen, setzt man Gl. (3.3) in die Gln. (3.1) und (3.2) ein und erhält folgende modaltransformierte Zustandsraumdarstellung:

$$\dot{\boldsymbol{z}} = \boldsymbol{\Lambda}\boldsymbol{z} + \boldsymbol{B}^*\boldsymbol{u}, \tag{3.4}$$

$$\boldsymbol{y} = \boldsymbol{C}^*\boldsymbol{z}. \tag{3.5}$$

Die transformierten Matrizen der Zustandsraumdarstellung $\boldsymbol{\Lambda}$, $\boldsymbol{B}^*$ und $\boldsymbol{C}^*$ berechnen sich aus:

$$\begin{aligned} \boldsymbol{\Lambda} &= \boldsymbol{V}^{-1}\boldsymbol{A}\boldsymbol{V} = \begin{bmatrix} \lambda_1 & & 0 \\ & \ddots & \\ 0 & & \lambda_n \end{bmatrix}, \\ \boldsymbol{B}^* &= \boldsymbol{V}^{-1}\boldsymbol{B}, \\ \boldsymbol{C}^* &= \boldsymbol{C}\boldsymbol{V}. \end{aligned} \tag{3.6}$$

Die transformierte Systemmatrix $\boldsymbol{\Lambda}$ enthält, einfache Eigenwerte (λ_1 bis λ_n) vorausgesetzt, auf der Hauptdiagonalen die Eigenwerte des Systems; alle anderen Elemente sind Null. Diese Beziehungen (Gl. (3.7) und Gl. (3.8)) lassen sich in einem Diagramm (Bild 3.1) darstellen. Durch diese Vorgehensweise wird das System in eine Parallelschaltung von n entkoppelten Subsystemen transformiert:

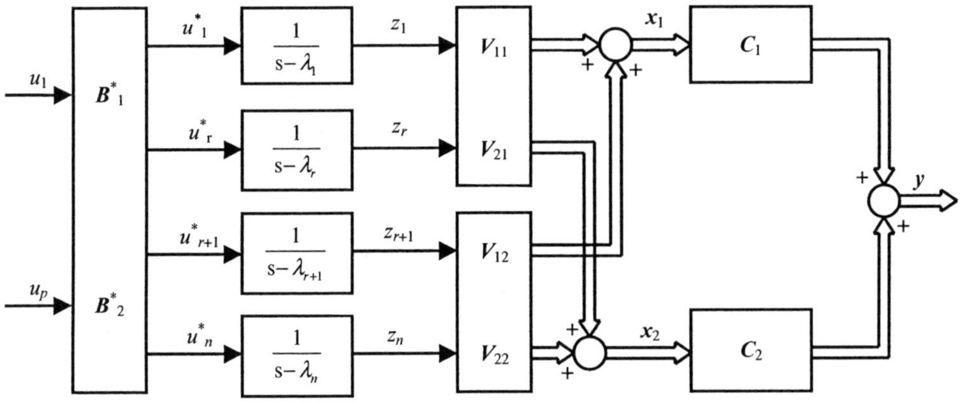

Bild 3.1: Struktur des Originalsystems [10]

$$\begin{bmatrix} \dot{z}_1 \\ \vdots \\ \dot{z}_n \end{bmatrix} = \begin{bmatrix} \lambda_1 & & 0 \\ & \ddots & \\ 0 & & \lambda_n \end{bmatrix} \begin{bmatrix} z_1 \\ \vdots \\ z_n \end{bmatrix} + \begin{bmatrix} B^*_{11} & & B^*_{1p} \\ & \ddots & \\ B^*_{n1} & & B^*_{np} \end{bmatrix} \begin{bmatrix} u_1 \\ \vdots \\ u_p \end{bmatrix}, \tag{3.7}$$

$$\begin{bmatrix} y_1 \\ \vdots \\ y_q \end{bmatrix} = \begin{bmatrix} C_{11} & \cdots & C_{1n} \\ \vdots & \ddots & \vdots \\ C_{q1} & \cdots & C_{qn} \end{bmatrix} \underbrace{\begin{bmatrix} V_{11} & \cdots & V_{1n} \\ \vdots & \ddots & \vdots \\ V_{n1} & \cdots & V_{nn} \end{bmatrix} \begin{bmatrix} z_1 \\ \vdots \\ z_n \end{bmatrix}}_{\boldsymbol{x}}. \tag{3.8}$$

In Bild 3.1 bezeichnet der Koeffizient s $\triangleq$ d/dt den Operator der nach Laplace-Transformation im Bildbereich als Faktor auftritt. Bei mehrfachen Eigenwerten ($\lambda_1 = \lambda_2 = \lambda_m$) ist die unter der Hauptdiagonalen liegende Paralleldiagonale mit eins besetzt (Gl.(3.9)), das System liegt in Jordanscher Normalform vor [72]:

$$\dot{z} = \begin{bmatrix} \lambda_1 & 0 & 0 & 0 & 0 & 0 & 0 & 0 \\ 1 & \lambda_2 & 0 & 0 & 0 & 0 & 0 & 0 \\ 0 & 1 & \ddots & 0 & 0 & 0 & 0 & 0 \\ 0 & 0 & 1 & \lambda_m & 0 & 0 & 0 & 0 \\ 0 & 0 & 0 & 0 & \lambda_{m+1} & 0 & 0 & 0 \\ 0 & 0 & 0 & 0 & 0 & \ddots & 0 & 0 \\ 0 & 0 & 0 & 0 & 0 & 0 & \ddots & 0 \\ 0 & 0 & 0 & 0 & 0 & 0 & 0 & \lambda_n \end{bmatrix} \begin{bmatrix} z_1 \\ z_2 \\ \vdots \\ z_m \\ z_{m+1} \\ \vdots \\ \vdots \\ z_n \end{bmatrix} + \begin{bmatrix} 1 \\ 0 \\ \vdots \\ 0 \\ 1 \\ \vdots \\ \vdots \\ 1 \end{bmatrix} u. \tag{3.9}$$

Bei der modalen Ordnungsreduktion werden die dominanten Eigenwerte des Originalsystems in das reduzierte System übernommen. Die Schwierigkeit dabei ist, ein Kriterium zu finden, das es erlaubt, eine Aussage darüber zu treffen, welche Eigenbewegungen vernachlässigt werden dürfen. Da in der transformierten Systemmatrix $\boldsymbol{\Lambda}$ als Koeffizienten nur die Systemeigenwerte erscheinen, versucht man für die Ordnungsreduktion ein Kriterium über die Eigenwerte abzuleiten. Die dominanten Eigenwerte $\lambda_1, \dots, \lambda_r$ werden dann in das reduzierte Modell übernommen. Die restlichen $\lambda_{r+1}, \dots, \lambda_n$ Eigenwerte werden vernachlässigt. Im Vektor $\mathbf{z}_1$ sind die r-dominanten Eigenwerte und im Vektor $\mathbf{z}_2$ die zu vernachlässigenden Eigenwerte zusammengefasst. Nach Neuordnung erhält man aus Gl. (3.7) und Gl. (3.8) das partitionierte (dominante – nichtdominante) Zustandsdifferentialgleichungssystem:

$$\begin{bmatrix} \dot{z}_1 \\ \dot{z}_2 \end{bmatrix} = \begin{bmatrix} \Lambda_1 & 0 \\ 0 & \Lambda_2 \end{bmatrix} \begin{bmatrix} z_1 \\ z_2 \end{bmatrix} + \begin{bmatrix} \boldsymbol{B}_1^* \\ \boldsymbol{B}_2^* \end{bmatrix} \boldsymbol{u}, \tag{3.10}$$

$$y = \begin{bmatrix} \boldsymbol{C}_1^* & \boldsymbol{C}_2^* \end{bmatrix} \begin{bmatrix} z_1 \\ z_2 \end{bmatrix} + \boldsymbol{D}\boldsymbol{u}, \tag{3.11}$$

mit der Transformationsmatrix aus Gl.(3.3). Die Systemmatrizen berechnen sich aus:

$$\boldsymbol{\Lambda} = \boldsymbol{V}^{-1}\boldsymbol{A}\boldsymbol{V} = \begin{bmatrix} \boldsymbol{A}_{11}^* & 0 \\ 0 & \boldsymbol{A}_{22}^* \end{bmatrix} = \begin{bmatrix} \boldsymbol{\Lambda}_1 & 0 \\ 0 & \boldsymbol{\Lambda}_2 \end{bmatrix},$$

$$\boldsymbol{B}^* = \begin{bmatrix} \boldsymbol{B}_1^* \\ \boldsymbol{B}_2^* \end{bmatrix} = \boldsymbol{V}^{-1}\boldsymbol{B}, \tag{3.12}$$

$$\boldsymbol{C}^* = \begin{bmatrix} \boldsymbol{C}_1^* & \boldsymbol{C}_2^* \end{bmatrix} = \boldsymbol{C}\boldsymbol{V}.$$

Die Grundidee der modalen Ordnungsreduktion ist die Übernahme der dominanten Eigenwerte des Originalsystems in das reduzierte System. Die Problematik besteht in der Bestimmung der dominanten Eigenwerte. Liegen nur reelle Eigenwerte vor, ist anzunehmen, dass die Eigenwerte mit dem kleinsten Betrag dominieren [14]. Es wäre jedoch denkbar, dass ein Eigenwert durch eine in der Nähe liegende Nullstelle fast vollständig kompensiert wird und somit kaum Einfluss auf das dynamische Verhalten des Systems hat, obwohl der Realteil sehr klein ist. Für Eingrößensysteme ist diese Vorgehensweise überschaubar, bei Mehrgrößensystemen ist sie jedoch komplizierter [14], so dass weitergehende Dominanzkriterien berücksichtigt werden müssen, um eine zufriedenstellende Aussage treffen zu können.

Litz [10, 11] führt für sein Verfahren zur modalen Ordnungsreduktion ein bereinigtes Dominanzmaß ein, das nicht nur den Abstand des Eigenwertes von der Imaginärachse, sondern auch dessen Steuerbarkeit und Beobachtbarkeit (siehe Abschnitt 3.5) berücksichtigt. Das Dominanzmaß D_k wird zur Aufteilung in den dominanten und nichtdominanten Teil herangezogen. Für einen bestimmten Eigenwert λ_k, lässt sich für Eingrößensysteme die Verstärkung der Sprungantwort des durch den k-ten Eigenwert bestimmten Teilsystems wie folgt berechnen:

$$D_k = \left| \frac{\mathrm{b}_k \mathrm{c}_k}{\lambda_k} \right|, \text{ mit } k = 1 \ldots n. \tag{3.13}$$

Die Koeffizienten b_k und c_k sind die zu dem Eigenwert λ_k gehörenden Elemente der Vektoren $\boldsymbol{b}$ und $\boldsymbol{c}$ und geben die Steuer- und Beobachtbarkeit des Teilsystems an. Die Eigenwerte mit den größten Werten für das Dominanzmaß D_k werden dann in das reduzierte System übernommen. Für Mehrgrößensysteme ist die Vorgehensweise analog. Nach Wahl der Eigenwerte, kann die Reduktion durch Abschneiden des modal transformierten Systems vollzogen werden [6].

3.1.1 Verfahren nach Davison

Wichtig ist, dass die Eigenwerte, die übernommen werden sollen, in $\boldsymbol{\Lambda}_1$ stehen. Dies kann durch eine Vertauschung der Reihenfolge der einzelnen Elemente in allen Systemmatrizen erreicht werden. Man erhält folgende Zustandsraumdarstellung des reduzierten Systems:

$$\dot{z}_1 = \Lambda_1 z_1 + \boldsymbol{B}_1^* \boldsymbol{u}, \tag{3.14}$$

$$y_{\mathrm{tru}} = \boldsymbol{C}_1^* z_1 + \boldsymbol{D}_1 \boldsymbol{u}. \tag{3.15}$$

Ziel ist, eine möglichst gute Übereinstimmung der Ausgangsgrößen des reduzierten Systems $\boldsymbol{y}_{\mathrm{tru}}$ mit den Ausgangsgrößen des modaltransformierten Originalsystems $\boldsymbol{y}$ bzw. der Zustandsgrößen des reduzierten Systems $\mathbf{z}_1$ mit denjenigen des Originalsystems $\mathbf{z}$ zu erreichen. Dies bedeutet, dass im Vektor $\mathbf{z}_1$ jene Komponenten des Zustandsvektors berücksichtigt werden müssen, die für die konkrete Aufgabenstellung als wesentlich zu betrachten sind, da in der Ausgangsgleichung (3.15) auf diese wieder zugegriffen wird.
Die Vernachlässigung der Eigenwerte $\lambda_{r+1}, \ldots, \lambda_n$ geht auf einen Vorschlag von Davison [6] zurück und bedeutet den Wegfall der letzten n-r dynamischen Blöcke in Bild 3.1, so dass eine Struktur, wie in Bild 3.2 zu sehen, entsteht [14]. Aus Bild 3.2 folgt, aufgrund der abgeschnittenen Elemente, dass $\tilde{\mathbf{x}}_1$ von $\mathbf{x}_1$ im Originalmodell sowohl stationär als auch dynamisch abweicht. Zur Beseitigung des stationären Fehlers ist der Teilzustandsvektor $\mathbf{x}_2$ im reduzierten System zu berücksichtigen. Dazu existieren Verfahren, die eine geeignete Anpassung der Eingangs- und/oder Ausgangsmatrix vorschlagen [7, 8, 10, 11, 92, 93, 95].

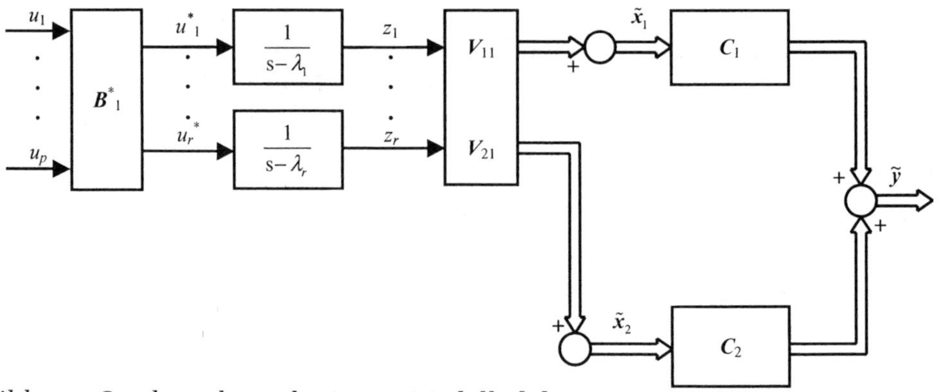

Bild 3.2: Struktur des reduzierten Modells [6]

Vorteil dieser Vorgehensweise ist die garantierte Stabilität des reduzierten Systems, da die Reduktion nur über die Eigenwerte des Originalsystems vorgenommen wird. Vorraussetzung dafür ist ein stabiles Originalsystem. Die stationäre Genauigkeit geht jedoch verloren.

3.1.2 Die Methode der Aggregation

Diese Klasse von Verfahren zur Ordnungsreduktion wurde von vielen Autoren ausführlich untersucht [38, 74, 98, 99, 100, 101]. Im Hinblick auf eine Entwurfsaufgabe (Reglerauslegung) stellt sich die Frage, ob ein Regler, entworfen an einem reduzierten System, auch auf das Originalsystem angewendet werden kann und dieses dann auch stabilisiert. Unter diesem Gesichtspunkt wurde die sogenannte Aggregationsmatrix [39] eingeführt. Sie verknüpft den Zustandsvektor $\tilde{\boldsymbol{z}}_r$ des reduzierten Systemmodells direkt mit dem Zustandsvektor $\boldsymbol{x}$ des Originalsystems:

$$\tilde{z}_r = \boldsymbol{Kx}. \tag{3.16}$$

Die Matrix $\boldsymbol{K}$ führt dabei die Transformation auf Modalform der Zustandsraumdarstellung und die Reduktion in einem einzigen Schritt durch. $\boldsymbol{K}$ lässt sich folgendermaßen ermitteln:

$$\boldsymbol{K} = [\boldsymbol{I} \mid \boldsymbol{0}]\boldsymbol{V}^{-1}, \tag{3.17}$$

mit $\boldsymbol{V}$ als Modalmatrix. Die Matrix $\boldsymbol{I}$ ist gleich der Einheitsmatrix mit Ordnung r des reduzierten Systems, was zu einem stationär ungenauen System (wie bei allen durch »Abschneiden« gewonnenen Systemen) führt [98].
Mit Hilfe der Matrix $\boldsymbol{K}$ werden die Systemmatrizen des reduzierten Modells direkt berechnet:

$$A_r = KAK^{-1},$$
$$B_r = KB, \qquad (3.18)$$
$$C_r = CK^{-1}.$$

Zu beachten ist dabei die Verwendung der »Pseudoinversen« von K in Gl. (3.18).

3.1.3 Verfahren nach Marshall

Um die stationäre Genauigkeit zu erzwingen, hat Marshall [7] eine Modifikation am Modelleingang $\hat{B}_1$ vorgenommen (Bild 3.3). Das Verfahren von Davison vernachlässigt die Zustandsgrößen $\mathbf{z}_2$. Marshall hingegen vernachlässigt nur die dynamischen Einschwingvorgänge der Zustandsgrößen $\mathbf{z}_2$, berücksichtigt jedoch die stationären Anteile von $\mathbf{z}_2$ im reduzierten Modell.
Dadurch werden die ersten r-Übertragungswege nicht mehr wie im Originalsystem oder bei dem nach [6] reduzierten System angeregt. Die modifizierte Eingangsmatrix $\hat{B}_1$ setzt sich aus der modal transformierten Eingangsmatrix B^*_1 und einem Korrekturterm zusammen. Die stationäre Genauigkeit wird durch die Wahl $\hat{B}_1 = B^*_1 + \Lambda_1 \mathbf{V}^{-1}_{11} \mathbf{V}_{12} \Lambda^{-1}_2 B^*_2$ gewährleistet [11].
An den Ausgängen der dynamischen Übertragungsglieder hat man nun nicht mehr die dominanten Eigenbewegungen $z_1,\ldots, z_r$ des Originalsystems, sondern davon abweichende Größen $\hat{a}_1,\ldots, \hat{a}_r$, da die Eingangsgrößen in diese Elemente verändert wurden. Dies kann bedeuten, dass bei Marshall $\hat{\mathbf{x}}_1(t)$ für Zeiten $t < \infty$ wesentlich von $\mathbf{x}_1(t)$ des Originalsystems abweicht, da die Ausgangstransformation bei allen Modellen identisch ist.

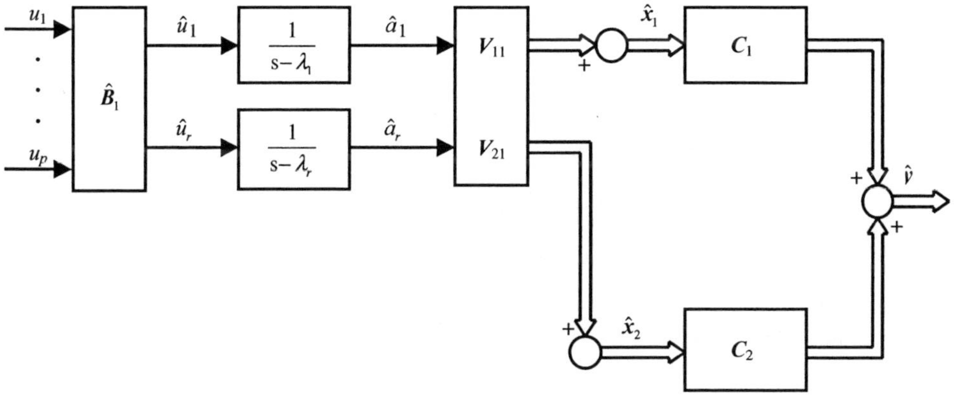

Bild 3.3: Struktur des reduzierten Modells mit modifizierter Eingangsmatrix $\hat{B}_1$ [7]

Im folgenden wird das Verfahren von Marshall in Anlehnung an [96] vorgestellt. Teilt man Gl. (3.3) in die dominanten und nichtdominanten Anteile auf, erhält man:

$$\begin{bmatrix} x_1 \\ x_2 \end{bmatrix} = \begin{bmatrix} V_{11} & V_{12} \\ V_{21} & V_{22} \end{bmatrix} \begin{bmatrix} z_1 \\ z_2 \end{bmatrix}. \tag{3.19}$$

Wird die erste Zeile nach $\mathbf{z}_1$ aufgelöst,

$$z_1 = V_{11}^{-1}(x_1 - V_{12}z_2), \tag{3.20}$$

und in die zweite Zeile von Gl.(3.19) eingesetzt, erhält man eine Gleichung für $\mathbf{x}_2$, in der als unbekannte noch die transformierte Zustandsvektor $\mathbf{z}_2$ eingeht:

$$x_2 = V_{21}V_{11}^{-1}x_1 + \left(V_{22} - V_{21}V_{11}^{-1}V_{12}\right)z_2. \tag{3.21}$$

Da der dynamische Anteil, von $\mathbf{z}_2$ in Gl.(3.10), vernachlässigt wird ($\dot{\mathbf{z}}_2 = \mathbf{0}$), kann man die zweite Zeile von Gl. (3.10) nach $\mathbf{z}_2$ auflösen:

$$z_2 = -\Lambda_2^{-1}B_2^{*}u, \tag{3.22}$$

und in Gl.(3.21) einsetzen:

$$x_2 = V_{21}V_{11}^{-1}x_1 + \left(V_{22} - V_{21}V_{11}^{-1}V_{12}\right)\left(-\Lambda_2^{-1}\right)B_2^{*}u. \tag{3.23}$$

Durch Einsetzen von Gl.(3.23) in die Gleichungen des Originalsystems (3.1) und (3.2) erhält man das reduzierte stationär genaue System von Marshall mit den Systemmatrizen:

$$\begin{aligned} \hat{A}_{11} &= A_{11} + A_{12}V_{21}V_{11}^{-1}, \\ \hat{B}_1 &= B_1 - A_{12}\left(V_{22} - V_{21}V_{11}^{-1}V_{12}\right)\left(\Lambda_2^{-1}\right)B_2^{*}, \\ \hat{C}_{11} &= C_{11} + C_{12}V_{21}V_{11}^{-1}, \\ \hat{D}_1 &= -C_{12}\left(V_{22} - V_{21}V_{11}^{-1}V_{12}\right)\left(\Lambda_2^{-1}\right)B_2^{*}. \end{aligned} \tag{3.24}$$

3.1.4 Verfahren nach Litz

Ein weiteres Verfahren zur modalen Ordnungsreduktion wurde von Litz [10] vorgeschlagen. Der wesentliche Unterschied zu der Methode nach Marshall [7] ist, dass die Modifikation zur Erhaltung der stationären Genauigkeit nicht mehr am

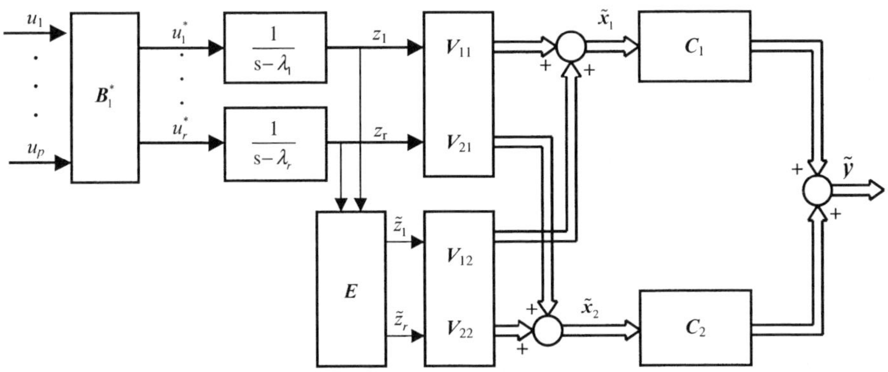

Bild 3.4: Struktur des reduzierten Modells nach Litz [10]

Systemeingang, sondern am Systemausgang erfolgt (Bild 3.4). Die modal transformierte Eingangsmatrix $\boldsymbol{B}_1^*$ wird vom Originalsystem unverändert übernommen.

Da bei den Modellen nach Davison und Marshall die Anteile $\boldsymbol{V}_{12}\boldsymbol{z}_2$ und $\boldsymbol{V}_{22}\boldsymbol{z}_2$ bei der Erzeugung von $\tilde{\boldsymbol{x}}_1$ und $\hat{\boldsymbol{x}}_1$ vernachlässigt werden, und zur Wiedergewinnung der stationären Genauigkeit weitere Maßnahmen notwendig sind, versucht Litz die nicht dominanten Anteile von Anfang an mit zu berücksichtigen. Hierbei werden die nicht dominanten Eigenbewegungen $z_{r+1}, \ldots, z_n$ als Linearkombination der dominanten Eigenbewegung $z_1, \ldots, z_r$ angenähert und dem Ausgangsvektor hinzugefügt:

$$\tilde{\boldsymbol{z}}_2 = \boldsymbol{E}\boldsymbol{z}_1 . \tag{3.25}$$

Die Ausgangstransformationsmatrix wird folgendermaßen bestimmt:

$$\tilde{\boldsymbol{z}}_2(\mathrm{t} \to \infty) = \boldsymbol{E}\boldsymbol{z}_1(\mathrm{t} \to \infty) = \boldsymbol{z}_2(\mathrm{t} \to \infty). \tag{3.26}$$

Somit ist das Modell stationär genau. Die Zusammenfassung der Lineartransformation aus Bild 3.4 liefert folgende Beziehung:

$$\left.\begin{aligned} \tilde{\boldsymbol{x}}_1 &= (\boldsymbol{V}_{11} + \boldsymbol{V}_{12}\boldsymbol{E})\,\boldsymbol{z}_1 = \boldsymbol{M}\boldsymbol{z}_1 \\ \tilde{\boldsymbol{x}}_2 &= (\boldsymbol{V}_{21} + \boldsymbol{V}_{22}\boldsymbol{E})\,\boldsymbol{z}_1 \end{aligned}\right\} \tilde{\boldsymbol{x}}_2 = \underbrace{(\boldsymbol{V}_{21} + \boldsymbol{V}_{22}\boldsymbol{E})\,\boldsymbol{M}^{-1}}_{\boldsymbol{L}}\,\tilde{\boldsymbol{x}}_1 . \tag{3.27}$$

In Verbindung mit der Gleichung

$$\dot{\boldsymbol{z}}_1 = \boldsymbol{\Lambda}_1\boldsymbol{z}_1 + \boldsymbol{B}_1^*\boldsymbol{u} \tag{3.28}$$

erhält man hier das gesuchte reduzierte Modell (Bild 3.5):

$$\dot{\tilde{\boldsymbol{x}}}_1 = \underbrace{\boldsymbol{M}\boldsymbol{\Lambda}_1\boldsymbol{M}^{-1}}_{\tilde{\boldsymbol{A}}}\tilde{\boldsymbol{x}}_1 + \underbrace{\boldsymbol{M}\boldsymbol{B}_1^*}_{\tilde{\boldsymbol{B}}}\boldsymbol{u}. \tag{3.29}$$

Die Schwierigkeit besteht in der Bestimmung der Matrix $\boldsymbol{E}$. Sie lässt sich nach [11] formelmäßig angeben, falls man den Fehler $\boldsymbol{\varepsilon} = \boldsymbol{z}_2 - \tilde{\boldsymbol{z}}_2$ zwischen Original und Näherung mit Hilfe eines quadratischen Kriteriums minimiert:

$$J = \int \left(\boldsymbol{\varepsilon}^{\mathrm{T}}\boldsymbol{\varepsilon}\right)dt \rightarrow \min. \tag{3.30}$$

Man erhält die Matrix $\boldsymbol{E}$ aus:

$$\boldsymbol{E} = \boldsymbol{\Lambda}_2^{-1}\left[\boldsymbol{B}_{21} + \left(\boldsymbol{B}_2^* - \boldsymbol{B}_{21}\boldsymbol{B}_{11}^{-1}\boldsymbol{B}_1^*\right)\left(\boldsymbol{B}_1^{*\mathrm{T}}\boldsymbol{B}_{11}^{-1}\boldsymbol{B}_1^*\right)\boldsymbol{B}_1^{*\mathrm{T}}\right]\boldsymbol{B}_{11}^{-1}\boldsymbol{\Lambda}_1. \tag{3.31}$$

Die einzelnen Elemente der Matrizen $\boldsymbol{B}_{21}$ und $\boldsymbol{B}_{11}$ berechnen sich aus:

$$\left(\boldsymbol{B}_{21}\right)_{ij} = -\frac{\left(\boldsymbol{B}_2^*\boldsymbol{Q}_{\mathrm{u}}^2\boldsymbol{B}_2^{*T}\right)_{ij}}{\lambda_{r+1} + \lambda_j} \quad \left(i = 1,\ldots,n-r; j = 1,\ldots,r\right), \tag{3.32}$$

$$\left(\boldsymbol{B}_{11}\right)_{ij} = -\frac{\left(\boldsymbol{B}_1^*\boldsymbol{Q}_{\mathrm{u}}^2\boldsymbol{B}_1^{*T}\right)_{ij}}{\lambda_i + \lambda_j} \quad \left(i, j = 1,\ldots,r\right). \tag{3.33}$$

Dabei ist $\boldsymbol{Q}_{\mathrm{u}}$ eine Gewichtungsmatrix, deren Diagonalelemente frei bestimmbar sind. Die Matrix $\boldsymbol{B}_1^{*\mathrm{T}}$ wird als die zur Matrix $\boldsymbol{B}_1^*$ konjugiert-transponierte Matrix bezeichnet. Ein weiteres modales Ordnungsreduktionsverfahren versucht die stationäre Genauigkeit durch Modifikation der Eingangs- und der Ausgangsmatrix zu erreichen [95]. Allerdings lässt sich bei diesem Verfahren die Ausgangstransformationsmatrix $\boldsymbol{E}$ nicht analytisch ermitteln. Das Verfahren beruht auf einem numerischen Minimumsuchverfahren mit der Schwierigkeit, den dazu notwendigen Startwert festzulegen. Es wird vorgeschlagen, die Lösung von Litz als Startwert zu verwenden, weshalb diese Vorgehensweise als eine Erweiterung des Verfahrens von Litz zu betrachten ist und hier nicht weiter behandelt wird. Folgende Eigenschaften sind für die modalen Verfahren zur Ordnungsreduktion charakteristisch:

- Aus einem stabilen Originalsystem erhält man aufgrund der Übernahme der dominanten Eigenwerte in das reduzierte System ein stabiles reduziertes Modell.
- Stationäre Genauigkeit ist durch die beschriebenen Modifikationen [7, 10, 18] sichergestellt.

- Eine zusätzliche Dominanzanalyse ([10] und Abschnitt 3.4) erlaubt die gezielte Vorgabe der Ordnung r des reduzierten Systems.
- Die Modifikation nach Litz versucht den Zustandsvektor nachzubilden. Sie ist deshalb zur Beschreibung des gesamten Systemverhaltens und nicht nur zur Beschreibung des Ein- und Ausgangsverhaltens geeignet.

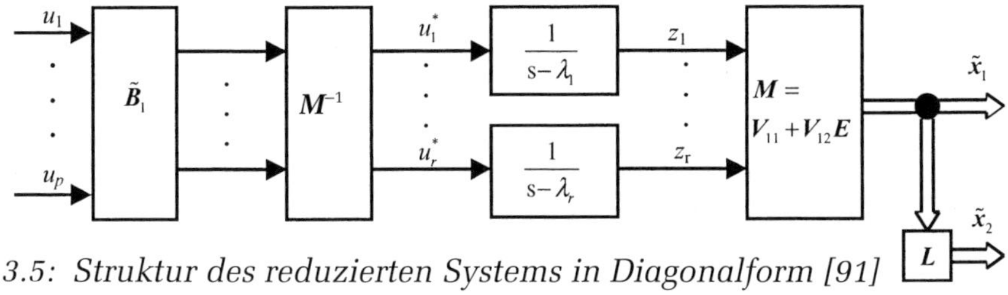

Bild 3.5: Struktur des reduzierten Systems in Diagonalform [91]

3.1.5 Beispiel

Zum besseren Verständnis wird anhand eines Beispiels 4. Ordnung, entnommen aus [15], näher auf die modale Ordnungsreduktion eingegangen. Zusätzlich zu den Verfahren aus den Abschnitten 3.1.1 und 3.1.3 wird ein Verfahren von Guth [18] vergleichend betrachtet. Dieses Verfahren, das ursprünglich für balancierte Reduktionen vorgeschlagen wurde, soll zur Korrektur des stationären Fehlers bei der modalen Ordnungsreduktion [29] verwendet werden. Die detaillierte Beschreibung findet sich in Abschnitt 3.2.2.2. Gegeben ist folgendes Beispiel:

$$\dot{x} = Ax + Bu = \begin{bmatrix} 0 & 0 & 0 & -150 \\ 1 & 0 & 0 & -245 \\ 0 & 1 & 0 & -113 \\ 0 & 0 & 1 & -19 \end{bmatrix} x + \begin{bmatrix} 4 \\ 1 \\ 0 \\ 0 \end{bmatrix} u, \tag{3.34}$$

$$y = Cx = \begin{bmatrix} 0 & 0 & 0 & 1 \end{bmatrix} x,$$

mit den Eigenwerten $\lambda_1 = -1{,}00$; $\lambda_2 = -3{,}00$; $\lambda_3 = -5{,}00$; $\lambda_4 = -10{,}00$ und der Nullstelle $n_1 = -4{,}00$. Dieses System wird nun in die Modalform überführt. Um auf das transformierte System zu kommen, setzt man Gl. (3.3) in Gl. (3.34) ein. Für das Beispiel ergibt sich die Modalmatrix (Eigenvektormatrix) V zu:

$$V = \begin{bmatrix} V_{11} & V_{12} \\ V_{21} & V_{22} \end{bmatrix} = \begin{bmatrix} 0{,}8405 & -0{,}5984 & 0{,}5527 & 0{,}5188 \\ 0{,}5323 & -0{,}7779 & 0{,}7922 & 0{,}7955 \\ 0{,}1009 & -0{,}1915 & 0{,}2579 & 0{,}3113 \\ 0{,}0056 & -0{,}0120 & 0{,}0184 & 0{,}0346 \end{bmatrix}. \tag{3.35}$$

Mit der Matrix $\boldsymbol{V}$ berechnen sich die Systemmatrizen $\boldsymbol{A}_{\mathrm{m}}$, $\boldsymbol{B}_{\mathrm{m}}$ und $\boldsymbol{C}_{\mathrm{m}}$ des modaltransformierten Systems nach:

$$\begin{aligned} \boldsymbol{A}_{\mathrm{m}} &= \boldsymbol{V}^{-1}\boldsymbol{A}\boldsymbol{V}, \\ \boldsymbol{B}_{\mathrm{m}} &= \boldsymbol{V}^{-1}\boldsymbol{B}, \\ \boldsymbol{C}_{\mathrm{m}} &= \boldsymbol{C}\boldsymbol{V}. \end{aligned} \tag{3.36}$$

In der neuen Systemmatrix $\boldsymbol{A}_{\mathrm{m}}$ sind nun die Eigenwerte λ_1 bis λ_n auf der Hauptdiagonalen angeordnet:

$$\boldsymbol{A}_{\mathrm{m}} = \begin{bmatrix} \boldsymbol{\Lambda}_1 & 0 \\ 0 & \boldsymbol{\Lambda}_2 \end{bmatrix} = \begin{bmatrix} -1 & 0 & 0 & 0 \\ 0 & -3 & 0 & 0 \\ 0 & 0 & -5 & 0 \\ 0 & 0 & 0 & -10 \end{bmatrix}, \boldsymbol{B}_{\mathrm{m}} = \begin{bmatrix} \boldsymbol{B}_{\mathrm{m1}} \\ \boldsymbol{B}_{\mathrm{m2}} \end{bmatrix} = \begin{bmatrix} 7{,}4361 \\ 2{,}9842 \\ -1{,}3569 \\ 0{,}5507 \end{bmatrix}, \tag{3.37}$$

$$\boldsymbol{C}_{\mathrm{m}} = \begin{bmatrix} \boldsymbol{C}_{\mathrm{m1}} & \boldsymbol{C}_{\mathrm{m2}} \end{bmatrix} = \begin{bmatrix} 0{,}0056 & -0{,}0120 & 0{,}0184 & 0{,}0346 \end{bmatrix}$$

Bei der modalen Ordnungsreduktion werden die dominanten Eigenwerte des Originalsystems in das reduzierte System übernommen. Liegen nur reelle Eigenwerte vor, dann sind die dominanten Eigenwerte diejenigen mit dem kleinsten Betrag [5]. Bei diesem Beispiel liegen nur reelle Eigenwerte vor; somit kann dieses Kriterium angewendet werden. Zusätzlich werden die Dominanzmaße D_i nach Litz [10, 11] in Tabelle 3.1 berechnet.

Tabelle 3.1: Dominanzkennwerte nach Gl. (3.13)

λ_i	–1,00	–3,00	–5,00	–10,00
D_i	0,042	0,007	0,002	0,006

Beide Kriterien führen zur Wahl der Eigenwerte $\lambda_1 = -1{,}00$ und $\lambda_2 = -3{,}00$ die im reduzierten System zweiter Ordnung berücksichtigt werden müssen.
Um den Nachteil des stationär ungenauen, reduzierten Systems auszugleichen, gibt es verschiedene Ansätze. Das folgende Verfahren wurde von Guth [18] ursprünglich für abgeschnittene, balancierte Realisierungen vorgeschlagen. Wie das Beispiel aber zeigen wird, kann es ohne weiteres auch auf das abgeschnittene, modal transformierte System angewendet werden. Im Gegensatz zu Marshall nimmt Guth (siehe ausführliche Beschreibung in Abschnitt 3.2.2.2) eine Korrektur der Eingangs- und der Ausgangsmatrix des reduzierten Systems vor. Die korrigierten Matrizen berechnen sich wie folgt:

$$B^* = -\Lambda_1 L_1, \qquad C^* = C_{m1} + C_{m2} L_2 L_1^{-1}, \tag{3.38}$$

wobei sich über

$$M = \begin{bmatrix} L_1 \\ L_2 \end{bmatrix} = -A_m^{-1} B_m \tag{3.39}$$

die Matrizen L_1 und L_2 berechnen lassen.

Die Systemkomponenten sowie die Eigenwerte und die Nullstellen der reduzierten Systeme von Davison, Marshall und Guth sind in Tabelle 3.2 angegeben.

Tabelle 3.2: Systemmatrix *A*, Eingangsmatrix *B*, Ausgangsmatrix *C*, Durchgangsmatrix *D*, Eigenwerte λ_i und Nullstellen n_i der reduzierten Systeme nach Davison, Marshall und Guth

	A	B	C	D	λ_i	n_i
Davison	$\begin{bmatrix} -1{,}00 & 0 \\ 0 & -3{,}00 \end{bmatrix}$	$\begin{bmatrix} 7{,}44 \\ 2{,}98 \end{bmatrix}$	$\begin{bmatrix} 0{,}0056 & -0{,}0119 \end{bmatrix}$		-1,00 -3,00	-15,00
Marshall	$\begin{bmatrix} 0{,}9 & -3{,}00 \\ 2{,}47 & -4{,}90 \end{bmatrix}$	$\begin{bmatrix} 4{,}06 \\ 1{,}10 \end{bmatrix}$	$\begin{bmatrix} -0{,}0061 & 0{,}0201 \end{bmatrix}$	-0,0004	-1,00 -3,00	10,00 -20,00
Guth	$\begin{bmatrix} -1{,}00 & 0 \\ 0 & -3{,}00 \end{bmatrix}$	$\begin{bmatrix} 7{,}44 \\ 2{,}98 \end{bmatrix}$	$\begin{bmatrix} 0{,}0052 & -0{,}0120 \end{bmatrix}$		-1,00 -3,00	-30,00

Die Stabilität der reduzierten Systeme ist in jedem Fall gewährleistet, da die dominanten Eigenwerte des Originalsystems in das reduzierte System unverändert übernommen werden (Spalte λ_i). Bild 3.6 zeigt die Abweichung des Verfahrens von Davison im Vergleich zum Originalsystem und die stationäre Genauigkeit der reduzierten Systeme von Marshall und Guth. Das Verfahren von Marshall führt auf ein stationär genaues System, verändert jedoch die Systemmatrix $\boldsymbol{A}$. Zugleich ist für dieses Verfahren zu beachten, dass ein sprungfähiges System resultiert, obwohl das Originalsystem nicht sprungfähig ist (Spalte D). Für große Zeiten ergibt sich eine bessere dynamische Approximation von Marshall im Vergleich zu Guth, jedoch können gerade im Anfangsverhalten beim Verfahren von Marshall erhebliche Abweichungen zum Originalsystem auftreten. Im Vergleich zu Marshall resultiert bei dem Verfahren von Guth ein stationär genaues, reduziertes System, ohne die genannten Eigenheiten des Verfahrens von Marshall aufzuweisen. Im Vergleich zum abgeschnittenen System von Davison hat sich die Ausgangsmatrix verändert.

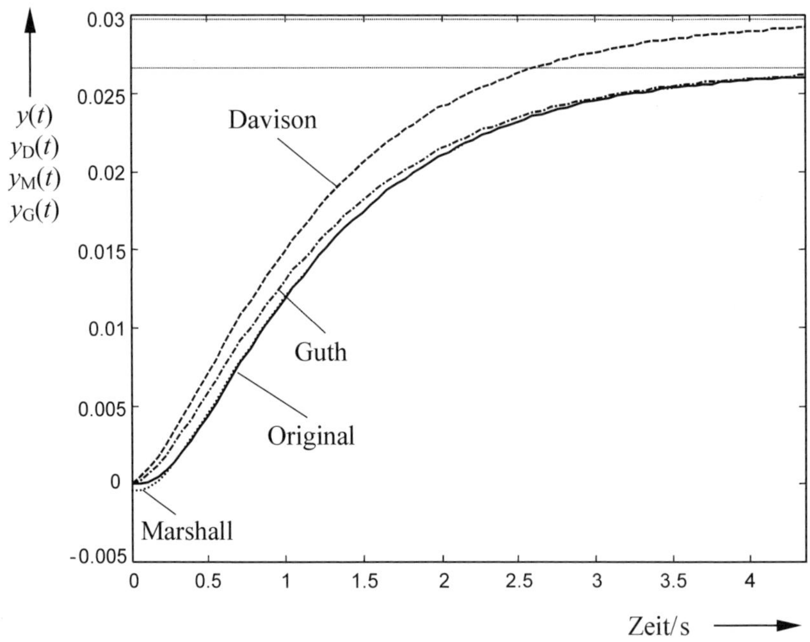

Bild 3.6: Sprungantworten: Originalsystem und reduzierte Systeme

Zusätzlich zu den beschriebenen Verfahren zur Ordnungsreduktion soll die Bildung der Aggregationsmatrix $\boldsymbol{K}$ anhand des Beispiels dargestellt werden. Die Methode der Aggregation verknüpft den Zustandsvektor $\mathbf{x}$ des Originalsystems mit dem Zustandsvektor $\mathbf{x}_r$ des reduzierten Systemmodells (3.16). Die Matrix $\boldsymbol{K}$ führt die Transformation in die Modalform und die Reduktion in einem Schritt durch.
Für das Beispiel aus (3.34), ergibt sich für die Aggregationsmatrix $\boldsymbol{K}$ (Gl. (3.17)):

$$\boldsymbol{K} = \begin{bmatrix} 1 & 0 & 0 & 0 \\ 0 & 1 & 0 & 0 \end{bmatrix} \begin{bmatrix} 0{,}8405 & -0{,}5984 & 0{,}5527 & 0{,}5188 \\ 0{,}5323 & -0{,}7779 & 0{,}7922 & 0{,}7955 \\ 0{,}1009 & -0{,}1915 & 0{,}2579 & 0{,}3113 \\ 0{,}0056 & -0{,}0120 & 0{,}0184 & 0{,}0346 \end{bmatrix}^{-1}, \tag{3.40}$$

$$\boldsymbol{K} = \begin{bmatrix} 2{,}4787 & -2{,}4787 & 2{,}4787 & -2{,}4787 \\ 2{,}9842 & -8{,}9527 & 26{,}8580 & -80{,}5741 \end{bmatrix}.$$

Daraus berechnen sich die neuen Systemmatrizen. Aus dem Frequenzgang (Bild 3.7) wird die schlechtere Approximation dieser Methode zum Originalsystem im Vergleich zu den Verfahren von Davison, Marshall und Guth deutlich. Erst

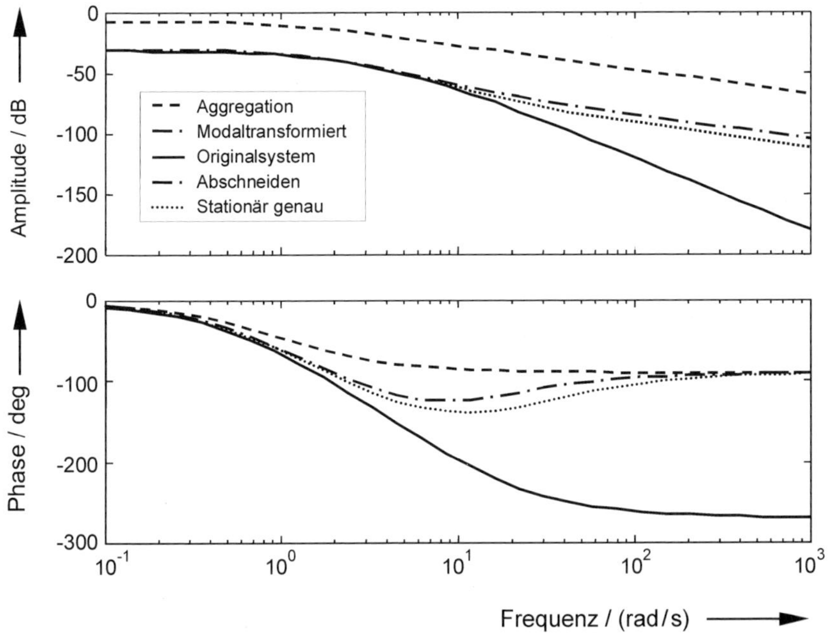

Bild 3.7: Bodediagramm: Originalsystem und reduzierte Systeme

bei einer eventuellen Reglerauslegung kommt der Vorteil dieser Methode zum Tragen. Eine Erweiterung des Verfahrens der Ordnungsreduktion mittels einer Aggregationsmatrix wurde in [74] angegeben. Vorteil bei diesem Vorschlag ist, dass das Originalsystem nicht mehr steuer- und beobachtbar sein muss. Das Verfahren kann zudem auf instabile Originalsysteme angewendet werden. Die Bestimmung des Reduktionsgrades erfolgt dabei nach Gl. (3.223).

3.2 Mathematisch orientierte Verfahren

Die folgende Klassifizierung der mathematisch orientierten Verfahren ist inhaltlich in Anlehnung an Föllinger [14] und Troch, Müller, Fasol [12] strukturiert. Die grundsätzliche Aufgabe der Zeitbereichsverfahren besteht darin, ein System n-ter Ordnung

$$\begin{aligned}\dot{\boldsymbol{x}}(t) &= \boldsymbol{A}_n\boldsymbol{x}(t)+\boldsymbol{B}_n\boldsymbol{u}(t)\,,\\ \boldsymbol{y}(t) &= \boldsymbol{C}_n\boldsymbol{x}(t)+\boldsymbol{D}_n\boldsymbol{u}(t)\,,\end{aligned} \tag{3.41}$$

mit den r wesentlichen Komponenten von $\mathbf{x}(t)$ durch ein System der Ordnung r ($r \ll n$)

$$\dot{\tilde{x}}(t) = A_r\tilde{x}(t) + B_r u(t),$$
$$\tilde{y}(t) = C_r\tilde{x}(t) + D_r u(t), \tag{3.42}$$

möglichst gut anzunähern, d.h. die Ausgangsgrößen $y(t)$ und $\tilde{y}(t)$ bzw. die Zustandsgrößen $x_r(t)$ und $\tilde{x}(t)$ sollten möglichst genau übereinstimmen. Die Durchgangsmatrix D ist in den meisten Fällen gleich Null. Die Indizes n und r stehen jeweils für das Originalsystem und das reduzierte System.

3.2.1 Verfahren mit optimaler Modellanpassung

Bei der optimalen Modellanpassung werden die unbekannten Parameter für das reduzierte Modell so optimiert, dass die Differenz z.B. der Sprungantwort zwischen Original- und reduziertem Modell minimiert wird. Ein Modell M, gegeben durch seine Zustandsraumdarstellung, wird durch ein entsprechendes Modell $\tilde{M}_r$ niedrigerer Ordnung ersetzt (siehe Bild 3.8). Die unbekannten Parameter des vereinfachten Systems werden optimal angepasst [96, 145].

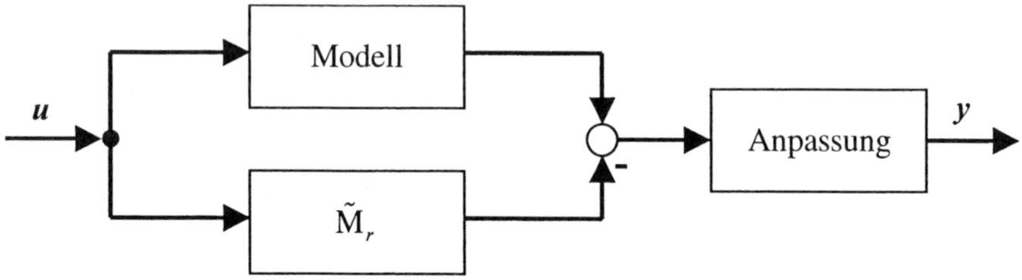

Bild 3.8: Verfahren zur optimalen Modellanpassung [145]

Je nach Art der Gütekriterien, der Eingangssignale und der Art der Systembeschreibung ergeben sich eine Vielzahl von Verfahren und der damit gekoppelten Problemstellungen. Quadratische Integral- bzw. Summenkriterien über die Differenz der Ausgangssignale dienen in der Regel als Optimierungskriterien. Für Eingrößensysteme wurden unterschiedliche Verfahren vorgeschlagen [148, 151, 152]. Für Mehrgrößensysteme im Zeitbereich existieren Vorschläge von [1, 3, 149, 150, 153, 154].

3.2.1.1 Ausgangsfehlerminimierung

Die Methode der Minimierung des Ausgangsfehlers beruht auf dem Unterschied zwischen dem Ausgangsvektor $y(t)$ des Originalsystems und dem Ausgangsvektor $\tilde{y}(t)$ des reduzierten Systems, der möglichst klein werden soll. Eine naheliegende Forderung ist, den Fehler in Bezug auf das kleinste Fehlerquadrat zu minimieren, d.h.

$$J_y = \int_0^{+\infty} \left| (y(t) - \tilde{y}(t))^{\mathrm{T}} (y(t) - \tilde{y}(t)) \right| \mathrm{d}t \to \mathrm{Min}. \tag{3.43}$$

Diese Bedingung wird zur Berechnung der Systemmatrizen des reduzierten Systems ($\boldsymbol{A}_r$, $\boldsymbol{B}_r$, $\boldsymbol{C}_r$) herangezogen [3, 1]. Die Ausgangsfehlerminimierung erfüllt die Forderung nach Stabilität des reduzierten Systems und liefert ein ausreichend stationär genaues Modell. Jedoch hat es den Nachteil, dass durch den nichtlinearen Zusammenhang zwischen dem Ausgangsfehler $|\mathbf{y}(t) - \tilde{\mathbf{y}}(t)|$ und $\boldsymbol{A}_r$ bzw. $\boldsymbol{B}_r$ der numerische Aufwand extrem groß wird. Bei Mehrgrößensystemen hat die Funktion $J(\boldsymbol{A}_r, \boldsymbol{B}_r, \boldsymbol{C}_r)$ zudem zahlreiche Nebenminima, so dass es schwierig ist, das absolute Minimum zu erreichen [14].

3.2.1.2 Gleichungsfehlerminimierung

Um den Nachteil des eben beschriebenen Verfahrens zu vermeiden, wird die Methode der Minimierung des Gleichungsfehlers nach Eitelberg [2] angewendet. Eine ausführliche Beschreibung findet sich in Lohmann [140], da der Gedanke der Gleichungsfehlerminimierung dort als Basis für das vorgestellte Ordnungsreduktionsverfahren für nichtlineare Systeme dient. Ausgangspunkt ist die Forderung:

$$\boldsymbol{x}_r = \tilde{\boldsymbol{x}}. \tag{3.44}$$

In Verbindung mit (3.42) folgt daraus:

$$0 = \dot{\boldsymbol{x}}_r(t) - \boldsymbol{A}_r \boldsymbol{x}_r(t) - \boldsymbol{B}_r \boldsymbol{u}(t). \tag{3.45}$$

Da die Forderung aus (3.44) aber nicht zu erfüllen ist, also die Gleichung (3.45) auch nicht null werden kann, definiert man mit

$$\boldsymbol{d}(t) := \dot{\boldsymbol{x}}_r(t) - \boldsymbol{A}_r \boldsymbol{x}_r(t) - \boldsymbol{B}_r \boldsymbol{u}(t) \tag{3.46}$$

den Gleichungsfehler $\boldsymbol{d}(t)$.

Ausgehend von einem Anfangszustand $\mathbf{x}_0 = 0$ und einer sprungförmigen Eingangsgröße $\boldsymbol{u}(t)$ kann $\boldsymbol{d}(t)$ mit relativ geringem Aufwand berechnet werden. Durch die Minimierung eines quadratischen Fehlermaßes werden die linearen Beziehungen für $\boldsymbol{A}_r$ und $\boldsymbol{B}_r$ ermittelt [2], denn der Gleichungsfehler (3.46) hängt von den gesuchten Größen $\boldsymbol{A}_r$ und $\boldsymbol{B}_r$ auch nur linear ab.
Das Verfahren der Minimierung des Gleichungsfehlers liefert ein stationär genaues, reduziertes System. Eine grundsätzliche Aussage zur Stabilität konnte noch nicht getroffen werden, es ist jedoch plausibel, dass das reduzierte System auch stabil ist [14]. Konkrete Berechnungen (z.B. in [2]) bestätigen diese Vermutung.
Das Verfahren unter Berücksichtigung des Gleichungsfehlers weist folgende Eigenschaften auf:

- Die stationäre Genauigkeit ist gewährleistet.
- Die Wahl der Ordnung r des reduzierten Systems ist nicht vorgegeben und wird vom Anwender beliebig gewählt.

- Es gibt keine Hinweise, welche Zustandsgrößen nachgebildet werden sollen.
- Die Eigenwerte des reduzierten Systems stimmen nicht mit den Eigenwerten des Originalsystems überein.
- Es wird das Ein- und Ausgangsverhalten nachgebildet. Ein tieferer Systemeinblick mittels reduzierter Modelle ist nicht möglich.
- Bei instabilem Ausgangssystem sind Modifikationen in [141] und [142] angegeben.

3.2.2 Ordnungsreduktion mit Hilfe balancierter Zustandsraumdarstellungen

Eine balancierte Zustandsraumdarstellung liegt vor, falls eine Diagonalmatrix $\boldsymbol{\Sigma}$ existiert, die folgende Ljapunow-Gleichungen gleichzeitig erfüllt:

$$\tilde{\boldsymbol{A}}\boldsymbol{\Sigma} + \boldsymbol{\Sigma}\tilde{\boldsymbol{A}}^{\mathrm{T}} = -\tilde{\boldsymbol{B}}\tilde{\boldsymbol{B}}^{\mathrm{T}}, \tag{3.47}$$

$$\tilde{\boldsymbol{A}}^{\mathrm{T}}\boldsymbol{\Sigma} + \boldsymbol{\Sigma}\tilde{\boldsymbol{A}} = -\tilde{\boldsymbol{C}}^{\mathrm{T}}\tilde{\boldsymbol{C}}. \tag{3.48}$$

Dies bedeutet, dass jedem Zustand des Systems jeweils gleiche Kennzahlen für Beobachtbarkeit und Steuerbarkeit (siehe Abschnitt 3.5) zugeordnet sind. Die Diagonalmatrix $\boldsymbol{\Sigma}$ wird als Gramian von System $(\tilde{\boldsymbol{A}}, \tilde{\boldsymbol{B}}, \tilde{\boldsymbol{C}}, \tilde{\boldsymbol{D}})$ bezeichnet und enthält auf der Diagonalen die sogenannten singulären Werte, die als Maß für die Beobachtbarkeit und Steuerbarkeit gelten. Die singulären Werte einer Matrix $\boldsymbol{A}$ sind die Quadratwurzeln der Eigenwerte der mit der Gaußschen Transformation gebildeten symmetrischen Matrix $\boldsymbol{A}^{\mathrm{T}}\boldsymbol{A}$. Eine Ordnungsreduktion wird so vorgenommen, dass die am wenigsten steuer- und beobachtbaren Systemanteile vernachlässigt werden, d.h. die mit den geringsten σ-Werten. Es entfällt somit die Problematik, die dominanten Eigenwerte wie bei der modalen Ordnungsreduktion oder die wesentlichen Zustandsgrößen wie bei der singulären Perturbation bestimmen zu müssen.

Die Verwendung einer balancierten Zustandsraumdarstellung für die Ordnungsreduktion geht auf Moore [15] zurück. Der Vorteil der balancierten Ordnungsreduktion ist, dass die Transformation des Originalsystems auf eine balancierte Darstellung bereits Maßzahlen für den Reduktionsgrad des zu untersuchenden Modells liefert. Folgende Voraussetzungen für eine balancierte Zustandsraumdarstellung nach Moore müssen erfüllt sein:

- Die Systemmatrix $\boldsymbol{A}$ liefert stabile Eigenwerte.
- Das System Gl. (3.1) und Gl. (3.2) ist minimal realisiert.

Die Bedingung der minimalen Realisation stellt nach [68] keine Einschränkung dar, da sich jedes lineare System in vier Untersysteme zerlegen lässt, wovon eines »minimal realisiert« ist. Die Unterteilung eines Systems geschieht nach folgenden Gesichtspunkten:

- Beobachtbar und steuerbares System.
- Beobachtbar, nicht steuerbares System.

- Steuerbar, nicht beobachtbares System.
- Nicht steuerbar, nicht beobachtbares System.

Wichtig ist, dass zur Untersuchung der Übertragungseigenschaft das beobachtbare und zugleich steuerbare Untersystem herangezogen wird. Unter »vollständig steuerbar« versteht man, dass jede Zustandsgröße $\boldsymbol{x}_i$ mit Hilfe einer geeigneten Eingangsfunktion $\boldsymbol{u}(t)$ in endlicher Zeit von einem Anfangszustand $\boldsymbol{x}(t_0)$ ausgehend auf einen beliebigen Zustand $x_i(t > t_0)$ gebracht werden kann. Die vollständige Beobachtbarkeit [72] bedeutet, dass über die Messung des Ausgangsvektors $\boldsymbol{y}(t)$ auf den Anfangszustand des Zustandsvektors $\boldsymbol{x}(t_0)$ geschlossen werden kann. Werden beide Bedingungen erfüllt, so wird von einem »minimal realisierten System« gesprochen, d.h. die Ordnung des Systems ist minimal.
Eine balancierte Zustandsraumdarstellung ist ein Spezialfall der minimalen Realisierung, für die gilt: »Jeder Zustand des balancierten Systems ist gleich gut steuer- und beobachtbar«. Dies bedeutet, dass bei einem balancierten System eine Matrix $\boldsymbol{\Sigma}$ existiert, für welche die Bedingung $\boldsymbol{\Sigma} = \tilde{\boldsymbol{P}} = \tilde{\boldsymbol{Q}}$ erfüllt ist. Dabei bezeichnet $\tilde{\boldsymbol{P}}$ die Steuerbarkeitsmatrix und $\tilde{\boldsymbol{Q}}$ die Beobachtbarkeitsmatrix des balancierten Systems. Die Gramsche Steuerbarkeitsmatrix $\boldsymbol{P}$ lässt sich aus

$$\int_0^\infty \mathrm{e}^{\boldsymbol{A}t}\boldsymbol{B}\boldsymbol{B}^{\mathrm{T}}\mathrm{e}^{\boldsymbol{A}^{\mathrm{T}}t}\mathrm{d}t = \boldsymbol{P} \tag{3.49}$$

und die Gramsche Beobachtbarkeitsmatrix $\boldsymbol{Q}$ aus

$$\int_0^\infty \mathrm{e}^{\boldsymbol{A}^{\mathrm{T}}t}\boldsymbol{C}^{\mathrm{T}}\boldsymbol{C}\mathrm{e}^{\boldsymbol{A}t}\mathrm{d}t = \boldsymbol{Q} \tag{3.50}$$

bestimmen. Sie erfüllen unter den oben genannten Systemvoraussetzungen die Ljapunow-Gleichungen (3.47) und (3.48), die zur Berechnung von $\boldsymbol{P}$ und $\boldsymbol{Q}$ herangezogen werden [17]:

$$\boldsymbol{A}\boldsymbol{P} + \boldsymbol{P}\boldsymbol{A}^{\mathrm{T}} = -\boldsymbol{B}\boldsymbol{B}^{\mathrm{T}}, \tag{3.51}$$

$$\boldsymbol{A}^{\mathrm{T}}\boldsymbol{Q} + \boldsymbol{Q}\boldsymbol{A} = -\boldsymbol{C}^{\mathrm{T}}\boldsymbol{C}. \tag{3.52}$$

Ein System ist dann balanciert, wenn für die Beobachtbarkeits- und Steuerbarkeitsmatrizen ($\tilde{\boldsymbol{P}}$ und $\tilde{\boldsymbol{Q}}$) gilt:

$$\tilde{\boldsymbol{P}} = \tilde{\boldsymbol{Q}} = \boldsymbol{\Sigma} = \begin{bmatrix} \sigma_1 & 0 & \cdots & 0 \\ 0 & \sigma_2 & \cdots & 0 \\ \vdots & \vdots & \ddots & \vdots \\ 0 & 0 & \cdots & \sigma_n \end{bmatrix}. \tag{3.53}$$

Die Matrizen $\tilde{\boldsymbol{P}}$ und $\tilde{\boldsymbol{Q}}$ sind identisch, wobei die Hauptdiagonale mit den sogenannten singulären Werten besetzt ist. Nach Bildung der Eigenwerte λ_i des Matrizenproduktes $\boldsymbol{PQ}$ lassen sich die Diagonalelemente σ_i aus der Steuer- und

Beobachtbarkeitsmatrix des Originalsystems wie folgt berechnen:

$$\sigma_i = \sqrt{\lambda_i(\boldsymbol{PQ})}. \tag{3.54}$$

Für die Ljapunow-Gleichungen wird in [73] ein numerischer Ansatz angegeben, der auf einer Modifikation des Bartels-Stewart Algorithmus beruht [69]. Die Diagonalelemente von $\boldsymbol{\Sigma}$ dienen als Maßzahlen für die Ordnungsreduktion. Dabei bezeichnen niedrige Maßzahlen *schlecht* steuer- oder beobachtbare Zustandsgrößen und hohe Maßzahlen *gut* steuer- oder beobachtbare Zustandsgrößen. Das Prinzip der Ordnungsreduktion besteht darin, die *schlecht* steuer- bzw. beobachtbaren Zustände abzuschneiden, in der Annahme, dass diese nur wenig Einfluss auf das Eingangs-/Ausgangsverhalten des Systems haben.
Um eine balancierte Zustandsraumdarstellung des Systems aus den Gln. (3.1), (3.2) zu erhalten, ist eine Ähnlichkeitstransformation zu finden, bei der sowohl die Steuerbarkeits- als auch die Beobachtbarkeitsmatrix gleich der Diagonalmatrix, gebildet aus den Wurzeln der Hankel-Singulär- werte (σ_i^2), ist [77]. Diese sind definiert als die Eigenwerte des Matrizenproduktes $\boldsymbol{PQ}$:

$$\sigma_i^2 = \left[\lambda_i(\boldsymbol{PQ})\right], i = 1, \ldots, n. \tag{3.55}$$

Dann sind die transformierten Zustandsgrößen gleich gut steuerbar und beobachtbar. Für solch ein System gilt, dass die Stabilität eines davon abgeleiteten Untersystems gewährleistet ist, falls das Originalsystem selbst stabil ist [15]. Dabei ist zu beachten, dass nach Transformation in die balancierte Zustandsraumdarstellung die transformierten Zustandsgrößen nicht mehr physikalisch interpretiert werden können. Im Gegensatz zur singulären Perturbation, die auf eine Transformation verzichtet und somit die physikalischen Größen auch im reduzierten System berücksichtigt, sollen diese Verfahren als mathematisch orientierte Verfahren betrachtet werden.
Im folgenden wird der Algorithmus nach Moore [15] zur Erzeugung einer balancierten Zustandsraumdarstellung beschrieben. Der Kern dabei ist die Bestimmung einer Transformationsmatrix $\boldsymbol{T}$, mit deren Hilfe das Originalsystem in eine balancierte Zustandsdarstellung überführt wird. Mit der Ähnlichkeitstransformation

$$\boldsymbol{x} = \boldsymbol{T}\tilde{\boldsymbol{x}} \tag{3.56}$$

erhält man dann das balancierte System zu:

$$\dot{\tilde{\boldsymbol{x}}} = \tilde{\boldsymbol{A}}\tilde{\boldsymbol{x}} + \tilde{\boldsymbol{B}}\boldsymbol{u}, \tag{3.57}$$

$$\boldsymbol{y} = \tilde{\boldsymbol{C}}\tilde{\boldsymbol{x}} + \boldsymbol{D}\boldsymbol{u}, \tag{3.58}$$

mit den modifizierten System-, Eingangs- und Ausgangsmatrizen:

$$\tilde{\boldsymbol{A}} = \boldsymbol{T}^{-1}\boldsymbol{A}\boldsymbol{T}; \quad \tilde{\boldsymbol{B}} = \boldsymbol{T}^{-1}\boldsymbol{B}; \quad \tilde{\boldsymbol{C}} = \boldsymbol{C}\boldsymbol{T}. \tag{3.59}$$

Zur Bestimmung der Transformationsmatrix $\boldsymbol{T} = \boldsymbol{T}_1\hat{\boldsymbol{T}}_2$ wird zunächst die Steuerbarkeitsmatrix $\boldsymbol{P}$ herangezogen. Sie lässt sich aus der Ljapunow-Gleichung (3.51) bestimmen. Die zur Bildung der Matrix $\boldsymbol{T}_1$ notwendigen Matrizen, die Matrix der singulären Werte $\boldsymbol{\Sigma}_c$ und die Eigenvektormatrix $\boldsymbol{V}_c$, erhält man aus der Transformation von $\boldsymbol{P}$ auf Diagonalform ihrer singulären Werte ($\boldsymbol{P} = \boldsymbol{V}_c\boldsymbol{\Sigma}_c\boldsymbol{U}^T_c$) [78]. Der Index c steht für »controllable«.
Mit der Matrix $\boldsymbol{T}_1 = \boldsymbol{V}_c\boldsymbol{\Sigma}_c^{-1/2}$ erhält man das transformierte, aber noch nicht balancierte Zwischensystem durch die Transformation $\boldsymbol{x} = \boldsymbol{T}_1\,\hat{\boldsymbol{x}}$:

$$\dot{\hat{\boldsymbol{x}}} = \hat{\boldsymbol{A}}\hat{\boldsymbol{x}} + \hat{\boldsymbol{B}}\boldsymbol{u}, \tag{3.60}$$

$$y = \hat{\boldsymbol{C}}\hat{\boldsymbol{x}}. \tag{3.61}$$

Bei diesem System ist die Steuerbarkeitsmatrix gleich der Einheitsmatrix ($\hat{\boldsymbol{P}} = \boldsymbol{I}$). Anschließend wird die Beobachtbarkeitsmatrix $\hat{\boldsymbol{Q}}$ des Zwischensystems bestimmt. Daraus wird mit Transformation auf Diagonalform ihrer singulären Werte ($\hat{\boldsymbol{Q}} = \hat{\boldsymbol{V}}\hat{\boldsymbol{\Sigma}}\hat{\boldsymbol{U}}^T$) die singuläre Wertematrix $\hat{\boldsymbol{\Sigma}}$ und die zugehörige Eigenvektormatrix $\hat{\boldsymbol{V}}$ erstellt. Mit der Transformationsmatrix $\hat{\boldsymbol{T}}_2 = \hat{\boldsymbol{V}}\hat{\boldsymbol{\Sigma}}^{-1/4}$ erhält man das balancierte System (3.57) (3.58) durch eine weitere Transformation:

$$\hat{\boldsymbol{x}} = \hat{\boldsymbol{T}}_2\tilde{\boldsymbol{x}}. \tag{3.62}$$

Die Matrizen des balancierten Systems berechnen sich aus:

$$\tilde{\boldsymbol{A}} = \hat{\boldsymbol{T}}_2^{-1}\boldsymbol{T}_1^{-1}\boldsymbol{A}\boldsymbol{T}_1\hat{\boldsymbol{T}}_2, \tag{3.63}$$

$$\tilde{\boldsymbol{B}} = \hat{\boldsymbol{T}}_2^{-1}\boldsymbol{T}_1^{-1}\boldsymbol{B}, \tag{3.64}$$

$$\tilde{\boldsymbol{C}} = \boldsymbol{C}\boldsymbol{T}_1\hat{\boldsymbol{T}}_2. \tag{3.65}$$

Die Transformationsmatrix $\boldsymbol{T}$ ergibt sich zu:

$$\boldsymbol{T} = \boldsymbol{T}_1\hat{\boldsymbol{T}}_2 = \left(\boldsymbol{V}_c\boldsymbol{\Sigma}_c^{-\frac{1}{2}}\right)\left(\hat{\boldsymbol{V}}\hat{\boldsymbol{\Sigma}}^{-\frac{1}{4}}\right). \tag{3.66}$$

Zusammenfassend, sind bei der Vorgehensweise nach **Moore** folgende Arbeitsschritte notwendig:

- Berechnung der Steuerbarkeitsmatrix $\boldsymbol{P}$ des Ausgangssystems (nicht balanciert).
- Singuläre Werte Zerlegung von $\boldsymbol{P}$: $\boldsymbol{P} = \boldsymbol{V}_c\,\boldsymbol{\Sigma}_c\,\boldsymbol{U}_c^T$, $\boldsymbol{V}_c$ ist eine Diagonalmatrix und $\boldsymbol{\Sigma}_c$ enthält die singulären Werte.

- Berechnung eines Zwischensystems mit der Transformationsmatrix $\boldsymbol{T}_1 = \boldsymbol{V}_c\boldsymbol{\Sigma}_c^{-1/2}$,

$$\hat{\boldsymbol{A}} = \boldsymbol{T}_1^{-1}\boldsymbol{A}\boldsymbol{T}_1, \qquad \hat{\boldsymbol{B}} = \boldsymbol{T}_1^{-1}\boldsymbol{B},$$
$$\tilde{\boldsymbol{C}} = \boldsymbol{C}\boldsymbol{T}_1, \qquad \hat{\boldsymbol{D}} = \boldsymbol{D}.$$

- Bestimmung der Beobachtbarkeitsmatrix $\hat{\boldsymbol{Q}}$ des Zwischensystems.
- Singuläre Werte Zerlegung von $\hat{\boldsymbol{Q}}$: $\hat{\boldsymbol{Q}} = \hat{\boldsymbol{V}}\hat{\boldsymbol{\Sigma}}\hat{\boldsymbol{U}}^T$.
- Bestimmung der Transformationsmatrix $\boldsymbol{T}_2$: $\hat{\boldsymbol{T}}_2 = \hat{\boldsymbol{V}}\hat{\boldsymbol{\Sigma}}^{-1/4}$.
- Berechnung der Transformationsmatrix $\boldsymbol{T}$: $\boldsymbol{T} = \boldsymbol{T}_1\hat{\boldsymbol{T}}_2 = (\boldsymbol{V}_c\boldsymbol{\Sigma}_c^{-1/2})(\hat{\boldsymbol{V}}\hat{\boldsymbol{\Sigma}}^{-1/4})$.
- Berechnung des Balancierten Systems:

$$\boldsymbol{A} = \boldsymbol{T}_1^{-1}\tilde{\boldsymbol{A}}\boldsymbol{T} = \hat{\boldsymbol{T}}_2^{-1}\boldsymbol{P}_1^{-1}\tilde{\boldsymbol{A}}\boldsymbol{T}_1\hat{\boldsymbol{T}}_2, \qquad \boldsymbol{B} = \boldsymbol{T}^{-1}\tilde{\boldsymbol{B}} = \hat{\boldsymbol{T}}_2^{-1}\boldsymbol{T}_1^{-1}\tilde{\boldsymbol{B}},$$
$$\boldsymbol{C} = \tilde{\boldsymbol{C}}\boldsymbol{T} = \tilde{\boldsymbol{C}}\boldsymbol{T}_1\hat{\boldsymbol{T}}_2, \qquad \boldsymbol{D} = \boldsymbol{D}.$$

Verbesserte Algorithmen zur Ermittlung der balancierten Zustandsraumdarstellung hat Laub [16, 17] angegeben. Im Gegensatz zu dem Verfahren nach Moore ist es nicht mehr erforderlich, ein transformiertes Zwischensystem, siehe Gln. (3.60) und (3.61), aufzustellen. Die beiden Verfahren sind sich ähnlich, und zielen darauf ab, die Balancierung bezüglich der Rechenzeit zu optimieren. Dies ist zwar bei der Leistung heutiger Rechner nicht mehr von großer Bedeutung, jedoch kann dieser Algorithmus auch dazu verwendet werden, eine Transformationsmatrix $\boldsymbol{T}$ zu finden, die das Originalsystem in die sogenannte Eingangs- bzw. Ausgangsnormalform bringt. Diese werden von Moore [15] wie folgt definiert:

*Ein System liegt dann in Eingangsnormalform vor, wenn für dessen Steuerbarkeitsmatrix **P** und Beobachtbarkeitsmatrizen **Q** gilt:*

$$\boldsymbol{P} = \begin{pmatrix} 1 & 0 & \cdots & 0 \\ 0 & 1 & \cdots & 0 \\ \vdots & \vdots & \ddots & \vdots \\ 0 & 0 & \cdots & 1 \end{pmatrix}, \quad \boldsymbol{Q} = \begin{pmatrix} \sigma_1^4 & 0 & \cdots & 0 \\ 0 & \sigma_2^4 & \cdots & 0 \\ \vdots & \vdots & \ddots & \vdots \\ 0 & 0 & \cdots & \sigma_n^4 \end{pmatrix}. \tag{3.67}$$

Ein System liegt dann in Ausgangsnormalform vor, wenn für dessen Steuer- und Beobachtbarkeitsmatrizen gilt:

$$\boldsymbol{P} = \begin{pmatrix} \sigma_1^4 & 0 & \cdots & 0 \\ 0 & \sigma_2^4 & \cdots & 0 \\ \vdots & \vdots & \ddots & \vdots \\ 0 & 0 & \cdots & \sigma_n^4 \end{pmatrix}, \quad \boldsymbol{Q} = \begin{pmatrix} 1 & 0 & \cdots & 0 \\ 0 & 1 & \cdots & 0 \\ \vdots & \vdots & \ddots & \vdots \\ 0 & 0 & \cdots & 1 \end{pmatrix}. \tag{3.68}$$

Die Koeffizienten $\sigma_1, \ldots, \sigma_n$ sind dabei die singulären Werte. Die Bedeutung der Eingangs- und Ausgangsnormalform wird vor allem im Hinblick auf die Reglerauslegung betrachtet.

Die Balancierungsverfahren von Laub bestimmen, ähnlich wie das Verfahren von Moore, Transformationsmatrizen $\boldsymbol{T}$, mit deren Hilfe das Originalsystem in die balancierte Darstellung sowie in die Eingangs- oder Ausgangsnormalform übergeführt werden kann. Im folgenden werden beide Verfahren dargestellt.

Verfahren 1

- Bestimme die Steuerbarkeitsmatrix $\boldsymbol{P}$ aus Gl. (3.51) und die Beobachtbarkeitsmatrix $\boldsymbol{Q}$ aus Gl. (3.52).
- Cholesky Zerlegung der Steuerbarkeitsmatrix $\boldsymbol{P}$, so dass gilt: $\boldsymbol{P} = \boldsymbol{L}_c\boldsymbol{L}_c^{\mathrm{T}}$,
- Multiplikation von $\boldsymbol{L}_c^{\mathrm{T}}\boldsymbol{Q}\boldsymbol{L}_c$.
- Lösung des Eigenwert/Eigenvektor Problems $\boldsymbol{U}^{\mathrm{T}}(\boldsymbol{L}_c^{\mathrm{T}}\boldsymbol{Q}\,\mathrm{L}_c)\boldsymbol{U} = \boldsymbol{\Lambda}^2$.
- Die Transformationsmatrix ergibt sich dann zu: $\boldsymbol{T} = \boldsymbol{L}_c\boldsymbol{U}\,\boldsymbol{\Lambda}^{-\kappa}$.

Mit $\kappa = 0$ ist eine Transformation in die Eingangsnormalform und mit $\kappa = 1$ eine Transformation in die Ausgangsnormalform möglich. Für $\kappa = 0.5$ ergibt sich die Transformationsmatrix $\boldsymbol{T}$ zur Bestimmung der balancierten Darstellung.
Die Systemmatrizen der transformierten Systeme in balancierter Darstellung (Index: b) und Eingangs bzw. Ausgangsnormalform (Index: i bzw. o) ergeben sich damit zu:

$$\begin{aligned}
\boldsymbol{A}_{\mathrm{b,i,o}} &= \boldsymbol{T}_{\kappa}^{-1}\boldsymbol{A}\boldsymbol{T}_{\kappa},\\
\boldsymbol{B}_{\mathrm{b,i,o}} &= \boldsymbol{T}_{\kappa}^{-1}\boldsymbol{B},\\
\boldsymbol{C}_{\mathrm{b,i,o}} &= \boldsymbol{C}\boldsymbol{T}_{\kappa},\\
\boldsymbol{D}_{\mathrm{b,i,o}} &= \boldsymbol{D}, \quad \text{mit} \quad \kappa = 0;0{,}5;1.
\end{aligned} \tag{3.69}$$

Verfahren 2

- Berechnung der Cholesky Faktoren $\boldsymbol{L}_o$ und $\boldsymbol{L}_c$ der Beobachtbarkeits- und Steuerbarkeitsmatrizen $\boldsymbol{Q}$ und $\boldsymbol{P}$ mit:
  $\boldsymbol{Q} = \boldsymbol{L}_C\boldsymbol{L}_C^T$, $\boldsymbol{P} = \boldsymbol{L}_O\,\boldsymbol{L}_O^T$.
- Dabei können $\boldsymbol{L}_o$ und $\boldsymbol{L}_c$ mit Hilfe eines Algorithmus von Hammarling [31] bestimmt werden, ohne dass die Matrizen $\boldsymbol{P}$ und $\boldsymbol{Q}$ explizit berechnet werden müssen, wodurch einige Rechenschritte eingespart werden [17].
- Berechnung der Singulären Werte Zerlegung des Produkts der Cholesky Faktoren, $\boldsymbol{L}^T_O\boldsymbol{L}_C = \boldsymbol{V}\boldsymbol{\Lambda}\boldsymbol{V}^{\mathrm{T}}$.
- Bestimmung der Transformationsmatrix $\boldsymbol{T}_\kappa$: $\boldsymbol{T}_\kappa = \boldsymbol{L}_C\boldsymbol{V}\boldsymbol{\Lambda}^{-\kappa}$.

Wie schon bei Verfahren 1 gilt entsprechend

- $\kappa = 0$: Transformation in die Eingangsnormalform,
- $\kappa = 1$: Transformation in die Ausgangsnormalform,
- $\kappa = 0.5$: Balancierte Darstellung.

Bild 3.9 zeigt, dass bei Anwendung der vorgestellten Verfahren zur Balancierung des Originalsystems keine Unterschiede in den Sprungantworten zu erkennen sind. Zugrundegelegt wurde ein Triebwerksmodell 13.Ordnung, das in [79] entwickelt und untersucht wurde. Die gute Übereinstimmung der Sprungantworten vom Originalsystem zum modal transformierten System Gl. ((3.4) und Gl. (3.5)) und den balancierten Systemen nach Moore Gln. ((3.57) und (3.58)) und Laub (Gl. (3.69)) waren zu erwarten, da es sich bei den vorgestellten Verfahren um Ähnlichkeitstransformationen handelt, welche die dynamischen Eigenschaften der Systeme nicht verändern.

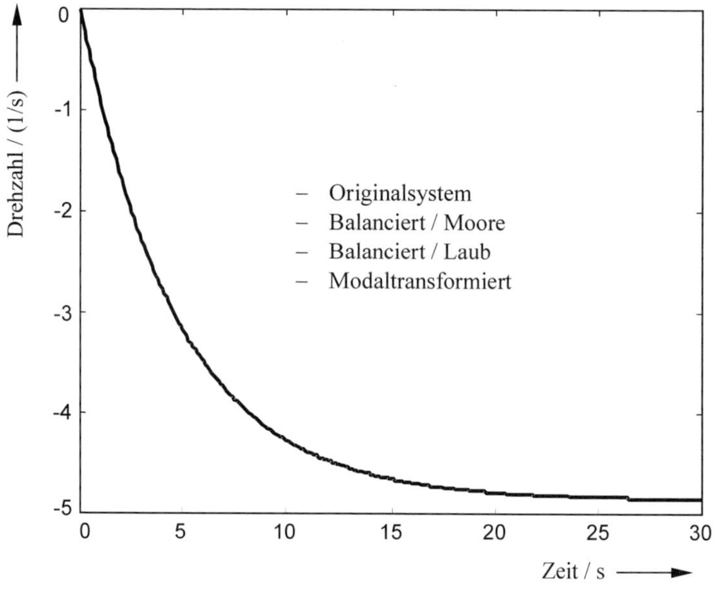

Bild 3.9: Sprungantworten der Drehzahl n für das Originalsystem, entnommen aus [79], dem modal transformierten System sowie den balancierten Systemen nach Moore und Laub

3.2.2.1 Reduktion des balancierten Systemmodells

Für das balancierte System gilt, dass die Steuerbarkeits- und Beobachtbarkeitsmatrizen in Diagonalform vorliegen und gleich sind. Anhand dieser Diagonalelemente σ_i lässt sich nun die Ordnung r des reduzierten Modells festlegen. Die absteigend geordneten Diagonalelemente σ_i geben die Steuer- bzw. Beobachtbarkeit der transformierten Zustandsgrößen an. Eine Ordnungsreduktion wird so vorgenommen, dass schlecht beobachtbare und/oder steuerbare Zustände ab einem Zustand $\tilde{\mathbf{x}}_r$ abgeschnitten werden, nämlich wenn

$$\sigma_r \gg \sigma_{r+1} \tag{3.70}$$

erfüllt ist [71] [64]. Lässt diese Bedingung keine eindeutige Aussage zu, so können weitere Kenngrößen zur Bestimmung der Ordnung des reduzierten Systems ausgewertet werden. Zum einen betrachtet man das **Dominanzmaß** S_r der singulären Werte nach Gl. (3.71) [15, 74]:

$$S_r = \frac{\left[\sum_{i=1}^{r} \sigma_i^4\right]^{\frac{1}{2}}}{\left[\sum_{i=r+1}^{n} \sigma_i^4\right]^{\frac{1}{2}}}, \tag{3.71}$$

mit der Bedingung $S_r >> 1$, die die Ordnung des reduzierten Systems bestimmt. Zum anderen werden die dominanten Pole nach [70] untersucht. Die Dominanzkennzahl V_r kann als Maß für die Verbesserung der Systemantwort bei Erhöhung der Modellordnung von r-1 nach r interpretiert werden. Nach [76] ergibt sich die Systemordnung r des reduzierten Systems für den Wert, für den der Dominanzkennwert V_r ein Maximum einnimmt [75]:

$$V_r = \frac{U_{r-1}}{U_r}, \tag{3.72}$$

mit

$$U_r = \left[\frac{1}{\min\{|\lambda_i|\}} - \frac{1}{\mathrm{Re}(\lambda_{r+1})}\right] \quad , \quad r+1 \le i \le n \quad , \tag{3.73}$$

als obere Schranke für den Approximationsfehler des reduzierten Systems.

Für das in [79] entwickelte Modell eines Triebwerkes sind die singulären Werte σ_r sowie die Dominanzkennwerte S_r und V_r in Tabelle 3.3 aufgetragen. Die Tabelle zeigt, dass eine Ordnungsreduktion auf die Ordnung 2 und 4 vorgenommen werden kann, da hierbei der Dominanzkennwert V_r jeweils ein relatives Maximum einnimmt und die Bedingung $\sigma_r >> \sigma_{r+1}$ für die singulären Werte erfüllt ist.
Die Dominanzkennwerte S_r, gebildet aus der Bedingung Gl. (3.71), geben für diesen Anwendungsfall keine Entscheidungshilfe, da für $S_r >> 1$ keine eindeutige Grenze existiert. Ein weiterer Vorschlag zur Bestimmung der Ordnung r des reduzierten Systems ist in [160] zu finden. Die sogenannten »Balanced Gains« berücksichtigen bei diesem Vorschlag zusätzlich zu den Maßzahlen für Steuer- und Beobachtbarkeit, den Grad der Verkopplungen der Zustandsgrößen.
Bei der Wahl des Reduktionsgrades ist zu beachten, dass konjugiert komplexe Polpaare nicht getrennt werden können. Das gleiche gilt für mehrfache Eigenwerte [74]. Mit der Festlegung der Ordnung des reduzierten Systems wird das balancierte System entsprechend unterteilt. Für ein System mit nur einer Stellgröße ergibt sich für das partitionierte, balancierte System folgende Darstellung:

Tabelle 3.3: Singuläre Werte σ_r, Dominanzkennwerte S_r, U_r und V_r

r	σ_r	S_r	U_r	V_r
1	$1{,}73\cdot10^{+5}$	$9{,}86\cdot10^{-1}$	$0{,}47\cdot10^{+1}$	–
2	$1{,}57\cdot10^{+5}$	$0{,}30\cdot10^{+1}$	$1{,}67\cdot10^{-2}$	$2{,}84\cdot10^{+2}$
3	$5{,}89\cdot10^{+4}$	$0{,}49\cdot10^{+1}$	$1{,}12\cdot10^{-2}$	$0{,}15\cdot10^{+1}$
4	$4{,}56\cdot10^{+4}$	$1{,}25\cdot10^{+1}$	$4{,}36\cdot10^{-3}$	$0{,}26\cdot10^{+1}$
5	$1{,}66\cdot10^{+4}$	$2{,}33\cdot10^{+1}$	$2{,}17\cdot10^{-3}$	$0{,}20\cdot10^{+1}$
6	$8{,}93\cdot10^{+3}$	$4{,}31\cdot10^{+1}$	$1{,}50\cdot10^{-3}$	$0{,}14\cdot10^{+1}$
7	$4{,}13\cdot10^{+3}$	$6{,}24\cdot10^{+1}$	$1{,}50\cdot10^{-3}$	$0{,}10\cdot10^{+1}$
8	$3{,}19\cdot10^{+3}$	$1{,}05\cdot10^{+2}$	$3{,}47\cdot10^{-3}$	$4{,}32\cdot10^{-1}$
9	$2{,}33\cdot10^{+3}$	$9{,}07\cdot10^{+2}$	$3{,}36\cdot10^{-3}$	$0{,}10\cdot10^{+1}$
10	$2{,}72\cdot10^{+2}$	$1{,}36\cdot10^{+4}$	$2{,}38\cdot10^{-3}$	$0{,}14\cdot10^{+1}$
11	$1{,}62\cdot10^{+1}$	$3{,}00\cdot10^{+4}$	$2{,}14\cdot10^{-3}$	$0{,}11\cdot10^{+1}$
12	$0{,}82\cdot10^{+1}$	$4{,}82\cdot10^{+6}$	$3{,}99\cdot10^{-4}$	$0{,}54\cdot10^{+1}$
13	$5{,}12\cdot10^{-2}$	–	–	–

$$\begin{bmatrix} \dot{\tilde{\boldsymbol{x}}}_1 \\ \dot{\tilde{\boldsymbol{x}}}_2 \end{bmatrix} = \begin{bmatrix} \tilde{\boldsymbol{A}}_{11} & \tilde{\boldsymbol{A}}_{12} \\ \tilde{\boldsymbol{A}}_{21} & \tilde{\boldsymbol{A}}_{22} \end{bmatrix} \begin{bmatrix} \tilde{\boldsymbol{x}}_1 \\ \tilde{\boldsymbol{x}}_2 \end{bmatrix} + \begin{bmatrix} \tilde{\boldsymbol{B}}_1 \\ \tilde{\boldsymbol{B}}_2 \end{bmatrix} \boldsymbol{u}, \tag{3.74}$$

$$\boldsymbol{y} = \begin{bmatrix} \tilde{\boldsymbol{C}}_1 & \tilde{\boldsymbol{C}}_2 \end{bmatrix} \begin{bmatrix} \tilde{\boldsymbol{x}}_1 \\ \tilde{\boldsymbol{x}}_2 \end{bmatrix}. \tag{3.75}$$

Das reduzierte stabile System wird durch die Gln. (3.76) und (3.77) beschrieben.

$$\dot{\tilde{\boldsymbol{x}}}_1 = \tilde{\boldsymbol{A}}_{11}\tilde{\boldsymbol{x}}_1 + \tilde{\boldsymbol{B}}_1\boldsymbol{u}, \tag{3.76}$$

$$\tilde{\boldsymbol{y}} = \tilde{\boldsymbol{C}}_1\tilde{\boldsymbol{x}}_1. \tag{3.77}$$

Bild 3.10 zeigt die Teilsysteme, die durch die Aufspaltung entstehen. Zur Ordnungsreduktion wird das Teilsystem 2 vernachlässigt. Hiermit erhält man jedoch

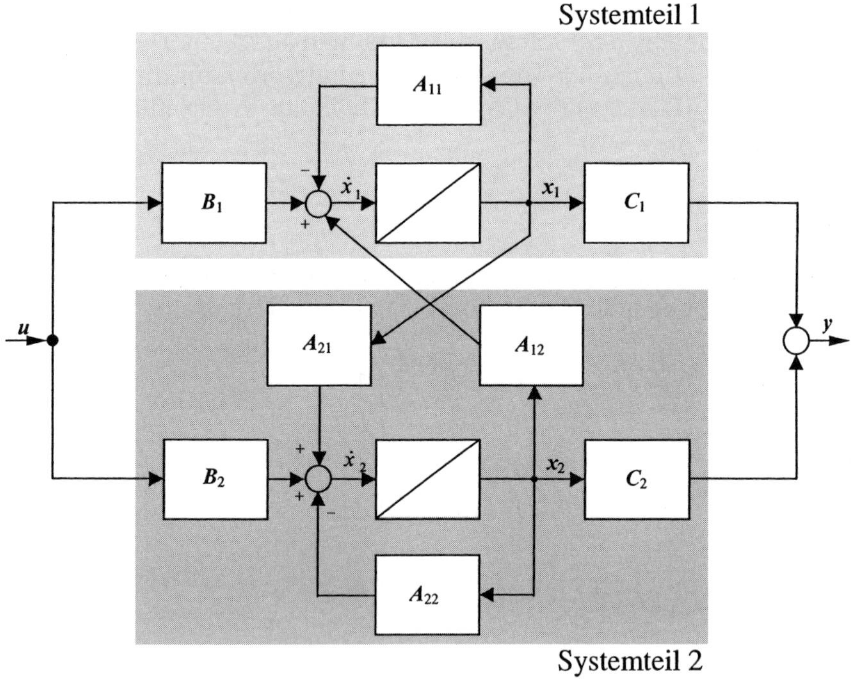

Bild 3.10: Diagramm des balancierten, partitionierten Systems

stationäre Ungenauigkeiten, da sowohl in der Zustandsgleichung als auch in der Ausgangsgleichung der abgeschnittene Anteil $\tilde{\boldsymbol{x}}_2$ des Zustandsvektors aus Gl. (3.74) fehlt.
Wird das Originalsystem transformiert und anschließend reduziert, stellt sich die Frage, ob das so erhaltene reduzierte System noch stabil ist. Die Stabilität des reduzierten Systems ist eine wesentliche Eigenschaft, die ein Ordnungsreduktionsverfahren aufweisen soll. Laut Moore [30] ist dies allgemein der Fall, wenn folgende Bedingung erfüllt ist:

Wenn das Originalsystem ($\boldsymbol{A}$, $\boldsymbol{B}$, $\boldsymbol{C}$) stabil ist und $\boldsymbol{\Sigma}_1$ und $\boldsymbol{\Sigma}_2$ (siehe Gleichung (3.85)) keine gemeinsamen Werte aufweisen, dann ist auch das reduzierte System ($\boldsymbol{A}_{11}$, $\boldsymbol{B}_1$, $\boldsymbol{C}_1$) stabil. Liegt das Originalsystem in balancierter Form vor, so ist auch das reduzierte System balanciert. Originalsysteme in Eingangs- bzw.- Ausgangsnormalform führen zu reduzierten Systemen in Eingangs- bzw. Ausgangsnormalform, wie sie in (3.68) bzw. (3.67) definiert sind.

Diese Aussage wurde von Pernebo und Silverman ([32, 33]) auf das Teilsystem mit $\boldsymbol{A}_{22}$, $\boldsymbol{B}_2$ und $\boldsymbol{C}_2$ erweitert. Unter der entsprechenden Voraussetzung ist dieser Systemteil auch stabil.
Nun wird für das Beispiel des Triebwerkes, entsprechend der vorangegangenen Dominanzanalyse, eine Systemreduktion auf die 4. Ordnung gewählt, um zu zei-

gen, dass hierbei schon erhebliche Abweichungen im dynamischen Verhalten vom Originalmodell zu den reduzierten Modellen auftreten. Die Bilder 3.11 und 3.12 zeigen den stationären Fehler der Sprungantworten für die Drehzahl n und den Luftstrom $\dot{m}_2$ (Ebene 2) der Gasturbine, bei einer Änderung des Brennstoffmassenstromes ($\Delta\dot{m}_B = -10\,\%$).

Beispiel

An dem aus [15] entnommenen Beispiel (3.78) wird die Ordnungsreduktion, ausgehend von einer balancierten Systemdarstellung, dargestellt:

$$\dot{\boldsymbol{x}} = \boldsymbol{A}\boldsymbol{x} + \boldsymbol{B}\boldsymbol{u} = \begin{bmatrix} 0 & 0 & 0 & -150 \\ 1 & 0 & 0 & -245 \\ 0 & 1 & 0 & -113 \\ 0 & 0 & 1 & -19 \end{bmatrix} \boldsymbol{x} + \begin{bmatrix} 4 \\ 1 \\ 0 \\ 0 \end{bmatrix} u. \tag{3.78}$$

$$y = \boldsymbol{C}\boldsymbol{x} = [0 \quad 0 \quad 0 \quad 1]\boldsymbol{x}.$$

a) Balancieren

Im ersten Schritt wird mit Hilfe der Transformationsmatrix $\boldsymbol{T}_{0,5}$:

$$\boldsymbol{T}_{0.5} = \begin{bmatrix} 29{,}0903 & -4{,}0562 & 0{,}5526 & -0{,}3095 \\ 14{,}7840 & 5{,}4494 & -0{,}5565 & 0{,}4256 \\ 2{,}3226 & 2{,}0930 & -0{,}0296 & -0{,}1217 \\ 0{,}1181 & 0{,}1307 & 0{,}0563 & 0{,}0069 \end{bmatrix} \tag{3.79}$$

das System balanciert:

$$\dot{\boldsymbol{x}}_b = \begin{bmatrix} -0{,}43781 & -1{,}1685 & -0{,}41426 & -0.05098 \\ 1{,}1685 & -3{,}1353 & -2{,}8352 & -0{,}32885 \\ -0{,}41426 & 2{,}8352 & -12{,}475 & -3{,}2492 \\ 0{,}05098 & -0{,}32885 & 3{,}2492 & -2{,}9516 \end{bmatrix} \boldsymbol{x}_b + \begin{bmatrix} 0{,}11814 \\ -0{,}1307 \\ 0{,}056337 \\ -0{,}0068746 \end{bmatrix} u, \tag{3.80}$$

$$y = [0{,}11814 \quad 0{,}1307 \quad 0{,}056337 \quad 0{,}0068746]\boldsymbol{x}_b\,. \tag{3.81}$$

Da es sich bei dieser Transformation um eine Ähnlichkeitstransformation handelt, werden die Systemeigenschaften nicht verändert, denn beide Systemmatrizen (Gl. (3.80), Gl. (3.78)) liefern die Eigenwerte $\lambda_1 = -1{,}00$; $\lambda_2 = -3{,}00$;

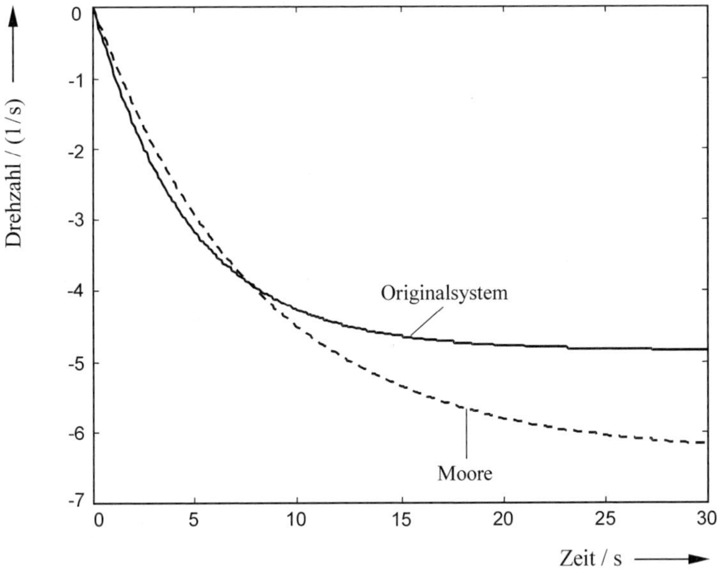

Bild 3.11 Sprungantworten der Drehzahl n des balancierten Systems und des durch Abschneiden reduzierten Systems (– – – – –) bei einem Stellgrößensprung des Brennstoffmassenstromes ($\Delta\dot{m}_B = -10\%$)

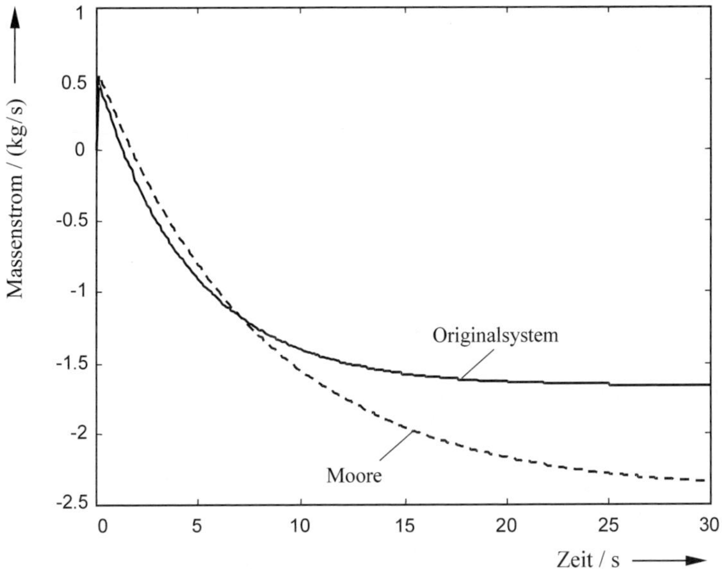

Bild 3.12 Sprungantworten des Massenstroms $\dot{m}_2$ des balancierten Systems und des durch Abschneiden reduzierten Systems (– – – – –) bei einem Stellgrößensprung des Brennstoffmassenstromes ($\Delta\dot{m}_B = -10\%$)

$\lambda_3 = -5{,}00$ und $\lambda_4 = -10{,}00$. Das Originalsystem besitzt eine Nullstelle bei $n_1 = -4{,}00$.

b) Reduktion durch Abschneiden (Direct Truncation)

Die Reduktion durch Abschneiden ist der einfachste Weg, um ein reduziertes Systemmodell zu erhalten. Laut Moore [15] kann eine gute Näherung durch Abschneiden des Systems dann erreicht werden, wenn für die Quadrate der singulären Werte σ in der Beobachtbarkeits- bzw. Steuerbarkeitsmatrix $\boldsymbol{Q}$ und $\boldsymbol{P}$,

$$\boldsymbol{Q} = \boldsymbol{P} = \operatorname{diag}\{\sigma_1;\ldots;\sigma_r;\sigma_{r+1};\ldots;\sigma_n\} \tag{3.82}$$

des balancierten Systems gilt:

$$\sigma_r \gg \sigma_{r+1}. \tag{3.83}$$

Dabei bezeichnet r die Ordnung, auf die reduziert werden soll. Das reduzierte System lautet dann:

$$\begin{aligned} \boldsymbol{x}_r &= \boldsymbol{A}_{11}\boldsymbol{x}_r + \boldsymbol{B}_1\boldsymbol{u}, \\ \boldsymbol{y} &= \boldsymbol{C}_1\boldsymbol{x}_r. \end{aligned} \tag{3.84}$$

Im betrachteten Beispielsystem ergeben sich als Maßzahlen für Steuer- und Beobachtbarkeit folgende Werte:

$$\boldsymbol{P} = \boldsymbol{Q} = \operatorname{diag}\left\{0{,}01593;\, 0{,}002724;\, 1{,}272\cdot 10^{-4};\, 8{,}006\cdot 10^{-6}\right\} = \begin{bmatrix} \boldsymbol{\Sigma}_1 & 0 \\ 0 & \boldsymbol{\Sigma}_2 \end{bmatrix}. \tag{3.85}$$

Gemäß Gl. (3.83) erscheint eine Reduktion auf die 2. Ordnung sinnvoll, da zwischen dem 2. und 3. Element eine betragsmäßig große Lücke vorhanden ist. Man erhält das reduzierte System in folgender Darstellung:

$$\begin{aligned} \dot{\boldsymbol{x}}_r &= \begin{bmatrix} -0{,}43781 & -1{,}1685 \\ 1{,}1685 & -3{,}1353 \end{bmatrix} \boldsymbol{x}_r + \begin{bmatrix} 0{,}11814 \\ -0{,}1307 \end{bmatrix} u, \\ y &= \begin{bmatrix} 0{,}11814 & 0{,}1307 \end{bmatrix} \boldsymbol{x}_r. \end{aligned} \tag{3.86}$$

Das reduzierte System ist aufgrund von $\boldsymbol{P}_r = \boldsymbol{Q}_r = \operatorname{diag}\,\{0{,}01593;\ 0{,}002725\}$ ebenfalls balanciert [30]. Die Sprungantworten des Originalsystems und des reduzierten Systems sind in Bild 3.13 dargestellt. Zu sehen ist der stationäre Fehler, der für alle durch Abschneiden (Truncation) gewonnenen reduzierten Systeme charakteristisch ist. Dies erklärt sich aus der Vernachlässigung des in Bild 3.10 hervorgehobenen abgeschnittenen Systemteils.

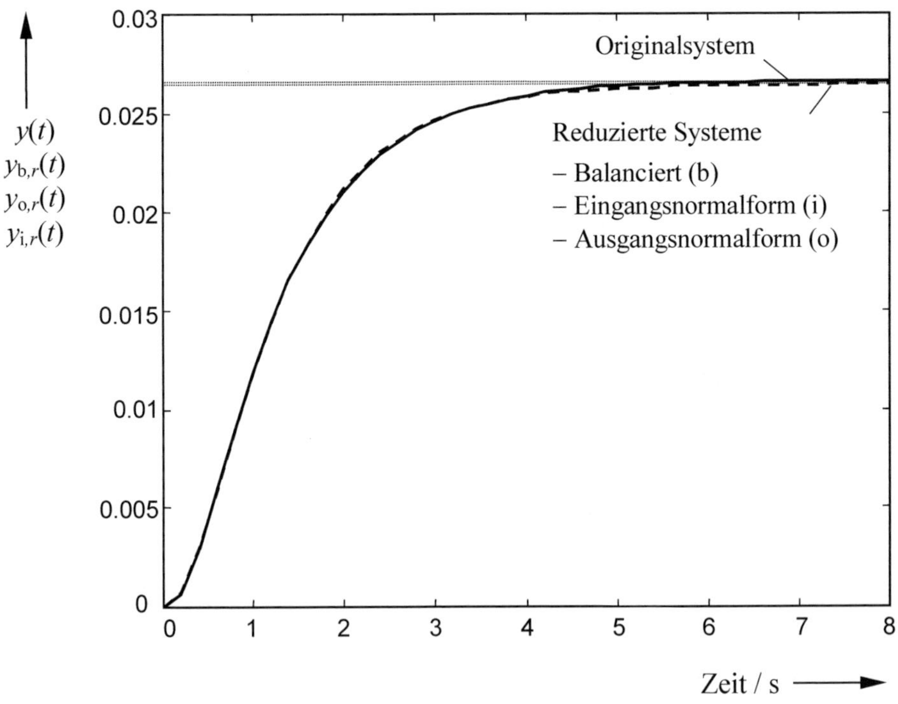

Bild 3.13: Sprungantworten des Originalsystems und der reduzierten Systeme in balancierter Darstellung, in Ausgangs- und Eingangsnormalform

c) Abschneiden der transformierten Systeme in Eingangs- und Ausgangsnormalform

Die meisten Arbeiten zu den balancierten Realisierungen beschäftigen sich nicht näher mit der Eingangs- bzw. Ausgangsnormalform, wie sie von Moore [15] angesprochen wird. An diesem Beispiel wird demonstriert, wie eine Reduktion durch Abschneiden auch für ein System in Eingangs- bzw. Ausgangsnormalform durchgeführt werden kann und zu gleichen Ergebnissen in der Sprungantwort führt wie bei der balancierten Realisierung.
Wird zur Bestimmung der Transformationsmatrix $\boldsymbol{T}$ der Parameter κ zu 0 bzw. 1 gewählt, wie bei Verfahren 1 von Moore und das Originalsystem wiederum auf ein System 2. Ordnung reduziert, ergeben sich folgende Darstellungen der reduzierten Modelle in Ausgangs- bzw. Eingangsnormalform.

Reduziertes System in Ausgangsnormalform (Gl. (3.68))

$$\dot{\boldsymbol{x}}_{\text{o},r} = \begin{bmatrix} -0{,}43781 & -2{,}8263 \\ 0{,}48308 & -3{,}1353 \end{bmatrix} \boldsymbol{x}_{\text{o},r} + \begin{bmatrix} 0{,}014914 \\ -0{,}0068218 \end{bmatrix} u\,,$$
$$y = \begin{bmatrix} 0{,}93574 & 2{,}5041 \end{bmatrix} \boldsymbol{x}_{\text{o},r}\,. \tag{3.87}$$

Reduziertes System in Eingangsnormalform (Gl. (3.67))

$$\dot{\boldsymbol{x}}_{\text{i},r} = \begin{bmatrix} -0{,}43781 & -0{,}48308 \\ 2{,}8263 & -3{,}1353 \end{bmatrix} \boldsymbol{x}_{\text{i},r} + \begin{bmatrix} 0{,}93574 \\ -2{,}5041 \end{bmatrix} u\,,$$
$$y = \begin{bmatrix} 0{,}014914 & 0{,}0068218 \end{bmatrix} \boldsymbol{x}_{\text{i},r}\,. \tag{3.88}$$

Die Maßzahlen für Steuer- bzw. Beobachtbarkeit weisen folgende Eigenschaften auf [30]:

$$\boldsymbol{P}_{\text{o}} = \boldsymbol{Q}_{\text{c}} = \text{diag}\{0{,}2540 \cdot 10^{-3}; 0{,}0074 \cdot 10^{-3}\}\,,$$
$$\boldsymbol{P}_{\text{c}} = \boldsymbol{Q}_{\text{o}} = \text{diag}\{1{,}00; 1{,}00\}\,. \tag{3.89}$$

Die Sprungantworten in Bild 3.13 sind für alle drei reduzierten Systeme identisch. Grund dafür sind die bei der Systemumwandlung durchgeführten Ähnlichkeitstransformationen. Eine Überführung des Originalsystems in die Ein- bzw. Ausgangsnormalform bietet somit zur Systemuntersuchung im offenen Kreis keine Vorzüge. Sollen allerdings anhand reduzierter Modelle Reglerentwürfe durchgeführt werden, so steht eine Untersuchung im Hinblick auf die Vorteile, die eine Transformation in Eingangs- bzw. Ausgangsnormalform bietet, noch aus [80].

Aufgrund der beschriebenen Mängel bzw. Einschränkungen, die der Originalvorschlag von Moore aufweist, sind eine Vielzahl von verbesserten Verfahren zur balancierten Ordnungsreduktion vorgeschlagen worden. Bei Moore [15] wird die Ordnung des reduzierten Systems anhand der singulären Werte σ_i bestimmt. Davidson [34] verwendet dagegen als Maßzahlen die Größen d_i:

$$d_i = b_{\text{b},i}^{\;2} \cdot \sigma_i = c_{\text{b},i}^{\;2} \cdot \sigma_i\,. \tag{3.90}$$

Dabei sind die Koeffizienten $b_{\text{b},i}$ und $c_{\text{b},i}$ die Elemente der Eingangsmatrix $\boldsymbol{B}_{\text{b}}$ bzw. der Ausgangsmatrix $\boldsymbol{C}_{\text{b}}$ des balancierten Systems. Für das Beispielsystem (3.80) ergeben sich die in Tabelle 3.4 angegebenen Werte für die Maßzahlen nach Davidson. In diesem Fall zeigt sich kein Unterschied bei der Bestimmung der Reduktion im Vergleich zum Verfahren nach Moore.

Tabelle 3.4: Maßzahlen zur Bestimmung der Reduktionsordnung nach Davidson und Moore

i	1	2	3	4
d_i	$2{,}2 \cdot 10^{-4}$	$4{,}7 \cdot 10^{-5}$	$4{,}0 \cdot 10^{-7}$	$3{,}8 \cdot 10^{-10}$
σ_i	$1{,}59 \cdot 10^{-2}$	$2{,}72 \cdot 10^{-3}$	$1{,}27 \cdot 10^{-4}$	$8{,}01 \cdot 10^{-6}$

Das folgende Beispiel aus [34] zeigt die Unterschiede der beiden Auswahlkriterien.

$$\dot{\boldsymbol{x}} = \begin{bmatrix} -0.1 & 0 & 0 \\ 0 & -1 & 0 \\ 0 & 0 & -10 \end{bmatrix} \boldsymbol{x} + \begin{bmatrix} 1 \\ -3 \\ 10 \end{bmatrix} u, \tag{3.91}$$

$$y = \begin{bmatrix} 1 & 1 & 1 \end{bmatrix} \boldsymbol{x}.$$

Ausgehend von dieser Systemdarstellung ergeben sich folgende Werte für die Steuer- bzw. Beobachtbarkeit des balancierten Systems:

$$\boldsymbol{P} = \boldsymbol{Q} = (4{,}60; 0{,}97; 0{,}36). \tag{3.92}$$

In Tabelle 3.5 sind darauf aufbauend die Maßzahlen zur Bestimmung der Ordnung des reduzierten Systems angegeben.

Tabelle 3.5: Maßzahlen zur Bestimmung der Reduktionsordnung nach Davidson d_i und Moore σ^2_i

λ_i	1	2	3
σ_i	$0{,}46 \cdot 10^{+1}$	$0{,}10 \cdot 10^{+1}$	$3{,}6 \cdot 10^{-1}$
d_i	$0{,}23 \cdot 10^{+1}$	$3{,}8 \cdot 10^{-1}$	$0{,}29 \cdot 10^{+1}$

Reduziert man nach Moore auf die 2. Ordnung, so erhält man folgendes reduziertes System:

$$\dot{\boldsymbol{x}}_r = \begin{bmatrix} -0,05504 & -0,12202 \\ 0,12202 & -0,20131 \end{bmatrix} \boldsymbol{x}_r + \begin{bmatrix} 0,71174 \\ -0,62344 \end{bmatrix} u\,, \tag{3.93}$$

$$y = \begin{bmatrix} 0,71174 & 0,62344 \end{bmatrix} \boldsymbol{x}_r\,,$$

mit den Eigenwerten: $\lambda_{1/2} = -0{,}13 \pm \mathrm{j}\; 0{,}10$.

Durch Auswertung der Kennwerte d_i nach Davidson erhält man ebenso ein reduziertes Modell 2. Ordnung. Allerdings wird im Gegensatz zu Moore nicht abgeschnitten, sondern es wird die 2. Zeile bzw. Spalte aus dem balancierten Originalmodell gestrichen. Damit erhält man folgendes reduzierte System nach Davidson:

$$\dot{\boldsymbol{x}}_r = \begin{bmatrix} -0,05504 & -0,40243 \\ -0,40243 & -10,844 \end{bmatrix} \boldsymbol{x}_r + \begin{bmatrix} 0,71174 \\ 2,8075 \end{bmatrix} u\,, \tag{3.94}$$

$$y = \begin{bmatrix} 0,71174 & 2,8075 \end{bmatrix} \boldsymbol{x}_r\,,$$

mit den Eigenwerten: $\lambda_1 = -0{,}04$; $\lambda_2 = -10{,}86$.

Die Sprungantworten in Bild 3.14 zeigen, dass durch das Verfahren nach Davidson ein größerer stationärer Fehler entsteht als durch das Verfahren nach Moore.

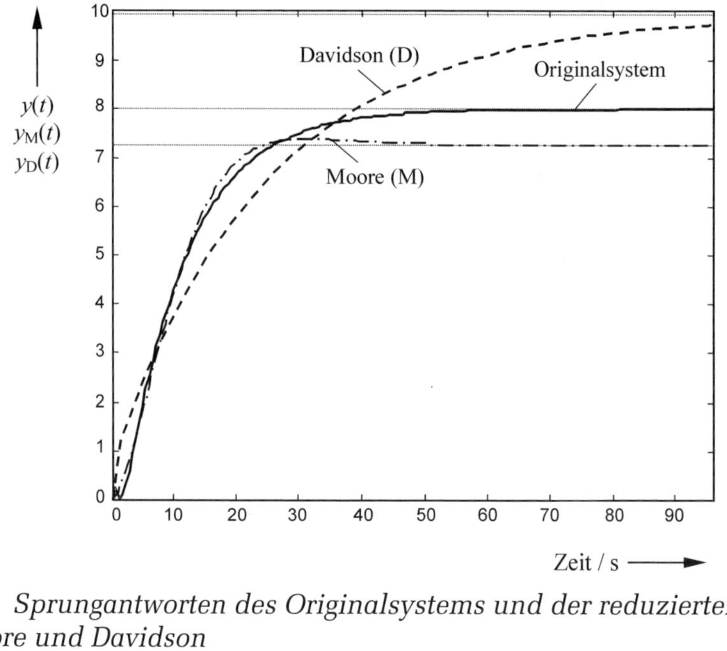

Bild 3.14: Sprungantworten des Originalsystems und der reduzierten Systeme nach Moore und Davidson

Daher ist fraglich, ob Davidsons Vorschlag wirklich eine Verbesserung darstellt. In [20] schlägt Sreeram ein Verfahren vor, mit der Zielsetzung, das Verhalten des reduzierten Systems bei niedrigen Frequenzen zu verbessern. Er zeigt, dass durch eine Reduktion des reziproken Modells und einer anschließenden Rücktransformation die Näherung bei niedrigen Frequenzen besser wird. Gegeben ist eine Übertragungsfunktion *F*(s) in der Form:

$$F(\mathrm{s}) = \frac{b_0\,\mathrm{s}^m + b_1\,\mathrm{s}^{m-1} + \ldots + b_m}{a_0\,\mathrm{s}^n + a_1\,\mathrm{s}^{n-1} + \ldots + a_n}. \tag{3.95}$$

Die reziproke Übertragungsfunktion $\hat{F}(\mathrm{s})$ ist nach [28] und [54] durch folgende Transformation von *F*(s) definiert:

$$\hat{F}(\mathrm{s}) = \frac{1}{\mathrm{s}} F\left(\frac{1}{\mathrm{s}}\right) = \frac{b_m\,\mathrm{s}^m + b_{m-1}\,\mathrm{s}^{m-1} + \ldots + b_0}{a_n\,\mathrm{s}^n + a_{n-1}\,\mathrm{s}^{n-1} + \ldots + a_0}, \tag{3.96}$$

wobei die Polynomkoeffizienten vertauscht werden. Charakteristisch für die reziproke Übertragungsfunktion ist, dass sie die Eigenwerte und Nullstellen der Übertragungsfunktion *F*(s) invertiert. Dies bedeutet, falls λ_i ein Eigenwert von *F*(s) ist, dann ist $1/\lambda_i$ ein Eigenwert der reziproken Übertragungsfunktion [28, 54].Um das vorgeschlagene Verfahren auf ein System in Zustandsraumdarstellung (***A***, ***B***, ***C***) anzuwenden, sind folgende Schritte notwendig [35, 20]:

Schritt 1 Bestimmung des reziproken Systems, ausgehend von der Zustandsraumdarstellung des Originalsystems (Gl. (3.41)) mit:

$$\begin{aligned} \hat{\boldsymbol{A}} &= \boldsymbol{A}^{-1}, \\ \hat{\boldsymbol{B}} &= \boldsymbol{A}^{-1}\boldsymbol{B}, \\ \hat{\boldsymbol{C}} &= -\boldsymbol{C}. \end{aligned} \tag{3.97}$$

Schritt 2 Berechung des reduzierten reziproken Modells ($\hat{\boldsymbol{A}}_r$, $\hat{\boldsymbol{B}}_r$, $\hat{\boldsymbol{C}}_r$) über eine balancierte Realisierung (z.B. nach Moore oder Davidson).

Schritt 3 Bestimmung des reduzierten Modells durch Rücktransformation:

$$\begin{aligned} \boldsymbol{A}_r &= \hat{\boldsymbol{A}}_r^{-1}, \\ \boldsymbol{B}_r &= \hat{\boldsymbol{A}}_r^{-1}\hat{\boldsymbol{B}}_r, \\ \boldsymbol{C}_r &= -\hat{\boldsymbol{C}}_r. \end{aligned} \tag{3.98}$$

Auf das folgende Beispiel:

$$F(\mathrm{s}) = \frac{8\mathrm{s}^2 + 6\mathrm{s} + 2}{\mathrm{s}^3 + 4\mathrm{s}^2 + 5\mathrm{s} + 2} \tag{3.99}$$

mit den Eigenwerten $\lambda_1 = -2{,}00$; $\lambda_2 = -1{,}00$ und $\lambda_3 = -1{,}00$ angewendet, ergibt sich die Zustandsraumdarstellung zu:

$$\dot{x} = \begin{bmatrix} -4 & -1,25 & -0,5 \\ 4 & 0 & 0 \\ 0 & 1 & 0 \end{bmatrix} x + \begin{bmatrix} 4 \\ 0 \\ 0 \end{bmatrix} u,$$

$$y = \begin{bmatrix} 2 & 0,375 & 0,125 \end{bmatrix} x. \tag{3.100}$$

Im 2. Schritt wird eine balancierte Zustandsraumdarstellung erzeugt:

$$\dot{x} = \begin{bmatrix} -3,4985 & -1,8966 & 0,6242 \\ 1,8966 & -0,0541 & 0,1177 \\ 0,6242 & -0,1177 & -0,4473 \end{bmatrix} x + \begin{bmatrix} 2,8294 \\ -0,2805 \\ -0,2705 \end{bmatrix} u, \tag{3.101}$$

$$y = \begin{bmatrix} 2,8294 & 0,2805 & -0,2705 \end{bmatrix} x,$$

die anschließend auf die Ordnung 2 reduziert wird. Durch Rücktransformation des reduzierten reziproken Systems im 3. Schritt erhält man die gesuchte reduzierte Darstellung des Originalsystems:

$$\dot{x}_r = \begin{bmatrix} -2,7798 & -1,3311 \\ 1,3311 & -0,7787 \end{bmatrix} x_r + \begin{bmatrix} 5,083 \\ -1,0364 \end{bmatrix} u, \tag{3.102}$$

$$y = \begin{bmatrix} 1,356 & -0,9869 \end{bmatrix} x_r,$$

mit der entsprechenden Übertragungsfunktion:

$$F(s) = \frac{7,921s + 3,404}{s^2 + 3,559s + 3,936}. \tag{3.103}$$

Für das Verfahren nach Moore zeigt Bild 3.15 die gute Übereinstimmung im Anfangsverhalten, aber eine größere stationäre Abweichung als bei dem Verfahren nach Sreeram. Die Reduktion nach Sreeram liefert somit eine bessere Näherung an den Frequenzgang des Originalsystems bei niedrigen Frequenzen. Aufgrund des doppelten Eigenwertes bei $\lambda_{2/3} = -1,00$ lässt sich mit den modalen Ordnungsreduktionsverfahren von Davison oder Marshall kein zufriedenstellendes Resultat bei einer Reduktion auf die Ordnung 2 erzielen, da doppelte Eigenwerte nicht getrennt werden dürfen.

Die Ordnungsreduktionsverfahren mittels eines balancierten Zwischensystems weisen folgende Eigenschaften auf:

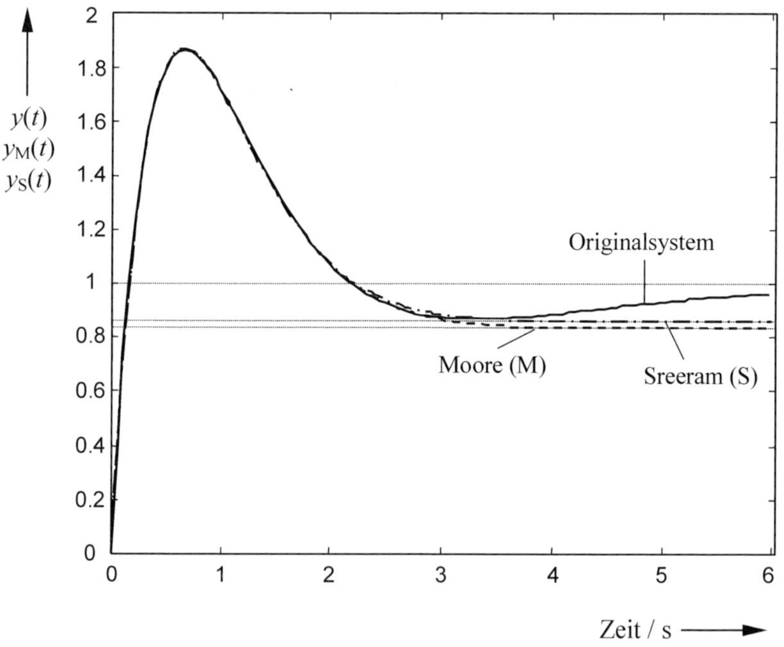

Bild 3.15: Sprungantworten des Originalsystems und der reduzierten Systeme nach Moore und Sreeram

- Das Grundverfahren liefert ein stationär ungenau reduziertes System. Dieser Nachteil kann durch geeignete Modifikationen (siehe [18, 19, 23, 36] und Abschnitt 3.2.2.2) vermieden werden.
- Die Eigenwerte des reduzierten Systems sind nicht mit den Eigenwerten des Originalsystems identisch.
- Die Zustandsgrößen haben aufgrund der Transformation keine physikalische Aussagekraft. Dies bedeutet, dass im Wesentlichen nur das Ein-/Ausgangsverhalten betrachtet wird.
- Ein wesentlicher Vorteil liegt in der Existenz von Maßzahlen zur Bestimmung des Reduktionsgrades. Neuere Vorschläge dazu siehe [79].
- Moderne Verfahrensvorschläge [143] erlauben die Angabe von oberen und unteren Schranken für den Approximationsfehler.

3.2.2.2 Stationär genaue Ordnungsreduktion

Da die balancierte Ordnungsreduktion eine große Verbreitung gefunden hat, jedoch den gravierenden Nachteil der stationären Ungenauigkeit aufweist, werden in diesem Abschnitt verschiedene Möglichkeiten aufgezeigt, diesen Nachteil zu beheben.

Durch die Vernachlässigung des Teilzustandsvektors $\tilde{\boldsymbol{x}}_2$ des balancierten Systems gehen Informationen über die stationären Endwerte von $\tilde{\boldsymbol{x}}_1$ und $\boldsymbol{y}$ verloren, so dass die stationären Endwerte, der Zustandsgrößen $\tilde{\boldsymbol{x}}_r$ und der Ausgangsgrößen $\tilde{\boldsymbol{y}}_r$ des reduzierten balancierten Systems, nicht mehr mit den Zustandsgrößen des balancierten Originalsystems ($\tilde{\boldsymbol{x}}_1$ und $\boldsymbol{y}$) übereinstimmen:

$$\tilde{\boldsymbol{x}}_r(t \to \infty) \neq \tilde{\boldsymbol{x}}_1(t \to \infty), \tag{3.104}$$

$$\tilde{\boldsymbol{y}}_r(t \to \infty) \neq \boldsymbol{y}(t \to \infty). \tag{3.105}$$

In diesem Abschnitt sollen Vorschläge von Guth [18], Hippe [19] und Fernando/Nicholson [23, 35] vorgestellt werden, die diesen Fehler wieder ausgleichen. Zunächst wird ein Vorschlag von Guth aufgegriffen. Guth schlägt eine Modifikation der Ein- und Ausgangsmatrizen ($\tilde{\boldsymbol{B}}_r$, $\tilde{\boldsymbol{C}}_r$) in den Gln.(3.76) und (3.77) vor, um stationäre Genauigkeit zu erzielen. Aus der Forderung

$$\tilde{\boldsymbol{x}}_r(t \to \infty) = \tilde{\boldsymbol{x}}_1(t \to \infty) \tag{3.106}$$

folgt mit

$$\tilde{\boldsymbol{x}}_r(t \to \infty) = -\tilde{\boldsymbol{A}}_{11}^{-1}\tilde{\boldsymbol{B}}_1\boldsymbol{u}(t \to \infty) = \boldsymbol{L}_1\boldsymbol{u}(t \to \infty) = \tilde{\boldsymbol{x}}_1(t \to \infty) \tag{3.107}$$

und Kenntnis der stationären Endwerte

$$\tilde{\boldsymbol{x}}(t \to \infty) = \begin{pmatrix} \tilde{\boldsymbol{x}}_1(t \to \infty) \\ \tilde{\boldsymbol{x}}_2(t \to \infty) \end{pmatrix} = -\tilde{\boldsymbol{A}}^{-1}\tilde{\boldsymbol{B}}\boldsymbol{u}(t \to \infty) = \boldsymbol{L}\boldsymbol{u}(t \to \infty) \tag{3.108}$$

die modifizierte Eingangsmatrix zu:

$$\boldsymbol{B}_{r\,\mathrm{mod}} = -\tilde{\boldsymbol{A}}_{11}\boldsymbol{L}_1 . \tag{3.109}$$

Damit wird der Teilzustandsvektor $\tilde{\boldsymbol{x}}_1$ stationär genau nachgebildet.

Mit

$$\tilde{\boldsymbol{x}}_2 = \boldsymbol{L}_2\boldsymbol{L}_1^{-1}\tilde{\boldsymbol{x}}_1 \approx \boldsymbol{L}_2\boldsymbol{L}_1^{-1}\tilde{\boldsymbol{x}}_r \tag{3.110}$$

gelingt es, im reduzierten System Gl. (3.77) den vernachlässigten Anteil $\tilde{\boldsymbol{x}}_2$ im Ausgangsvektor $\tilde{\boldsymbol{y}}_r$ wieder einzuführen. Mit der modifizierten Ausgangsmatrix $\boldsymbol{C}_{r\mathrm{mod}}$

$$\boldsymbol{C}_{r\,\mathrm{mod}} = \tilde{\boldsymbol{C}}_1 + \tilde{\boldsymbol{C}}_2\boldsymbol{L}_2\boldsymbol{L}_1^{-1} \tag{3.111}$$

erhält man das stationär genau reduzierte System zu:

$$\dot{\boldsymbol{x}}_1^*(t) = \tilde{\boldsymbol{A}}_{11}\boldsymbol{x}_1^*(t) + \boldsymbol{B}_{r\,\mathrm{mod}}\boldsymbol{u}(t), \tag{3.112}$$

$$\boldsymbol{y}_r^*(t) = \boldsymbol{C}_{r\,\mathrm{mod}}\boldsymbol{x}_1^*(t). \tag{3.113}$$

Zusammengefasst sind folgende Schritte notwendig:

- Berechnung der Erweiterungsmatrix $\boldsymbol{L}$. Diese enthält Informationen über die stationären Endwerte:

$$\boldsymbol{L} = \begin{pmatrix} \boldsymbol{L}_1 \\ \boldsymbol{L}_2 \end{pmatrix} = -\tilde{\boldsymbol{A}}^{-1}\tilde{\boldsymbol{B}}$$

- Dabei besitzt die Matrix $\boldsymbol{L}$ die Ordnung n des Originalsystems, $\boldsymbol{L}_1$ die Ordnung r des zu reduzierenden Systems und $\boldsymbol{L}_2$ die Ordnung $n - r$.
- Bestimmung der Systemmatrizen des reduzierten Systems

$$\boldsymbol{A}_r = \tilde{\boldsymbol{A}}_{11}$$

$$\boldsymbol{B}_{r\,\mathrm{mod}} = -\tilde{\boldsymbol{A}}_{11}\boldsymbol{L}_1$$

$$\boldsymbol{C}_{r\,\mathrm{mod}} = \tilde{\boldsymbol{C}}_1 + \tilde{\boldsymbol{C}}_2\boldsymbol{L}_2\boldsymbol{L}_1^{-1}$$

Ein Problem kann bei Anwendung auf Systeme mit mehreren Eingangsgrößen entstehen. Ist die Anzahl der Systemeingänge größer als die Ordnung r des reduzierten Systems, kann die modifizierte Ausgangsmatrix $\boldsymbol{C}_{r\mathrm{mod}}$ nach Gleichung (3.111) nicht bestimmt werden [36].
Wendet man dieses Verfahren auf das Beispielsystem aus Gleichung (3.78) an, dann erhält man folgendes reduzierte System 1. Ordnung:

$$\begin{aligned} \dot{x}_r &= -0{,}44\, x_r + 0{,}09u, \\ y &= 0{,}14\, x_r, \end{aligned} \tag{3.114}$$

mit dem Eigenwert $\lambda_1 = -0{,}44$.

In Bild 3.17 sind die Sprungantworten des Originalsystems und der reduzierten Systeme nach Moore und Guth dargestellt. Nun ist kein stationärer Fehler mehr vorhanden. Im Vergleich zu Bild 3.12 zeigt Bild 3.16 die Verbesserungen am Beispiel Gasturbine. Die Drehzahl n und der Luftstrom $\dot{m}_2$ (Ebene 2) werden nun stationär genau abgebildet. Unbefriedigend ist die mangelnde Übereinstimmung im dynamischen Verhalten.

Verfahren nach Hippe [19]

Dieses Verfahren geht auf eine Modifikation zurück, die aus der singulären Störungstheorie bekannt ist. Um stationäre Genauigkeit zu erreichen, wird in [19] die singuläre Perturbation, wie sie in Abschnitt 3.3.1 beschrieben ist, auf ein balanciertes Systemmodell angewendet. Damit wird eine Idee von Fernando und Nicolson [23, 35] aufgegriffen, um eine Verbesserung des Fehlerfrequenzganges bei niedrigen Frequenzen zu erreichen.
Im Gegensatz zu Guth wird der stationäre Anteil von $\tilde{\mathbf{x}}_2$ im reduzierten Modell berücksichtigt. Aus Gl. (3.74) wird für $\dot{\tilde{\mathbf{x}}}_2 = 0$ der stationäre Vektor $\tilde{\mathbf{x}}_2$ berechnet und in die Gleichung für $\dot{\tilde{\mathbf{x}}}_1$ eingesetzt. Das reduzierte System ergibt sich dann,

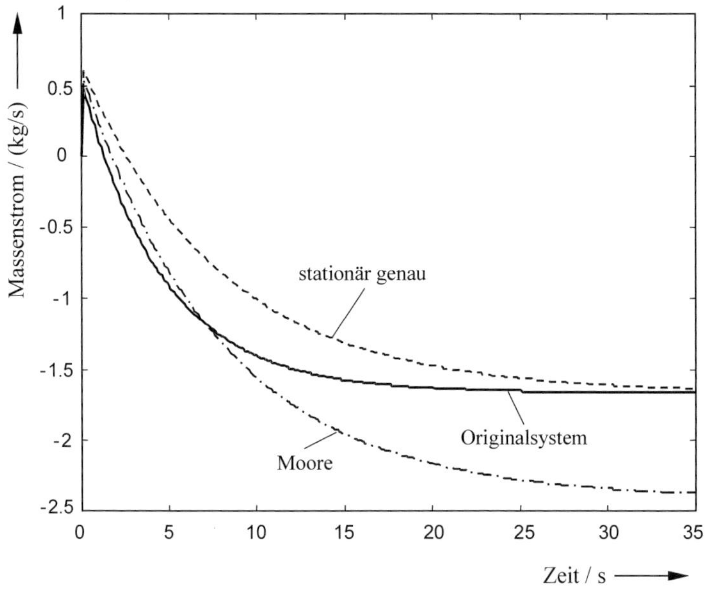

Bild 3.16: Sprungantworten des Massenstroms $\dot{m}_2$ (Ebene 2) für das Originalsystem und das stationär genau reduzierte System 4. Ordnung (– – – – –) nach dem Verfahren von Guth [18] und dem stationär ungenauen Modell von Moore [15]

wie in Abschnitt 3.3.1 ausführlich beschrieben, zu:

$$\dot{\tilde{\boldsymbol{x}}}_1^*(t) = \left(\tilde{\boldsymbol{A}}_r - \tilde{\boldsymbol{A}}_{12}\tilde{\boldsymbol{A}}_{22}^{-1}\tilde{\boldsymbol{A}}_{21}\right)\tilde{\boldsymbol{x}}_1^*(t) + \left(\tilde{\boldsymbol{B}}_r - \tilde{\boldsymbol{A}}_{12}\tilde{\boldsymbol{A}}_{22}^{-1}\tilde{\boldsymbol{B}}_2\right)\boldsymbol{u}(t), \tag{3.115}$$

$$\boldsymbol{y}^*(t) = \left(\tilde{\boldsymbol{C}}_r - \tilde{\boldsymbol{C}}_2\tilde{\boldsymbol{A}}_{22}^{-1}\tilde{\boldsymbol{A}}_{21}\right)\tilde{\boldsymbol{x}}_1^*(t) + \underbrace{\left(\tilde{\boldsymbol{D}} - \tilde{\boldsymbol{C}}_2\tilde{\boldsymbol{A}}_{22}^{-1}\tilde{\boldsymbol{B}}_2\right)}_{\boldsymbol{D}_r^*}\boldsymbol{u}(t). \tag{3.116}$$

Obwohl im Originalsystem kein Durchgriff besteht ($\boldsymbol{D} = 0$), entsteht hier ein sprungfähiges System ($\boldsymbol{D}_r^* \neq \boldsymbol{0}$).
Balanciert man das Beispielsystem aus Gleichung (3.78) und reduziert es dann mittels des beschriebenen Verfahrens auf die Ordnung 1, erhält man folgende Systemgleichungen:

$$\begin{aligned} \dot{x}_r &= -0{,}8475\, x_r + 0{,}1644\, u, \\ y &= 0{,}1644\, x_r - 0{,}0052\, u, \end{aligned} \tag{3.117}$$

mit dem Eigenwert $\lambda_1 = -0{,}85$. Die Sprungantworten in Bild 3.17 zeigen bessere Approximationen, allerdings ist die verfahrensbedingte, geringfügige Abweichung im Anfangsverhalten zu berücksichtigen.

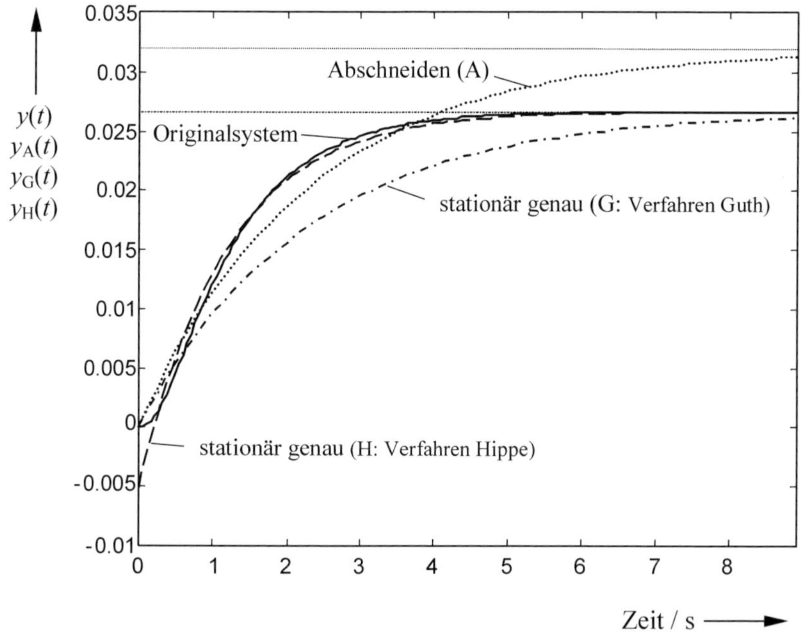

Bild 3.17: Sprungantworten des Originalsystems und der reduzierten Systeme nach Guth und Hippe

Um diesen Nachteil zu umgehen, wird eine weitere Modifikation eingeführt [81]. Mit Kenntnis der stationären Endwerte und der Pseudoinversen von $\boldsymbol{L}_1$ aus Gl. (3.109) lautet die Ausgangsgleichung mit $\boldsymbol{D} = 0$ dann:

$$\boldsymbol{y}^*(t) = \left(\tilde{\boldsymbol{C}}_r - \tilde{\boldsymbol{C}}_2\tilde{\boldsymbol{A}}_{22}^{-1}\tilde{\boldsymbol{A}}_{21} - \tilde{\boldsymbol{C}}_2\tilde{\boldsymbol{A}}_{22}^{-1}\tilde{\boldsymbol{B}}_2\tilde{\boldsymbol{L}}_1^{-1}\right)\tilde{\boldsymbol{x}}_1^*(t)\,. \tag{3.118}$$

Die Verbesserung im Anfangsverhalten zeigt Bild 3.18 für das Beispiel des Triebwerkes. Mit den beschriebenen Ordnungsreduktionsverfahren, die zu den Ausgangsgleichungen (3.116) und (3.118) führen, erhält man Sprungantworten der Ausgangsgrößen, die stationär genau sind, zugleich eine gute Übereinstimmung in der Dynamik aufweisen und nicht verfahrensbedingt auf ein sprungfähiges reduziertes System führen.

Weiterentwicklung der stationär ungenauen Ordnungsreduktion diskreter Systeme nach Henneberger und Eckardt [82]

Dieses Verfahren zeichnet sich dadurch aus, dass das Originalsystem nicht vollständig steuer- und beobachtbar sein muss. Das reduzierte System wird wiederum über eine Transformation ermittelt, jedoch wird hierbei auf eine Berechnung der balancierten Zustandsdarstellung verzichtet. Dadurch wird der Rechenaufwand erheblich verringert. Die Herleitung des Verfahrens nach Henneberger und

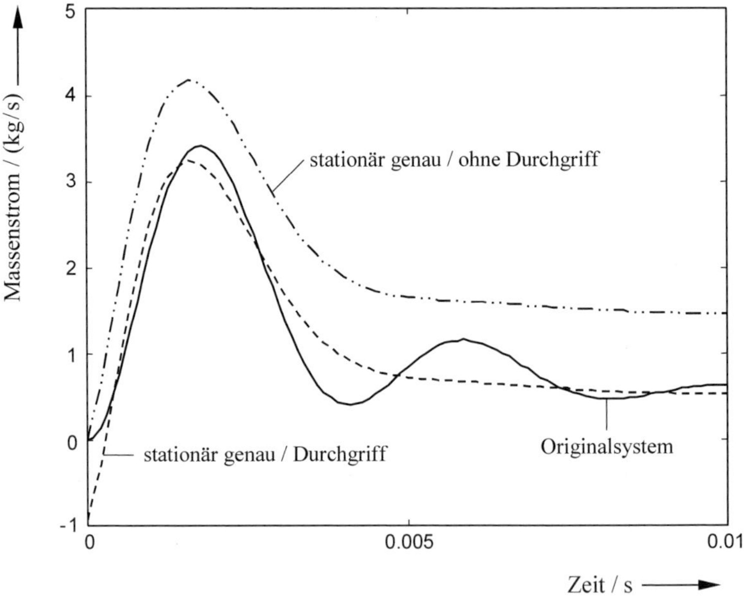

Bild 3.18: Sprungantwort des Massenstroms $\dot{m}_2$ (Ebene 2) für das Originalsystem, das sprungfähige System (– – – – –) nach Gl. (3.115) und Gl. (3.116) sowie das modifizierte System (—— – – —— – – ——) nach Gl. (3.118)

Eckardt wird, entsprechend dem Originalaufsatz, für die zeitdiskrete Systemdarstellung angegeben. Für das Verfahren sind im Wesentlichen die Ljapunow-Gleichungen (3.49) und (3.50) sowie folgende Gleichung zu lösen:

$$(\boldsymbol{QP})\boldsymbol{R} = \boldsymbol{RS}. \tag{3.119}$$

Die Spalten r_i der Matrix $\boldsymbol{R}$ sind die rechtsseitigen Eigenvektoren des Matrizenproduktes $\boldsymbol{QP}$ der Steuer- und Beobachtbarkeitsmatrizen. Die Diagonalelemente s_i von $\boldsymbol{S}$ sind die absteigend geordneten Eigenwerte von $\boldsymbol{QP}$ und werden wie bei den balancierten Ordnungsreduktionsverfahren gemäß Gl. (3.120) zur Bestimmung des Reduktionsgrades herangezogen:

$$\sigma_i = \sqrt{s_i}. \tag{3.120}$$

Das Dominanzmaß $\sigma_r >> \sigma_{r+1}$ bestimmt die Ordnung r des reduzierten Systems.

Mit der Transformationsmatrix

$$\boldsymbol{T} = \boldsymbol{R}^{\mathrm{T}} \tag{3.121}$$

bestimmt man das transformierte System und erhält Gl. (3.122):

$$\hat{\boldsymbol{x}}(k+1) = \hat{\boldsymbol{A}}\hat{\boldsymbol{x}}(k) + \hat{\boldsymbol{B}}\boldsymbol{u}(k),$$

$$y(k) = \hat{C}\hat{x}(k), \tag{3.122}$$

mit $\hat{A} = T^{-1} AT$, $\hat{B} = T^{-1} B$, $\hat{C} = T^{-1} CT$. Das reduzierte System wird durch Streichung der »schlecht« beobachtbaren bzw. steuerbaren Zustände erzeugt. Bei dieser Ordnungsreduktion ist das reduzierte System stationär ungenau. Eine Verbesserung des Verfahrens wird dadurch erreicht, dass man versucht, die stationäre Genauigkeit wieder zu erlangen. Dazu werden verschiedene Modifikationen eingeführt [79].

Das erste Verfahren basiert auf dem Vorschlag von Guth [18] und beseitigt den Fehler aus der Kenntnis der stationären Endwerte. Dabei gilt: $\hat{x}(k + 1) = \hat{x}(k)$.

Aus den stationären Endwerten

$$\hat{x}(k \to \infty) = \begin{pmatrix} \hat{x}_1(k \to \infty) \\ \hat{x}_2(k \to \infty) \end{pmatrix} = \left[I - \hat{A}\right]^{-1} \hat{B}u(k \to \infty) = Lu(k \to \infty) \tag{3.123}$$

erhält man mit der Forderung

$$\hat{x}_1(k \to \infty) = \hat{x}_r(k \to \infty) \tag{3.124}$$

das reduzierte, stationär genaue System:

$$\begin{aligned} \hat{x}^*(k+1) &= \hat{A}_{11}\hat{x}^*(k) + \hat{B}^* u(k), \\ y^*(k) &= \hat{C}^* \hat{x}^*(k). \end{aligned} \tag{3.125}$$

In Gl. (3.123) bezeichnet I die Einheitsmatrix. Die Erweiterungsmatrix L berechnet sich aus Gl.(3.126):

$$L = \begin{bmatrix} L_1 \\ L_2 \end{bmatrix} = \left[I - \hat{A}\right]^{-1} \hat{B}. \tag{3.126}$$

Mit der modifizierten Eingangsmatrix

$$\hat{B}^* = \left(I - \hat{A}_{11}\right) L_1 \tag{3.127}$$

wird der Teilzustandsvektor $\hat{x}_1$ vom reduzierten Zustandsvektor $\hat{x}_1^*$ stationär genau nachgebildet. Ebenso lässt sich der Ausgangsvektor y durch die modifizierte Ausgangsmatrix $\hat{C}^*$ stationär genau nachbilden, da der vernachlässigte Anteil $\hat{x}_2$ nach Gl. (3.110) im reduzierten System wieder eingeführt wird. Die Ausgangsmatrix $\hat{C}^*$ lässt sich nach Gl. (3.128) berechnen:

$$\hat{C}^* = \hat{C}_1 + \hat{C}_2 L_2 L_1^{-1}. \tag{3.128}$$

Das zweite Verfahren besteht darin, den bei der Reduktion vernachlässigten Anteil $\hat{x}_2$ im reduzierten Modell stationär zu berücksichtigen. Stationär, d.h. für $k \to \infty$, gilt $\hat{x}_2(k+1) = \hat{x}_2(k)$. Man erhält das stationär genau reduzierte Modell zu:

$$\hat{\boldsymbol{x}}^*(k+1)=\left[\hat{\boldsymbol{A}}_{11}+\hat{\boldsymbol{A}}_{12}\left[\boldsymbol{I}-\hat{\boldsymbol{A}}_{22}\right]^{-1}\hat{\boldsymbol{A}}_{21}\right]\hat{\boldsymbol{x}}^*(k)+\left[\hat{\boldsymbol{A}}_{12}\left[\boldsymbol{I}-\hat{\boldsymbol{A}}_{22}\right]^{-1}\hat{\boldsymbol{B}}_2+\hat{\boldsymbol{B}}_1\right]\boldsymbol{u}(k), \quad (3.129)$$

$$\boldsymbol{y}^*(k)=\left[\hat{\boldsymbol{C}}_1+\hat{\boldsymbol{C}}_2\left[\boldsymbol{I}-\hat{\boldsymbol{A}}_{22}\right]^{-1}\hat{\boldsymbol{A}}_{21}\right]\hat{\boldsymbol{x}}^*(k)+\hat{\boldsymbol{C}}_2\left[\boldsymbol{I}-\hat{\boldsymbol{A}}_{22}\right]^{-1}\hat{\boldsymbol{B}}_2\boldsymbol{u}(k). \quad (3.130)$$

Die stationäre Ungenauigkeit, die auch hier wie bei allen »abgeschnittenen« Ordnungsreduktionsverfahren besteht, wird mit den oben beschriebenen Verfahren beseitigt. Auffällig ist die Verbesserung im dynamischen Verhalten der nach den Gln. (3.125) und (3.130) reduzierten Systeme im Vergleich zu der Sprungantwort des durch »Abschneiden« reduzierten Systems. Aus Gl. (3.130) erkennt man jedoch, dass bei diesem Verfahren wiederum ein System mit Durchgriff entsteht (vergl. Bild 3.19), d.h. ein sprungfähiges System, obwohl das Originalsystem nicht sprungfähig ist ($\boldsymbol{D} = \boldsymbol{0}$). Mit Kenntnis der stationären Endwerte und der Pseudoinversen von $\boldsymbol{L}$ aus Gl. (3.109) gelingt es, das Anfangsverhalten des reduzierten Systems demjenigen des Originalsystems wieder anzupassen [82]:

$$\boldsymbol{y}^*(k)=\left[\hat{\boldsymbol{C}}_1+\hat{\boldsymbol{C}}_2\left[\boldsymbol{I}-\hat{\boldsymbol{A}}_{22}\right]^{-1}\hat{\boldsymbol{A}}_{21}+\hat{\boldsymbol{C}}_2\left[\boldsymbol{I}-\hat{\boldsymbol{A}}_{22}\right]^{-1}\hat{\boldsymbol{B}}_2\boldsymbol{L}^{-1}\right]\hat{\boldsymbol{x}}^*(k). \quad (3.131)$$

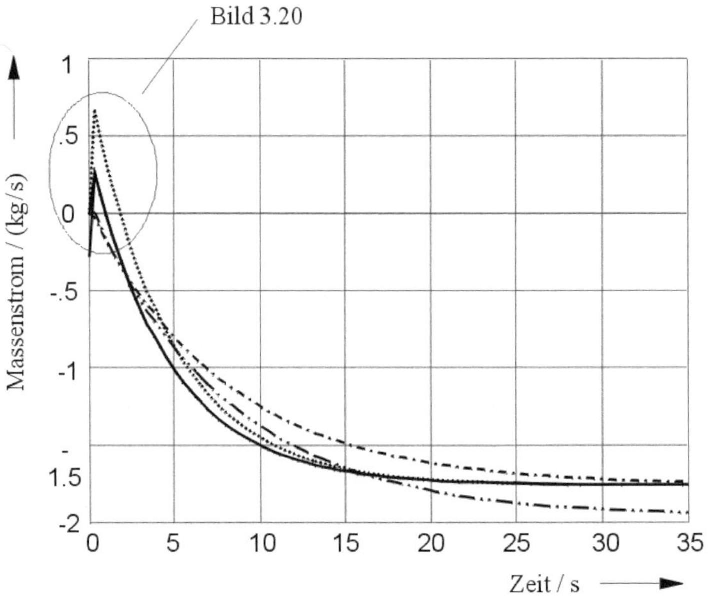

Bild 3.19: Sprungantworten des Brennkammeraustrittsstroms $\dot{m}_4$ für das Originalsystem (— — —), das nach Gl. (3.77) reduzierte System (- - - -) und dem modifizierten, stationär genau reduzierten Verfahren von Henneberger. Gl. (3.128) (— - — — —); Gl.(3.130) (— — —); Gl. (3.131) (············).

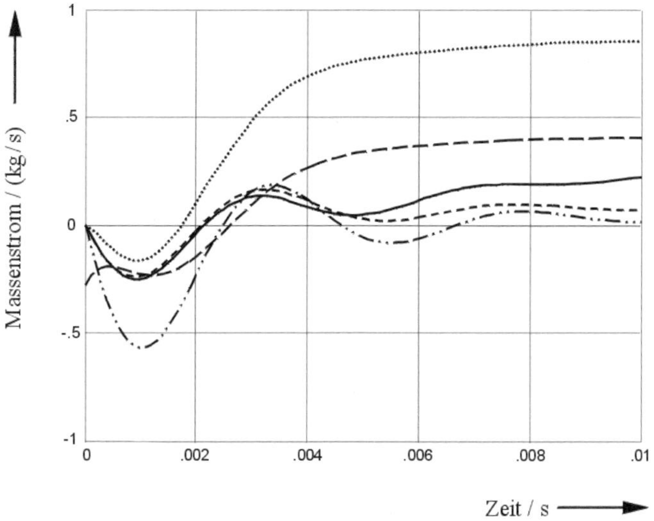

Bild 3.20: Sprungantwort des Brennkammeraustrittsstroms $\dot{m}_4$ für das Originalsystem (— — —), das nach Gl. (3.77) reduzierte System (- - - -) und dem modifizierten, stationär genau reduzierten Verfahren von Henneberger. Gl. (3.128) (— - — - —); Gl.(3.130) (— — —); Gl.(3.131) (···········).

Bild 3.20 zeigt die Verbesserungen. Das reduzierte System ist nun nicht mehr sprungfähig. Jedoch zeigt Bild 3.19 die Verschlechterung im dynamischen Verhalten des Brennkammeraustrittsstroms $\dot{m}_4$ im Vergleich zu der Modellreduktion nach Gl. (3.130). Im Vergleich mit dem Verfahren von Gl. (3.125) zeigt sich eine bessere Approximation.

3.2.2.3 Beispiele und Vergleich verschiedener Verfahren

Im nachfolgenden Abschnitt werden einige der in Kapitel 3 vorgestellten Verfahren auf zusätzliche Beispiele angewendet und miteinander verglichen. Um eine objektive Aussage über die Qualität des jeweiligen Reduktionsverfahrens treffen zu können, ist es notwendig, eine Maßzahl für den Fehler einzuführen. Die Wahl des Fehlermaßes ist davon abhängig, welche Systemeigenschaften dem Anwender besonders wichtig sind (z.B. Anfangsverhalten bei der Sprungantwort oder stationäre Genauigkeit) und somit durch das Fehlermaß repräsentiert werden sollen.

Ausgehend von der absoluten Fehlerfunktion $\boldsymbol{e}(t)$, der Differenz der zeitlichen Systemantwort von Originalsystem und reduziertem System,

$$\boldsymbol{e}(t) = \left|\boldsymbol{y}(t) - \boldsymbol{y}_r(t)\right| \tag{3.132}$$

für Sprung- oder Impulsantwort, werden folgende Gütekriterien [179] zur Bewertung herangezogen. Ergibt sich durch das angewandte Ordnungsreduktionsverfahren ein stationärer Fehler $e_\infty = e(t)_{t\to\infty}$, wie z.B. bei abgeschnittenen balancierten Realisierungen, wird dieser von $\boldsymbol{e}(t)$ abgezogen, um endliche Werte in den Integralausdrücken zu erhalten. Zur Normierung wird bei den verschiedenen Gütekriterien durch den Betrag des Endwertes der Sprungantwort des Originalsystems y_∞ dividiert.

Lineare Fehlerfläche

$$I_E = \frac{\int_0^\infty (\boldsymbol{e}(t) - e_\infty) \cdot \mathrm{d}t}{|y_\infty|} \tag{3.133}$$

Im Allgemeinen ist dieses Kriterium (Integral of *E*rror) nicht zu gebrauchen, da es bei einer auftretenden Dauerschwingung, aufgrund von Kompensationen der positiven und negativen Anteile, zu sehr kleinen Werten führen kann [72]. Deshalb ist es notwendig, zur quadratischen Fehlerfläche oder zur Betragsfläche überzugehen.

Quadratische Fehlerfläche

$$I_{SE} = \frac{\int_0^\infty (\boldsymbol{e}(t) - e_\infty)^2 \cdot \mathrm{d}t}{|y_\infty|} \tag{3.134}$$

Alle Flächenanteile werden durch Quadrieren positiv, so dass das Integral I_{SE} (Integral of *S*quared *E*rror) einen eindeutig bestimmbaren Wert hat. Es ist jedoch zu beachten, dass der Fehler am Anfang stärker eingeht als der nach längerer Zeit anstehende Fehler.

Zeitgewichtete Betragsfläche

$$I_{STAE} = \frac{\int_0^\infty t^2 \cdot |\boldsymbol{e}(t) - e_\infty| \cdot \mathrm{d}t}{|y_\infty|} \tag{3.135}$$

Die »quadratisch zeitbewertete betragslineare Fehlerfläche« (Integral of *S*quared *T*ime multiplied weighted *A*bsolute value of *E*rror) ist physikalisch gesehen am sinnvollsten, da die Anfangsabweichungen, die oft unvermeidbar sind (z.B. sprungfähige Systeme bei der singulären Perturbation), weniger stark bewertet werden. Es erfolgt eine stärkere Bewertung des Verhaltens für große Zeiten (t > 1s). Um eine sehr starke zeitliche Gewichtung zu erhalten, wird t^2 berücksichtigt.

- **Invers zeitgewichtete Betragsfläche** – Stärkere Gewichtung des Verhaltens für kleine Zeiten (t < 1s)

$$I_{ISTAE} = \frac{\int_0^\infty \frac{|e(t) - e_\infty|}{t^2} \cdot \mathrm{d}t}{|y_\infty|} \tag{3.136}$$

Zur stärkeren Bewertung des Anfangsverhaltens (t < 1s) wird die »invers quadratisch zeitbewertete betragslineare Fehlerfläche« eingeführt (Integral of *I*nvers *S*quared *T*ime-weigted *A*bsolute *E*rror).

Beispiel 1 – SISO-System 5. Ordnung [37]

$$\dot{\boldsymbol{x}} = \begin{bmatrix} -0,2 & 0,5 & 0 & 0 & 0 \\ 0 & -0,5 & 1,6 & 0 & 0 \\ 0 & 0 & -14,3 & 87,7 & 0 \\ 0 & 0 & 0 & -25 & 75 \\ 0 & 0 & 0 & 0 & -10 \end{bmatrix} \boldsymbol{x} + \begin{bmatrix} 0 \\ 0 \\ 0 \\ 0 \\ 30 \end{bmatrix} u, \tag{3.137}$$

$$y = [1 \quad 1 \quad 1 \quad 1 \quad 1]\boldsymbol{x}.$$

Die Eigenwerte λ_i sowie die Nullstellen n_i dieses Systems ergeben sich zu:

	1	2	3	4	5
λ_i	–0,20	–0,50	–14,30	–25,00	–10,00
n_i	–1,04	–1,00	–56,48 + j 68,31	–56,48 – j 68,31	

(3.138)

Auf dieses Beispiel werden folgende Reduktionsverfahren angewendet und einer Analyse unterzogen:
- *BA* Balancierte Realisierung – Abschneiden (nach Moore [15]).
- *BS* Balancierte Realisierung – Stationär genau (nach Guth [18]).
- *BSS* Balancierte Realisierung – Stationär genau / Singuläre Perturbation (Hippe [19]).
- *SP* Singuläre Perturbation nach Kokotovic [4].
- *PA* Padé-Approximation [24].

Das System wird auf die 2. Ordnung reduziert. Die einzelnen Elemente der Zustandsraumdarstellungen der reduzierten Systeme sind in Tabelle 3.6 zusammengefasst.

Tabelle 3.6: Systemmatrix *A*, Eingangsmatrix *B*, Ausgangsmatrix *C*, Durchgriff *d*, Eigenwerte λ_i und Nullstellen n_i der reduzierten Systeme

	A	B	C	d	λ_i	n_i
BA	$\begin{bmatrix} -0{,}20151 & -0{,}30506 \\ -0{,}30506 & -1{,}7478 \end{bmatrix}$	$\begin{bmatrix} 11{,}632 \\ 9{,}4788 \end{bmatrix}$	$\begin{bmatrix} 11{,}632 & 9{,}4788 \end{bmatrix}$		$-0{,}1435$ $-1{,}8058$	-0,8319
BS	$\begin{bmatrix} -0{,}20151 & -0{,}30506 \\ -0{,}30506 & -1{,}7478 \end{bmatrix}$	$\begin{bmatrix} 11{,}718 \\ 16{,}006 \end{bmatrix}$	$\begin{bmatrix} 11{,}599 & 9{,}4795 \end{bmatrix}$		$-0{,}1435$ $-1{,}8058$	-0,6175
BSS	$\begin{bmatrix} -0{,}25188 & -1{,}5994 \\ -1{,}5994 & -38{,}432 \end{bmatrix}$	$\begin{bmatrix} 13{,}005 \\ 44{,}448 \end{bmatrix}$	$\begin{bmatrix} 13{,}005 & 44{,}448 \end{bmatrix}$	-37,443	$-0{,}1850$ $-38{,}4992$	24,02 -5,42
SP	$\begin{bmatrix} -0{,}2 & 0{,}5 \\ 0 & -0{,}5 \end{bmatrix}$	$\begin{bmatrix} 0 \\ 88{,}313 \end{bmatrix}$	$\begin{bmatrix} 1 & 1 \end{bmatrix}$	67,196	$-0{,}2$ $-0{,}5$	-1,01 ± j 0,07
PA	$\begin{bmatrix} -0{,}23631 & -0{,}017385 \\ 0{,}5 & 0 \end{bmatrix}$	$\begin{bmatrix} 16 \\ 0 \end{bmatrix}$	$\begin{bmatrix} 8{,}1741 & 0{,}74471 \end{bmatrix}$		$-0{,}1907$ $-0{,}0456$	-0,0456

Die Eigenwerte der Verfahren nach Moore (BA) und Guth (BS) sind identisch, da der Algorithmus nach Guth nur die Eingangsmatrix $\boldsymbol{B}_\mathrm{b}$ und die Ausgangsmatrix $\boldsymbol{C}_\mathrm{b}$ verändert. Die Systemmatrix $\boldsymbol{A}_\mathrm{b}$ bleibt unverändert. Die Sprungantworten der reduzierten Systeme und des Originalsystems in Bild 3.21 liefern keine Aussage über die Qualität der einzelnen Verfahren, da sie sich kaum unterscheiden. Nur die Verfahren nach Moore und Guth weichen stärker ab. Die Methode nach Moore liefert zudem ein stationär ungenaues reduziertes System, wogegen das Verfahren nach Guth wie erwartet zu einem stationär genauen

Tabelle 3.7: Fehlerwerte der Sprungantworten

	SE	ISTAE	STAE
BA	27.02	88.53	336.46
BS	22.40	1.90	288.71
BSS	0.71	77.57	33.62
SP	3.26	161.09	11.29
PA	1.25	0.81	18.15

Ergebnis führt. Die Verfahren, basierend auf der singulären Perturbation, zeigen deutlich das sprungfähige Anfangsverhalten. Anhand definierter Fehlermaße kann eine bessere Aussage getroffen werden. Sie sind in Tabelle 3.7 für die Sprungantworten aufgelistet. Man kann deutlich sehen, dass das abgeschnittene Verfahren (BA) zu sehr hohen Fehlerwerten führt. Insbesondere ist das Verhalten für große Zeiten (STAE: $t > 1$s) sehr schlecht. Das gilt ebenso für das mit BS gekennzeichnete Verfahren, das lediglich ein deutlich besseres Ergebnis für $t < 1$ s liefert. Den besten Wert für die invers zeitgewichtete Betragsfläche ISTAE liefert die Padé-Approximation, wogegen die quadratische Fehlerfläche das Verfahren nach Hippe (BSS) hervorhebt.
Bei der singulären Perturbation tritt, aufgrund des starken Durchgriffs, ein sehr schlechtes Anfangsverhalten auf (ISTAE = 161.09). Während die Verfahren BA, BS, BSS und SP in den einzelnen Kriterien stark schwankende Kennwerte liefern, zeigt die Padé-Approximation ein gleichmäßig gutes Resultat.

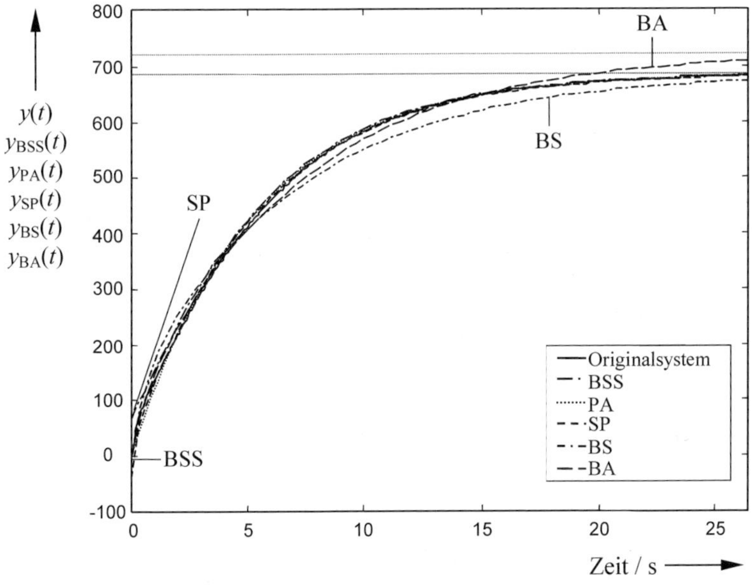

Bild 3.21: Sprungantworten des Originalsystems (5. Ordnung) und verschiedener reduzierter Systeme (2. Ordnung)

Beispiel 2 – SISO-System 12. Ordnung

Das folgende Beispielsystem 12. Ordnung wurde aus [12] entnommen. In Tabelle 3.8 ist die Pol- und Nullstellenkonfiguration angegeben. Die Verstärkung K des Systems ergibt sich zu: $K = 19.45$.
Es werden dieselben Ordnungsreduktionsverfahren wie bei Beispiel 1 verwendet. Aufgrund der Ähnlichkeiten bei den Pol- und Nullstellen muss beachtet

Tabelle 3.8: Pol-/Nullstellen des 2. Beispielsystems

λ_i; n_i	Polstellen	Nullstellen
1 / 2	−10 ± j 1	−5,06 ± 36,95
3 / 4	−10 ± j 10	−8,84 ± j 2,16
5 / 6	−10 ± j 15	−9,97 ± j 0,583
7 / 8	−10 ± j 16	−10,29 ± j 15,53
9 / 10	−10 ± j 50	−10,79 ± j 6,315
11	−10	−183,5
12	−100	– – –

werden, dass die konjugiert komplexen Polstellen λ_5 / λ_6 und λ_3 / λ_4 durch die Nullstellen n_7 / n_8 und n_3 / n_4 nahezu vollständig kompensiert werden. Eine Reduktion dieser Polstellen erscheint deshalb sinnvoll. Anhand der Beobachtbarkeits- bzw. Steuerbarkeitsmatrix (**P**, **Q**) des balancierten Originalsystems und der Bedingung für den Reduktionsgrad aus Gl.(3.70) und Gl. (3.71) ergibt sich eine weitergehende Reduktion auf die 6.Ordnung:

$$\boldsymbol{P} = \boldsymbol{Q} = \text{diag}\begin{Bmatrix} 0{,}54;\;\; 0{,}35;\;\; 0{,}33;\;\; 0{,}075;\;\; 0{,}024;\;\; 0{,}012;\;\; 8{,}1\cdot 10^{-4}; \\ 2{,}2\cdot 10^{-4};\;\; 1{,}4\cdot 10^{-6};\;\; 4{,}3\cdot 10^{-8};\;\; 2{,}6\cdot 10^{-8};\;\; 1{,}6\cdot 10^{-10} \end{Bmatrix}. \quad (3.139)$$

Die reduzierten Systeme (in Zustandsraumdarstellung) lauten wie folgt.

Balancierte Realisierung – Abschneiden (BA)

Systembeschreibung

$$\dot{\boldsymbol{x}}_r = \begin{bmatrix} -25{,}318 & -4{,}921 & -27{,}242 & 26{,}041 & -1{,}2271 & 14{,}274 \\ -4{,}921 & -1{,}0029 & -45{,}255 & 7{,}0725 & -0{,}29702 & 3{,}5779 \\ 27{,}242 & 45{,}255 & -1{,}8493 & 6{,}331 & -0{,}47853 & 4{,}6744 \\ -26{,}041 & -7{,}0725 & 6{,}331 & -35{,}849 & 5{,}9962 & -38{,}635 \\ -1{,}2271 & -0{,}29702 & 0{,}47853 & -5{,}9962 & -0{,}36869 & 15{,}768 \\ -14{,}274 & -3{,}5779 & 4{,}6744 & -38{,}635 & -15{,}768 & -89{,}399 \end{bmatrix} \boldsymbol{x}_r + \begin{bmatrix} 5{,}2359 \\ 0{,}83751 \\ -1{,}1036 \\ 2{,}3195 \\ 0{,}13246 \\ 1{,}4442 \end{bmatrix} u, \quad (3.140)$$

$$y = \begin{bmatrix} 5{,}2359 & 0{,}83751 & 1{,}1036 & -2{,}3195 & 0{,}13246 & -1{,}4442 \end{bmatrix} \boldsymbol{x}_r .$$

Die Eigenwerte λ_i sowie die Nullstellen n_i dieses Systems ergeben sich zu:

	1	2/3	4/5	6
λ_i	–99,87	–10,00 ± j 50,01	–10,49 ± j 16,06	–12,95
n_i	–183,00	–5,06 ± j 36,95	–11,80 ± j 10,47	

(3.141)

Balancierte Realisierung – Stationär genau (BS)

Systembeschreibung

$$\dot{\boldsymbol{x}}_r = \begin{bmatrix} -25,318 & -4,921 & -27,242 & 26,041 & -1,2271 & 14,274 \\ -4,921 & -1,0029 & -45,255 & 7,0725 & -0,29702 & 3,5779 \\ 27,242 & 45,255 & -1,8493 & 6,331 & -0,47853 & 4,6744 \\ -26,041 & -7,0725 & 6,331 & -35,849 & 5,9962 & -38,635 \\ -1,2271 & -0,29702 & 0,47853 & -5,9962 & -0,36869 & 15,768 \\ -14,274 & -3,5779 & 4,6744 & -38,635 & -15,768 & -89,399 \end{bmatrix} \boldsymbol{x}_r + \begin{bmatrix} 5,2251 \\ 0,83485 \\ -1,1073 \\ 2,3542 \\ 0,12641 \\ 1,5895 \end{bmatrix} u, \quad (3.142)$$

$$y = [5,2402 \quad 0,83562 \quad 1,1034 \quad -2,3203 \quad 0,13416 \quad -1,4443]\,\boldsymbol{x}_r\,.$$

Die Eigenwerte λ_i sowie die Nullstellen n_i dieses Systems ergeben sich, wie bei dem mit BA bezeichneten Verfahren, zu:

	1	2/3	4/5	6
λ_i	–99,87	–10,00 ± j 50,01	–10,49 ± j 16,06	–12,95
n_i	–183,00	–5,06 ± j 36,95	–11,80 ± j 10,47	

3.143

Balancierte Realisierung – Stationär genau / Singuläre Perturbation (BSS)

Systembeschreibung:

$$\dot{x}_r = \begin{bmatrix} -25,207 & -4,8935 & -27,28 & 26,399 & -1,1647 & 15,775 \\ -4,935 & -0,99607 & -45,265 & 7,1611 & -0,28158 & 3,9493 \\ 27,28 & 45,265 & -1,8627 & 6,4554 & -0,45684 & 5,1959 \\ -26,399 & -7,1611 & 6,4554 & -37,004 & 5,7949 & -43,474 \\ -1,1647 & -0,28158 & 0,45684 & -5,7949 & -0,33361 & 16,613 \\ -15,775 & -3,9493 & 5,1959 & -43,474 & -16,613 & -109,67 \end{bmatrix} x_r + \begin{bmatrix} 5,2244 \\ 0,83467 \\ -1,1076 \\ 2,3566 \\ 0,12601 \\ 1,5995 \end{bmatrix} u,$$

$$y = [5,2244 \quad 0,83467 \quad 1,1076 \quad -2,3566 \quad 0,12601 \quad -1,5995] x_r + 0,001189u. \qquad (3.144)$$

Die Eigenwerte λ_i sowie die Nullstellen n_i dieses Systems ergeben sich zu:

	1	2/3	4/5	6
λ_i	−121,53	−9,95 ± j 50,01	−11,25 ± j 16,51	−11,14
n_i	−1561,00	−0,022 ± j 9,00	−5,00 ± j 37,00	−0,22

(3.145)

Singuläre Perturbation [114] (SP)

Systembeschreibung

$$\dot{x}_r = \begin{bmatrix} -20 & -3,157 & -4,084 & 2,862 & -0,036 & -4,211 \\ 32 & 0 & 0 & 0 & 0 & 0 \\ 0 & 0 & -20 & -20 & -0,020 & -2,392 \\ 0 & 0 & 16 & 0 & 0 & 0 \\ 0 & 0 & 0 & 0 & -20 & -10,156 \\ 0 & 0 & 0 & 0 & 32 & 0 \end{bmatrix} x_r + \begin{bmatrix} 0,425 \\ 0 \\ 0,249 \\ 0 \\ 0,712 \\ 0 \end{bmatrix} u, \qquad (3.(146)$$

$$y = [-4,853 \quad 19,799 \quad -2,006 \quad 1,406 \quad -0,018 \quad -2,069] x_r + 0,209u.$$

Die Eigenwerte λ_i sowie die Nullstellen n_i dieses Systems ergeben sich zu:

	1/2	3/4	5/6
λ_i	−10,00 ± j 1,00	−10,00 ± j 10,00	−10,00 ± j 15,00
n_i	−5,06 ± j 36,95	−9,97 ± j 0,58	−8,84 ± j 12,16

(3.147)

Padé Approximation (PA)

Systembeschreibung

$$\dot{\boldsymbol{x}}_r = \begin{bmatrix} 99,633 & 44,405 & 17,764 & 9,237 & 6,095 & 3,493 \\ 128 & 0 & 0 & 0 & 0 & 0 \\ 0 & 64 & 0 & 0 & 0 & 0 \\ 0 & 0 & 32 & 0 & 0 & 0 \\ 0 & 0 & 0 & 16 & 0 & 0 \\ 0 & 0 & 0 & 0 & 8 & 0 \end{bmatrix} \boldsymbol{x}_r + \begin{bmatrix} 8 \\ 0 \\ 0 \\ 0 \\ 0 \\ 0 \end{bmatrix} u, \qquad (3.148)$$

$$y = [1,203 \quad -2,608 \quad -1,161 \quad -0,775 \quad -0,603 \quad -0,436]\boldsymbol{x}_r .$$

Die Eigenwerte λ_i sowie die Nullstellen n_i dieses Systems ergeben sich zu:

	1	2/3	4/5	6
λ_i	146,16	−3,22 ± j 16,39	−14,42 ± j 6,90	−11,24
n_i	300,00	−3,57 ± j 16,74	−10,33 ± j 5,42	

(3.149)

Der Padé-Algorithmus liefert für dieses Beispiel ein instabiles System mit dem positiven Eigenwert λ_1. Die Sprungantworten in Bild 3.22 zeigen die schlechte Approximation der singulären Perturbation. Die singuläre Perturbation liefert nur für eine bestimmte Klasse von Systemen, den sogenannten steifen Systemen, gute Ergebnisse. Die Fehlerwerte der Sprungantworten für SE, ISTAE und STAE belegen dies in Tabelle 3.9.

Andere Verfahren liefern dagegen eine so gute Approximation, dass in Bild 3.22 praktisch kein Unterschied zum Originalsystem zu erkennen ist. Bei Betrachtung von SE, ISTAE und STAE zeigt sich, dass die singuläre Perturbation in Verbindung mit einem balancierten Originalsystem (BSS) zu den kleinsten Fehlerwerten führt. In diesem Beispiel ist auch der Durchgriff für die Methode BSS sehr gering, was dem kleinen ISTAE Wert entspricht.

Tabelle 3.9: Fehlerwerte der Sprungantworten

	SE	ISTAE	STAE
BA	$9{,}30 \cdot 10^{-7}$	1,96	$1{,}53 \cdot 10^{-4}$
BS	$6{,}07 \cdot 10^{-7}$	0,85	$1{,}50 \cdot 10^{-4}$
BSS	$1{,}03 \cdot 10^{-7}$	0,67	$7{,}94 \cdot 10^{-5}$
SP	$1{,}09 \cdot 10^{-2}$	277,14	$1{,}50 \cdot 10^{-3}$

Die Impulsantworten in Bild 3.23 und die dazugehörigen Fehlerwerte in Tabelle 3.10 bestätigen, dass die singuläre Perturbation nach Kokotovic für dieses Beispiel nur eine sehr ungenügende Näherung liefert. Eine Erklärung dafür ist, dass es sich beim Originalsystem nicht um ein steifes System handelt, das eindeutig in eine Gruppe mit schnellen und eine Gruppe mit langsamen Eigenwerten aufgeteilt werden kann. Eine Aufteilung in ein langsames und ein schnelles Subsystem ist allerdings die Voraussetzung, um das Verfahren der singulären Perturbation sinnvoll einsetzen zu können.

Tabelle 3.10: Fehlerwerte der Impulsantworten

	SE	ISTAE	STAE
BA	$6{,}87 \cdot 10^{-6}$	0,073	$7{,}92 \cdot 10^{-4}$
BS	$3{,}31 \cdot 10^{-4}$	386,25	$9{,}40 \cdot 10^{-4}$
BSS	$6{,}60 \cdot 10^{-4}$	689,20	$0{,}12 \cdot 10^{-2}$
SP	14,38	$3{,}73 \cdot 10^{4}$	$2{,}64 \cdot 10^{-2}$

Im Gegensatz zum Beispiel 1 führen die Verfahren nach Moore (BA), Guth (BS) und Hippe (BSS) zu einer vergleichsweise guten Approximation bei der Impulsantwort. Die Methode durch Abschneiden (BA) hat dabei die niedrigsten Fehlerwerte und nähert damit die Dynamik des Systems am besten an.

Beispiel 3 – MIMO System 7. Ordnung

Als weiteres Beispiel wird ein *Mehrgrößen*system 7. Ordnung, entnommen aus [38], betrachtet. Die Systemmatrizen für dieses System lauten:

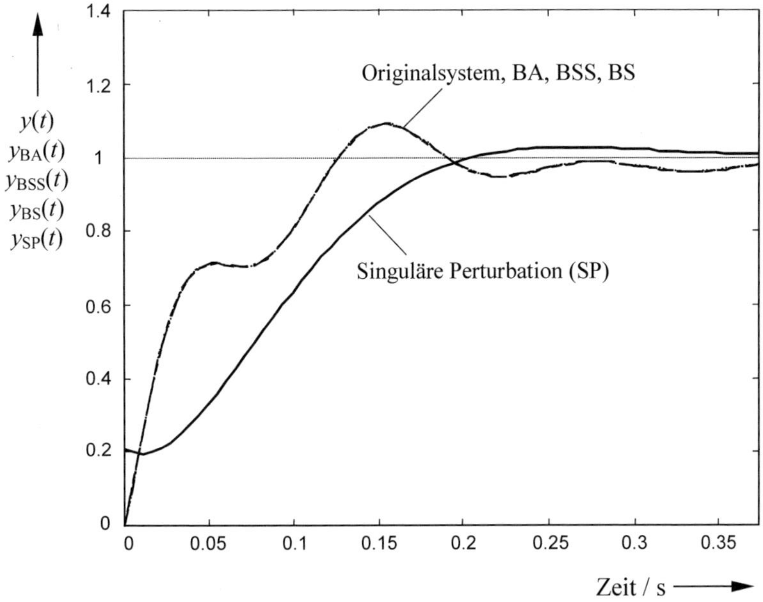

Bild 3.22: Sprungantworten des Originalsystems (12. Ordnung) und der reduzierten Systeme (6. Ordnung)

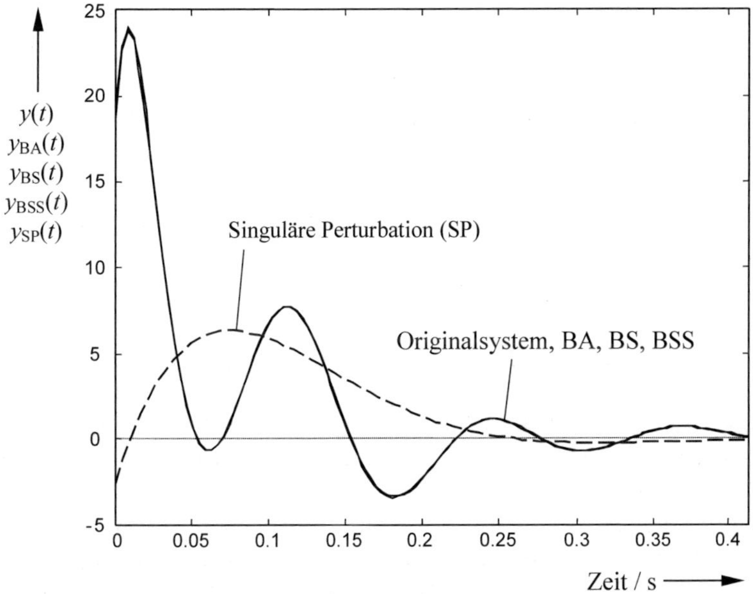

Bild 3.23: Impulsantworten des Originalsystems (12. Ordnung) und der reduzierten Systeme (6. Ordnung)

$$A = \begin{bmatrix} -6,2036 & 15,054 & -9,8726 & -376,58 & 251,32 & -162,24 & 66,827 \\ 0,53002 & -2,0176 & 1,4363 & 0 & 0 & 0 & 0 \\ 16,846 & 25,079 & -43,555 & 0 & 0 & 0 & 0 \\ 377,4 & -89,449 & -162,83 & 57,998 & -65,514 & 68,579 & 157,57 \\ 0 & 0 & 0 & 107,25 & -118,05 & 0 & 0 \\ 0,36992 & -0,1445 & -0,26303 & -0,64719 & 0,49947 & -0,21133 & 0 \\ 0 & 0 & 0 & 0 & 0 & 376,99 & 0 \end{bmatrix},$$

$$B = \begin{bmatrix} 89,353 & 0 \\ 376,99 & 0 \\ 0 & 0 \\ 0 & 0 \\ 0 & 0 \\ 0 & 0,21133 \\ 0 & 0 \end{bmatrix}, \tag{3.150}$$

$$C = \begin{bmatrix} 0 & 0 & 0 & 0 & 0 & 1 & 0 \\ 0 & 0 & 0 & 0 & 0 & 0 & 1 \end{bmatrix},$$

$$D = \begin{bmatrix} 0 & 0 \\ 0 & 0 \end{bmatrix}.$$

Das System besitzt keine Nullstellen. Die Eigenwerte λ_i ergeben sich zu:

$$\lambda_{1,2} = -13,54 \pm \mathrm{j}\,376,33; \quad \lambda_3 = -46,34; \quad \lambda_{4,5} = -0,47 \pm \mathrm{j}\,9,35\mathrm{i}; \quad \lambda_6 = -37,48, \\ \lambda_7 = -0,20. \tag{3.151}$$

Die Beobachtbarkeits- bzw. Steuerbarkeitsmatrizen der balancierten Darstellung lauten:

$$\boldsymbol{P} = \boldsymbol{Q} = \mathrm{diag}\begin{Bmatrix} 561,81; & 121,76; & 117,88; & 9,47\cdot 10^{-2} \\ 7,87\cdot 10^{-5}; & 7,57\cdot 10^{-5}; & 1,29\cdot 10^{-5} & \end{Bmatrix}. \tag{3.152}$$

Da die Lücke zwischen $\sigma_3 = 117,88$ und $\sigma_4 = 9,47 \cdot 10^{-2}$ sehr groß ist, soll eine Reduktion auf die Ordnung 3 erfolgen. Folgende Reduktionsverfahren werden vergleichend betrachtet:

- *BA* Balancierte Realisierung – Abschneiden (nach Moore [15]),
- *BS* Balancierte Realisierung – Stationär genau (nach Guth [18]),
- *BSS* Balancierte Realisierung – Stationär genau / Singulär Perturbation (Hippe [19]),

- *BR* Balancierte Realisierung – Reduktion über das reziproke System ([20]),
- *SP* Singuläre Perturbation [4].

Die Ergebnisse sind im Folgenden dargestellt.

- **Balancierte Realisierung – Abschneiden (BA)**

$$\dot{\boldsymbol{x}}_r = \begin{bmatrix} -0,199 & 0,506 & -0,054 \\ -0,506 & -0,912 & 9,352 \\ -0,052 & -9,350 & -0,026 \end{bmatrix} \boldsymbol{x}_r + \begin{bmatrix} 14,944 & -0,051 \\ 14,906 & 0,042 \\ 2,415 & 0,572 \end{bmatrix} \boldsymbol{u},$$

$$\boldsymbol{y} = \begin{bmatrix} -0,013 & 0,002 & 0,372 \\ -14,945 & 14,906 & -2,453 \end{bmatrix} \boldsymbol{x}_r \,. \tag{3.153}$$

Die Eigenwerte λ_i sowie die Nullstellen n_i dieses Systems ergeben sich zu:

$$\lambda_1 = -0,2040; \;\; \lambda_{2,3} = -0,4667 \pm \mathrm{j}\,9,3539\,, \quad n_1 = 1,1383\,. \tag{3.154}$$

- **Balancierte Realisierung – Stationär genau (BS)**

$$\dot{\boldsymbol{x}}_r = \begin{bmatrix} -0,199 & 0,506 & -0,054 \\ -0,506 & -0,912 & 9,352 \\ -0,052 & -9,350 & -0,026 \end{bmatrix} \boldsymbol{x}_r + \begin{bmatrix} 14,939 & -0,051 \\ 14,929 & 0,041 \\ 2,410 & 0,572 \end{bmatrix} \boldsymbol{u}, \tag{3.155}$$

$$\boldsymbol{y} = \begin{bmatrix} -0,012 & 0,004 & 0,371 \\ -14,947 & 14,894 & -2,453 \end{bmatrix} \boldsymbol{x}_r \,.$$

Die Eigenwerte λ_i sowie die Nullstellen n_i ergeben sich zu:

$$\lambda_1 = -0,2040; \;\; \lambda_{2,3} = -0,4667 \pm \mathrm{j}\,9,3539, \quad n_1 = 0\,. \tag{3.156}$$

- **Balancierte Realisierung – Stationär genau / Singuläre Perturbation (BSS)**

$$\dot{x}_r = \begin{bmatrix} -0,199 & 0,506 & -0,054 \\ -0,506 & -0,910 & 9,352 \\ -0,053 & -9,350 & -0,026 \end{bmatrix} x_r + \begin{bmatrix} 14,949 & -0,051 \\ 14,883 & 0,042 \\ 2,418 & 0,572 \end{bmatrix} u,$$

$$y = \begin{bmatrix} -0,012 & 0,005 & 0,372 \\ -14,95 & 14,883 & -2,457 \end{bmatrix} x_r + \begin{bmatrix} -0,020 & -4,852 \cdot 10^{-5} \\ 0,188 & 4,241 \cdot 10^{-4} \end{bmatrix} u. \quad (3.157)$$

Die Eigenwerte λ_i sowie die Nullstellen n_i berechnen sich zu:

$$\lambda_1 = -0,2042; \quad \lambda_{2,3} = -0,4653 \pm j\,9,3544, \\ n_1 = 0; \quad n_2 = 1,187; \quad n_3 = 5600. \quad (3.158)$$

- **Balancierte Realisierung – Reduktion über das reziproke System (BR)**

$$\dot{x}_r = \begin{bmatrix} -0,385 & -9,355 & -0,195 \\ 9,354 & -0,541 & -0,199 \\ 0,195 & -0,199 & -0,212 \end{bmatrix} x_r + \begin{bmatrix} -30,158 & 1,155 \\ 34,057 & 1,332 \\ 6,938 & 0,043 \end{bmatrix} u,$$

$$y = \begin{bmatrix} 0,081 & 0,090 & 0,017 \\ -3,153 & 3,792 & -33,337 \end{bmatrix} x_r. \quad (3.159)$$

Die Eigenwerte λ_i sowie die Nullstellen n_i berechnen sich zu:

$$\lambda_1 = -0,2040; \quad \lambda_{2,3} = -0,4667 \pm j\,9,3539, \\ n_1 = 1,124. \quad (3.160)$$

- **Singuläre Perturbation [114] (SP)**

$$\dot{x}_r = \begin{bmatrix} -448,570 & 163,270 & 259,920 \\ 0,530 & -2,018 & 1,436 \\ 16,846 & 25,079 & -43,555 \end{bmatrix} x_r + \begin{bmatrix} 89,353 & -161,28 \\ 376,99 & 0 \\ 0 & 0 \end{bmatrix} u,$$

$$y = \begin{bmatrix} 0 & 0 & 0 \\ -2,376 & 0,560 & 1,020 \end{bmatrix} x_r + \begin{bmatrix} 0 & 0 \\ 0 & 0,011 \end{bmatrix} u. \quad (3.161)$$

Das System besitzt keine Nullstellen. Die Eigenwerte λ_i berechnen sich zu:

$$\lambda_1 = -0,2042; \quad \lambda_2 = -34,68; \quad \lambda_3 = -459,26. \tag{3.162}$$

Die Analyse beschränkt sich auf den Übertragungspfad von Eingangsgröße 1 nach Ausgangsgröße 1. Für die weiteren Übertragungswege gelten analoge Ergebnisse. Die Sprungantwort des Übertragungsverhaltens von Eingangsgröße 1 und Ausgangsgröße 1 ist in Bild 3.24 dargestellt. Bei diesem Mehrgrößensystem (MIMO) sind die gleichen grundsätzlichen Beobachtungen zu machen wie bei den vorangegangenen Eingrößensystemen (SISO). Die Verfahren nach Moore und Sreeram (BR) liefern aufgrund der methodischen Vorgehensweise stationär ungenaue Modelle, wohingegen die Verfahren der Singulären Perturbation (BSS und SP) und die Methode nach Guth zu stationär genauen reduzierten Modellbeschreibungen führen. Die Approximation für die Singuläre Perturbation nach Kokotovic (SP) gelingt allerdings nur unzureichend. Im Anfangsbereich (unter ca. 5 Sekunden) liefern außer dem Verfahren SP alle Methoden eine so gute Näherung, dass sie bei der gewählten graphischen Auflösung nicht zu unterscheiden sind.

Betrachtet man nun die Sprungantworten im Übertragungspfad 1 –2 in Bild 3.25, wird deutlich, dass auch die singuläre Perturbation ein akzeptables Ergebnis liefert. Die leichte Schwingung, die das Originalsystem (und auch die anderen

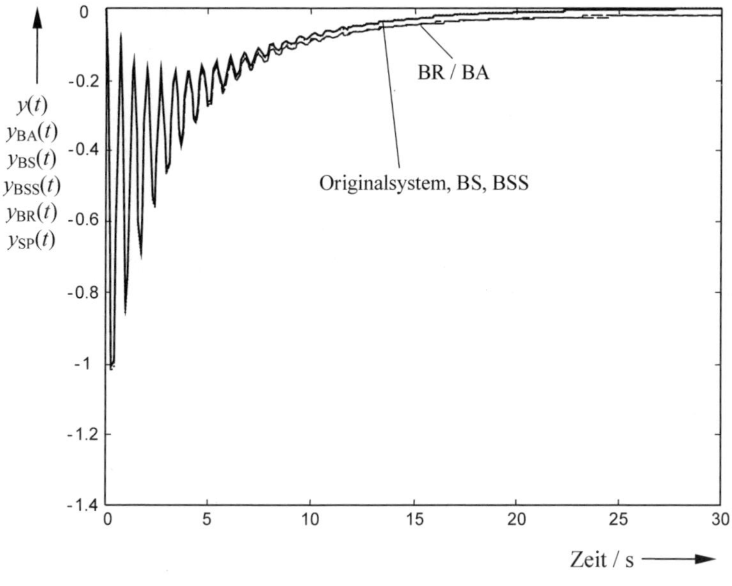

Bild 3.24: Sprungantworten des Originalsystems (7. Ordnung) und der reduzierten Systeme (3. Ordnung) für die erste Eingangsgröße und die erste Ausgangsgröße

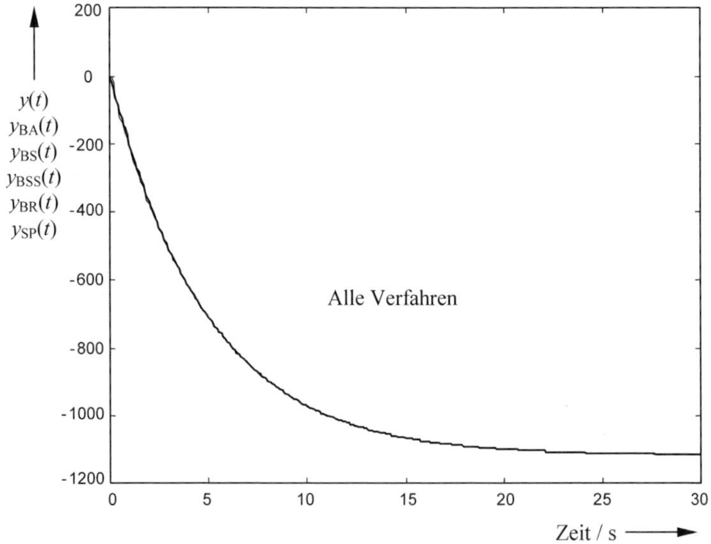

Bild 3.25: Sprungantworten des Originalsystems (7. Ordnung) und der reduzierten Systeme (3. Ordnung) für die erste Eingangsgröße und die zweite Ausgangsgröße

reduzierten Systeme) ausführen, wird durch die singuläre Perturbation, aufgrund fehlender konjugiert komplexer Eigenwerte im reduzierten System, nicht nachgebildet. Für die weiteren reduzierten Systeme ist eine Wertung, basierend auf den Sprungantworten, nicht möglich. Aus Tabelle 3.11, in der die Fehlerwerte SE, ISTAE und STAE betrachtet werden, lässt sich eine tiefere Analyse durchführen.

Tabelle 3.11: Fehlerwerte SE, ISTAE, STAE der Sprungantworten (1. Eingangsgröße, 2. Ausgangsgröße)

	SE	ISTAE	STAE
BA	$2{,}90 \cdot 10^{-4}$	0,25	0,45
BS	$3{,}88 \cdot 10^{-4}$	0,025	0,44
BSS	$4{,}07 \cdot 10^{-7}$	0,25	0,0019
BR	$2{,}20 \cdot 10^{-4}$	0,22	0,41
SP	0,28	0,51	0,42

Die Tabelle bestätigt aufgrund der schlechten Kennwerte für die singuläre Perturbation die unbefriedigenden Ergebnisse. Sehr gute Werte für SE und STAE liefert das Verfahren nach Hippe (BSS). Das stationär genaue Verfahren nach Guth (BS) ist bei Betrachtung von ISTAE zu favorisieren. Die Reduktion über das reziproke System nach Sreeram (BR) führt zu ähnlichen Werten wie die Algorithmen von Guth und Moore.

Beispiel 4 – SISO-System 4. Ordnung

Als abschließendes Beispiel wird noch einmal das System aus Gleichung (3.78) aufgegriffen. Anhand dieses Beispiels werden die mehrstufigen Verfahren in die Analyse miteinbezogen.
Eine Reduktion auf die Ordnung 2 wird angestrebt. Als Vergleichsverfahren dienen folgende Methoden:

- *BA* Balancierte Realisierung – Abschneiden (nach Moore [15]),
- *G/SP* Mehrstufiges Verfahren (Stationär genau) – 1. Reduktion (r = 3) nach Guth, 2. Singuläre Perturbation ($r = 2$),
- *SP/G* Mehrstufiges Verfahren (Stationär genau) – 1. Singuläre Perturbation (r = 3), 2. Reduktion (r = 2) nach Guth (SP/G),
- *BSS* Balancierte Realisierung – Stationär genau / Singuläre Perturbation (nach Hippe [19]) (BSS).

- **Balancierte Realisierung – Abschneiden (BA)**

$$\dot{\boldsymbol{x}}_r = \begin{bmatrix} -0{,}438 & -1{,}168 \\ 1{,}168 & -3{,}135 \end{bmatrix} \boldsymbol{x}_r + \begin{bmatrix} 0{,}118 \\ -0{,}131 \end{bmatrix} u, \qquad y = \begin{bmatrix} 0{,}118 & 0{,}131 \end{bmatrix} \boldsymbol{x}_r \,. \tag{3.163}$$

Die Eigenwerte λ_i sowie die Nullstellen n_i berechnen sich zu:

$$\lambda_1 = -1{,}1129; \; \lambda_2 = -2{,}4601, \qquad n_1 = 23{,}14 \,. \tag{3.164}$$

- **Mehrstufiges Verfahren (Stationär genau) (G/SP)**

$$\dot{\boldsymbol{x}}_r = \begin{bmatrix} -0{,}425 & 1{,}265 \\ -1{,}265 & -3{,}792 \end{bmatrix} \boldsymbol{x}_r + \begin{bmatrix} 0{,}116 \\ 0{,}144 \end{bmatrix} u, \qquad y = \begin{bmatrix} 0{,}116 & -0{,}144 \end{bmatrix} \boldsymbol{x}_r + 2{,}376 \cdot 10^{-4} u \,. \tag{3.165}$$

Die Eigenwerte λ_i sowie die Nullstellen n_i berechnen sich zu:

$$\begin{aligned} &\lambda_1 = -0{,}9966;\ \lambda_2 = -3{,}2204\,, \\ &n_{1/2} = 12{,}82 \pm \mathrm{j}\,13{,}99\,. \end{aligned} \tag{3.166}$$

- **Mehrstufiges Verfahren (Stationär genau) (SP/G)**

$$\begin{aligned} \dot{\boldsymbol{x}}_r &= \begin{bmatrix} -0{,}439 & 1{,}163 \\ -1{,}163 & -3{,}099 \end{bmatrix} \boldsymbol{x}_r + \begin{bmatrix} 0{,}117 \\ 0{,}141 \end{bmatrix} u\,, \\ y &= \begin{bmatrix} 0{,}119 & -0{,}130 \end{bmatrix} \boldsymbol{x}_r - 1{,}601 \cdot 10^{-5} u\,. \end{aligned} \tag{3.167}$$

Die Eigenwerte λ_i sowie die Nullstellen n_i berechnen sich zu:

$$\begin{aligned} &\lambda_1 = -1{,}1231;\ \lambda_2 = -2{,}4142\,, \\ &n_1 = -300{,}00,\ n_2 = 15{,}00\,. \end{aligned} \tag{3.168}$$

- **Balancierte Realisierung – Stationär genau / Singuläre Perturbation (BSS)**

$$\begin{aligned} \dot{\boldsymbol{x}}_r &= \begin{bmatrix} -0{,}425 & -1{,}257 \\ 1{,}257 & -3{,}735 \end{bmatrix} \boldsymbol{x}_r + \begin{bmatrix} 0{,}116 \\ -0{,}143 \end{bmatrix} u\,, \\ y &= \begin{bmatrix} 0{,}116 & 0{,}143 \end{bmatrix} \boldsymbol{x}_r + 2{,}384 \cdot 10^{-4} u\,. \end{aligned} \tag{3.169}$$

Die Eigenwerte λ_i sowie die Nullstellen n_i berechnen sich zu:

$$\begin{aligned} &\lambda_1 = -1{,}0026;\ \lambda_2 = -3{,}1578\,, \\ &n_{1/2} = 12{,}19 \pm \mathrm{j}\,14{,}32\,. \end{aligned} \tag{3.170}$$

Die Sprungantworten in Bild 3.26 zeigen, dass alle vier Verfahren gute Näherungen liefern. Bis auf das Verfahren nach Moore führen alle Methoden zu einem stationär genauen System. Zu einer detaillierteren Analyse wird wieder auf die Fehlermaße zurückgegriffen. Die quadratische Fehlerfläche SE liefert, wie Tabelle 3.12 zeigt, für das BSS-Verfahren den besten Wert. Für ISTAE liefert das mehrstufige Verfahren SP/G den niedrigsten Wert und für STAE führt die mit BSS bezeichnete Methode wieder zum besten Resultat. Insgesamt schneidet das Verfahren nach Hippe hier sehr gut ab, jedoch führen die mehrstufigen Verfahren bei der Betrachtung einzelner Fehlerwerte zu besseren Ergebnissen.

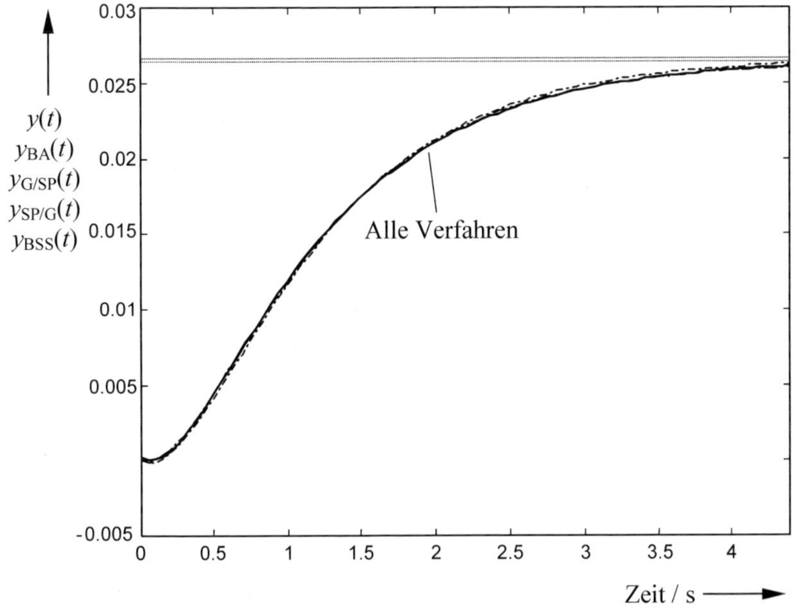

Bild 3.26: Sprungantworten des Originalsystems (4. Ordnung) und der reduzierten Systeme (2. Ordnung)

Tabelle 3.12: Fehlerwerte der Sprungantworten

	SE	ISTAE	STAE
BA	$5{,}86 \cdot 10^{-6}$	14,20	0,40
G/SP	$1{,}06 \cdot 10^{-7}$	13,41	0,019
SP/G	$7{,}80 \cdot 10^{-6}$	1,80	0,42
BSS	$7{,}32 \cdot 10^{-8}$	13,50	0,011

3.2.2.4 Hankel-Norm-Approximation

Grundlegende Arbeiten zu dieser Klasse von Ordnungsreduktionsverfahren finden sich sind in [83, 84 und 85]. Bei dem hier besprochenen Verfahren wird die Hankel »Eingangs-Ausgangsnorm« zur Bestimmung der Ordnung, auf die reduziert werden kann, herangezogen. Es erlaubt die Vorgabe einer relativen Fehlertoleranz (tol) und ermittelt daraus die Ordnung des reduzierten Systems so, dass dieser Fehlerbereich eingehalten wird.

Wenn $\boldsymbol{P}$ wieder die Steuerbarkeitsmatrix (Gl. (3.49)) des Originalsystems ($\boldsymbol{A}$, $\boldsymbol{B}$, $\boldsymbol{C}$, $\boldsymbol{D}$) ist und $\boldsymbol{Q}$ die entsprechende Beobachtbarkeitsmatrix ((3.50)), dann beschreibt die Hankelmatrix $\boldsymbol{H} = \boldsymbol{PQ}$ den Grad der Steuer- und Beobachtbarkeit der einzelnen Zustandsgrößen. Die Singulärwerte σ_{h} der Hankelmatrix sind dann Indikatoren, welche die »Wichtigkeit« verschiedener Zustandsgrößenkombinationen für das Ein-/Ausgangsverhalten des Systems angeben. Zur Ordnungsreduktion werden Kombinationen von Zustandsgrößen vernachlässigt, die unterhalb einer zuvor vorgegebenen Toleranzschranke für die singulären Werte liegen. Ein weiterer Vorteil des Verfahrens liegt darin begründet, dass es auch auf instabile Systeme anzuwenden ist. Dazu wird das System in einen stabilen und instabilen Bereich aufgeteilt. Anschließend erfolgt die Reduzierung, getrennt für beide Bereiche, nach der beschriebenen Vorgehensweise. Der maximale Fehler des reduzierten instabilen Systems ist $2 \cdot \mathrm{tol} \cdot \max(\sigma_{\mathrm{h}})$, wogegen der maximale Fehler eines reduzierten Systems, ausgehend von einem stabilen Originalsystems $\mathrm{tol} \cdot \max(\sigma_{\mathrm{h}})$ ist. Ein verbesserter Algorithmus erlaubt die Vorgabe bestimmter, besonders zu betrachtender Frequenzbereiche. Dies ist für viele praktische Anwendungsfälle hilfreich, bei denen es auf die genaue Nachbildung von Leistungs- und Stabilitätseigenschaften in einem bestimmten Arbeitsbereich (Frequenzbereich) ankommt. Die Anforderung an ein Modell eines Flugzeugs reicht zum Beispiel für den entsprechenden Frequenzbereich aus, in dessen Grenzen ein Flugzeugführer in der Lage ist, das Flugzeug zu steuern.

Die sogenannten Hankel-Singulärwerte berechnen sich aus:

$$\sigma_i\left(F(\mathrm{s})\right) = \left(\lambda_i\left(\boldsymbol{PQ}\right)\right)^{\frac{1}{2}}. \tag{3.171}$$

Die Werte sind dabei in absteigender Reihenfolge geordnet ($i = 1, \ldots, n$). Die Steuerbarkeitsmatrix $\boldsymbol{P}$ und die Beobachtbarkeitsmatrix $\boldsymbol{Q}$ berechnen sich aus Gl. (3.52) und Gl. (3.51). Die Hankel-Norm-Approximation hat zur Aufgabe, eine Übertragungsfunktion des reduzierten Systems zu finden, so dass für das Fehlersystem $E(\mathrm{s})$ die Hankel-Norm minimiert wird:

$$\left\|E(\mathrm{s})\right\|_{\mathrm{H}} = \left\|F_{\mathrm{O}}(\mathrm{s}) - F_r(\mathrm{s})\right\|_{\mathrm{H}}. \tag{3.172}$$

Gelingt dies, so gilt für den Approximationsfehler:

$$\left\|F_{\mathrm{O}}(\mathrm{s}) - F_r(\mathrm{s})\right\|_{\mathrm{H}} = \sigma_{r+1}. \tag{3.173}$$

Die Hankel-Norm einer Übertragungsfunktion $F(\mathrm{s})$ ist dabei durch den maximalen Singulärwert definiert:

$$\left\|F(\mathrm{s})\right\|_{\mathrm{H}} \triangleq \max \sigma_i(F(\mathrm{s})) = \max\left(\lambda_i\left(\boldsymbol{PQ}\right)\right)^{\frac{1}{2}}. \tag{3.174}$$

Im Folgenden ist nach [13] und [83] ein Algorithmus zur Bestimmung der Übertragungsfunktion des reduzierten Systems gegeben. Dabei gilt für die Hankel-Singulärwerte:

$$\sigma_1 > \sigma_2 > \ldots > \sigma_{r+1} > \ldots \sigma_n > 0. \tag{3.175}$$

Ausgegangen wird von folgendem, bereits balancierten und partitionierten, System:

$$\begin{aligned} \dot{\tilde{\boldsymbol{x}}} &= \begin{bmatrix} \tilde{\boldsymbol{A}}_{11} & \tilde{\boldsymbol{A}}_{12} \\ \tilde{\boldsymbol{A}}_{21} & \tilde{\boldsymbol{A}}_{22} \end{bmatrix} \tilde{\boldsymbol{x}} + \begin{bmatrix} \tilde{\boldsymbol{B}}_1 \\ \tilde{\boldsymbol{B}}_2 \end{bmatrix} \boldsymbol{u}, \\ \boldsymbol{y} &= \begin{bmatrix} \tilde{\boldsymbol{C}}_1 & \tilde{\boldsymbol{C}}_2 \end{bmatrix} \tilde{\boldsymbol{x}}, \end{aligned} \tag{3.176}$$

mit $\tilde{\boldsymbol{A}}_{11} \in \mathbb{R}^{(n-1)\mathrm{x}(n-1)}$. Es gilt:

$$\tilde{\boldsymbol{\Sigma}} = \mathrm{diag}\{\sigma_1, \sigma_2, \ldots, \sigma_r, \sigma_{r+2}, \ldots \sigma_n, \sigma_{r+1}\} = \mathrm{diag}\{\tilde{\boldsymbol{\Sigma}}_1, \sigma_{r+1}\}. \tag{3.177}$$

Folgende Punkte sind zur Bestimmung der reduzierten Übertragungsfunktion notwendig:

1. Berechne:

$$\boldsymbol{U} = -\tilde{\boldsymbol{C}}_2 \tilde{\boldsymbol{B}}_2 / \tilde{\boldsymbol{B}}_2 \tilde{\boldsymbol{B}}_2^{\mathrm{T}}, \tag{3.178}$$

$$\boldsymbol{T} = \left(\tilde{\boldsymbol{\Sigma}}_1^2 - \sigma_{r+1}^2 \boldsymbol{I}\right), \tag{3.179}$$

$$\hat{\boldsymbol{A}} = \boldsymbol{T}^{-1}\left(\sigma_{r+1}^2 \tilde{\boldsymbol{A}}_{11}^{\mathrm{T}} + \tilde{\boldsymbol{\Sigma}}_1 \tilde{\boldsymbol{A}}_{11} \tilde{\boldsymbol{\Sigma}}_1 + \sigma_{r+1} \tilde{\boldsymbol{C}}_1^{\mathrm{T}} \boldsymbol{U} \tilde{\boldsymbol{B}}_1^{\mathrm{T}}\right), \tag{3.180}$$

$$\hat{\boldsymbol{B}} = \boldsymbol{T}^{-1}\left(\tilde{\boldsymbol{\Sigma}}_1 \tilde{\boldsymbol{B}}_1 + \sigma_{r+1} \tilde{\boldsymbol{C}}_1^{\mathrm{T}} \boldsymbol{U}\right), \tag{3.181}$$

$$\hat{\boldsymbol{C}} = \tilde{\boldsymbol{C}}_1 \tilde{\boldsymbol{\Sigma}}_1 + \sigma_{r+1} \boldsymbol{U} \tilde{\boldsymbol{B}}_1^{\mathrm{T}}. \tag{3.182}$$

2. Berechne die Matrix $\boldsymbol{V}_1$ (Schur-Zerlegung):

$$\boldsymbol{V}_1^{\mathrm{T}} \boldsymbol{V}_1 = \boldsymbol{I}, \quad \textit{und} \quad \boldsymbol{V}_1^{\mathrm{T}} \tilde{\boldsymbol{A}} \boldsymbol{V}_1. \tag{3.183}$$

3. Finde eine Matrix $\boldsymbol{V}_2$:

$$\boldsymbol{V}_2^{\mathrm{T}} \boldsymbol{V}_1^{\mathrm{T}} \tilde{\boldsymbol{A}} \boldsymbol{V}_1 \boldsymbol{V}_2 = \begin{bmatrix} \hat{\boldsymbol{A}}_{11} & \hat{\boldsymbol{A}}_{12} \\ 0 & \hat{\boldsymbol{A}}_{22} \end{bmatrix}, \tag{3.184}$$

mit $\mathrm{Re}\left[\lambda_i\left(\hat{\mathbf{A}}_{11}\right)\right] < 0$, $\mathrm{Re}\left[\lambda_i\left(\hat{\mathbf{A}}_{22}\right)\right] > 0$ *und* $\hat{\mathbf{A}}_{11} \in \mathbb{R}^{r \times r}$.

4. Löse folgende Gleichung mit Hilfe des Bartels-Stewart Algorithmus:

$$\hat{\boldsymbol{A}}_{11}\boldsymbol{X} - \boldsymbol{X}\hat{\boldsymbol{A}}_{22} + \hat{\boldsymbol{A}}_{12} = 0. \tag{3.185}$$

5. Berechne die Transformationsmatrizen $\boldsymbol{T}$ und $\boldsymbol{S}$:

$$\boldsymbol{T} = \boldsymbol{V}_1\boldsymbol{V}_2\begin{bmatrix} \boldsymbol{I} & \boldsymbol{X} \\ 0 & \boldsymbol{I} \end{bmatrix} = [\boldsymbol{T}_1 \quad \boldsymbol{T}_2], \tag{3.186}$$

$$\boldsymbol{S} = \begin{bmatrix} \boldsymbol{I} & -\boldsymbol{X} \\ 0 & \boldsymbol{I} \end{bmatrix}\boldsymbol{V}_2^{\mathrm{T}}\boldsymbol{V}_1^{\mathrm{T}} = \begin{bmatrix} \boldsymbol{S}_1 \\ \boldsymbol{S}_2 \end{bmatrix}. \tag{3.187}$$

Bestimme die partitionierten Systemmatrizen $\hat{\boldsymbol{B}}$ und $\hat{\boldsymbol{C}}$:

$$\begin{aligned} \hat{\boldsymbol{B}}_1 &= \boldsymbol{S}_1\hat{\boldsymbol{B}}, \\ \hat{\boldsymbol{B}}_2 &= \boldsymbol{S}_2\hat{\boldsymbol{B}}, \\ \hat{\boldsymbol{C}}_1 &= \hat{\boldsymbol{C}}\hat{\boldsymbol{T}}_1, \\ \hat{\boldsymbol{C}}_2 &= \hat{\boldsymbol{C}}\hat{\boldsymbol{T}}_2. \end{aligned} \tag{3.188}$$

Berechne die Übertragungsfunktion $\mathrm{F}_r(\mathrm{s})$ des reduzierten Systems:

$$\mathrm{F}_r(\mathrm{s}) = \hat{\boldsymbol{C}}_1\left(\mathrm{s}\boldsymbol{I} - \hat{\boldsymbol{A}}_{11}\right)^{-1}\hat{\boldsymbol{B}}_1. \tag{3.189}$$

Ein Nachteil dieses Verfahrens ist, wie in [71] an einem Beispiel gezeigt wird, der relativ große stationäre Fehler. Bei der Vorgehensweise in [83] wird das Vorhandensein einer Durchgangsmatrix $\boldsymbol{D}$ gefordert. Falls im Originalsystem eine explizite Darstellung dieser Matrix fehlt, gibt Glover in [83] eine Möglichkeit an, diese zu ermitteln. Allerdings wurde in [71] festgestellt, dass damit die Phasenminimalität verloren geht. Ein weiteres Verfahren, die »Abgeschnittene stochastische Balancierung«, geht auf Desai/Pal [87] und auf Safonov/Chiang [88] zurück. Es weist dieselbe verfahrensbedingte Schwachstelle der stationären Ungenauigkeit auf, wie die Grundverfahren der Hankel-Norm-Approximation. Eine Vermeidung dieser Problematik dürfte sich durch Einbeziehung der in [86] erwähnten Vorschläge zur »Stationär genauen Ordnungsreduktion« verwirklichen lassen. Ein Vorteil der »Abgeschnittenen stochastischen Balancierung« ist die Möglichkeit, Modelle zu erzeugen, die über den gesamten relevanten Frequenzbereich gleichgute Approximationseigenschaften aufweisen. Das Verfahren erfordert in einer Variation [89] keine Balancierung des Originalsystems [71].

Mehrere Freiheitsgrade zur Berechnung von Modellen reduzierter Ordnung weist die Reduktion durch Parameteranpassung von De Villemagne/Skelton [90] auf. Dieses Verfahren erlaubt die Wiedergabe bestimmter Systemeigenschaften innerhalb gewählter Frequenzintervalle im reduzierten System. Unter bestimmten Vorrausetzungen kann die Stabilität des reduzierten Systems gewährleistet werden. Allerdings ist dann das Fehlen einer Schranke für den Approximationsfehler ein Nachteil dieses Vorschlages.

3.3 Physikalisch orientierte Verfahren

Unter dem Begriff physikalisch orientierte Verfahren sollen jene Methoden zusammengefasst werden, die ohne Transformation des Originalsystems auskommen. Die Ordnungsreduktion gelingt dabei durch Überführung der *wesentlichen* Eigenschaften in das reduzierte System. Aufgrund der großen Bedeutung der »Singulären Perturbation«, die sich in unzähligen praktischen Anwendungen und einer Fülle von Fachaufsätzen zeigt, soll in diesem Abschnitt besonders auf das Konzept dieses Verfahrens eingegangen werden. Die Vorraussetzung zur Anwendung der singulären Perturbation ist die Aufteilung des Originalsystems in ein schnelles und ein langsames Teilsystem. Dies bedeutet, wie später in den Beispielen gezeigt wird, dass dieses Verfahren nur für eine bestimmte Klasse von Systemen, den »Steifen Systemen«, gut anzuwenden ist. Dabei soll unter dem Begriff »Steifes System« ein System verstanden werden, das mindestens *eine* große Lücke zwischen einer Gruppe von langsamen und einer Gruppe von schnellen Eigenwerten aufweist. Ist dies der Fall, so ist das dynamische Verhalten im Wesentlichen durch zwei unterschiedliche Zeitkonstanten gekennzeichnet, die den jeweiligen Gruppen zugeordnet sind. Aus dieser Eigenheit resultieren Näherungsverfahren, die es erlauben, die allgemeine »langsame« Grundlösung bei Prozessbeginn durch eine »schnelle« Teillösung zu ergänzen. Beide Lösungsarten können aus ordnungsreduzierten Systemen gewonnen werden.
Die ersten Arbeiten zur Ordnungsreduktion mittels Singulärer Perturbation sind bereits seit 1965 bekannt. Wesentliche Beiträge dazu sind in [4, 112, 114, 115, 116, 118, 123, 132] zu finden. Eine praktische Anwendung für Gas-Verteilernetze gelang Stelter im Jahr 1987 [113]. Aufgrund der physikalischen Eigenschaften instationärer Gasströmungen gelingt dort die Trennung in schnelle (Druckänderung) und langsame (Durchflussänderung) Teilsysteme. 1984 erschien in [118] ein Übersichtsaufsatz mit mehr als 350 Literaturstellen. In diesem Aufsatz wurde eine Vielzahl von Teilaspekten der Singulären Perturbation, wie z.B. die Anwendung bei »Nichtlinearen« oder »Diskreten« Systemen, die Untersuchung von »Stabilität, Beobachtbarkeit und Steuerbarkeit«, die Auslegung von »Beobachtern« sowie die »Reglerauslegung reduzierter Systeme« angesprochen. Aufgrund der großen Anzahl von Veröffentlichungen würde jeder Teilaspekt wiederum einen Übersichtsausatz rechtfertigen.

3.3.1 Singuläre Perturbation

Die Techniken der Singulären Perturbation sind traditionelle Werkzeuge auf vielen Gebieten, wie beispielsweise der Strömungsmechanik. Sie sind dort in einem breiten Anwendungsbereich hilfreich. So wird z.B. bei der Berechnung der Tragflächenumströmungen die komplexe Navier-Stockes-Gleichung durch 2 wesentlich einfachere Beschreibungsformen ersetzt. Die Umströmung eines Körpers lässt sich durch eine »wandferne«, reibungsfreie Potentialströmung und durch eine »wandnahe«, reibungsbehaftete Grenzschichtströmung darstellen. Generell gilt, dass sich Systembeschreibungen mit schwachen Verkopplungen oder einer möglichen Separation von »schnellen« und »langsamen« Variablen in mindestens zwei Sätze von Differentialgleichungen gruppieren lassen. Die Vorgehensweise, ein System in ein »schnelles« und ein »langsames« Teilsystem, repräsentiert durch die Teilzustandsvektoren $\boldsymbol{x}_1$ und $\boldsymbol{x}_2$, aufzuspalten (Gln. (3.190) (3.191)), vereinfacht die Lösung einer bestimmten Aufgabenstellung durch Untersuchung von Teillösungen der gruppierten Untersysteme und lässt außerdem eine verbesserte (tiefere) Systemeinsicht zu. Weiterhin haben sich solche Systembeschreibungen als besonders hilfreich bei Reglerentwurfsverfahren und bei der Optimierung von Regelungsstrategien erwiesen. Folgende Gleichungen zeigen das aufgespaltete System:

$$\dot{\boldsymbol{x}}_1 = \begin{bmatrix} \boldsymbol{A}_{11} & \boldsymbol{A}_{12} \end{bmatrix} \begin{bmatrix} \boldsymbol{x}_1 \\ \boldsymbol{x}_2 \end{bmatrix} + \boldsymbol{B}_1 \boldsymbol{u}, \tag{3.190}$$

$$\dot{\boldsymbol{x}}_2 = \begin{bmatrix} \boldsymbol{A}_{21} & \boldsymbol{A}_{22} \end{bmatrix} \begin{bmatrix} \boldsymbol{x}_1 \\ \boldsymbol{x}_2 \end{bmatrix} + \boldsymbol{B}_2 \boldsymbol{u}, \tag{3.191}$$

$$\boldsymbol{y} = \begin{pmatrix} \boldsymbol{C}_1 & \boldsymbol{C}_2 \end{pmatrix} \begin{bmatrix} \boldsymbol{x}_1 \\ \boldsymbol{x}_2 \end{bmatrix} + \begin{bmatrix} \boldsymbol{D}_1 \\ \boldsymbol{D}_2 \end{bmatrix} \boldsymbol{u}. \tag{3.192}$$

Grundgedanke der singulären Perturbation zur *Ordnungsreduktion* ist die Eigenschaft, dass während des Ablaufs der langsamen Übergangsvorgänge das schnelle Teilsystem Gl. (3.191) schon seinen stationären Endwert erreicht hat (»quasi-steady-state approach«) und nur noch mit den stationären Endwerten im langsamen Teilsystem vertreten ist. Umgekehrt wird angenommen, dass während des dynamischen Verlaufs des schnellen Teilsystems das langsame Subsystem Gl.(3.190) als konstant angenommen wird. Dies bedeutet die alleinige Betrachtung der Zustandsgrößen, zusammengefasst im Zustandsvektor $\boldsymbol{x}_1$, bei der Untersuchung des langsamen Teilsystems sowie die alleinige Betrachtung des Zustandsvektors $\boldsymbol{x}_2$ bei der Untersuchung des schnellen Teilsystems. Bei der

Simulation der langsamen Dynamik wird die Ableitung des Teilzustandsvektors $\dot{\mathbf{x}}_2$ zu null gesetzt (3.191) und der Anteil des schnellen Teilsystems $\mathbf{x}_2$ in Gl. (3.190) als stationäre Lösung eingesetzt.
Bei diesem Verfahren ist die Stabilität des reduzierten Systems nicht gewährleistet, so dass sich eine Vielzahl von Autoren mit der Frage der Stabilität des reduzierten Systems beschäftigen. Sie geben zum Teil Bedingungen zur Stabilitätsüberprüfung und zur Bestimmung von Fehlergrenzen an [121, 126, 127, 128, 129, 130, 131]. Um festzulegen, an welcher Stelle die Trennung stattfinden kann, wird z.B. in [133] eine Dominanzanalyse durchgeführt. Weitergehende Betrachtungen dazu sind in [125] zu finden. Im Hinblick auf die Problematik der Systemseperation sind die Verfahren der singulären Perturbation den modalen und, wie später noch beschrieben, den balancierten Verfahren verwandt.
In der praktischen Anwendung wird das System ((3.190), (3.191)) oftmals umgeformt. Falls bekannt ist, dass die transienten Vorgänge des schnellen Teilsystems Gl. (3.191) um den Faktor $1/\varepsilon$ schneller sind als diejenigen des langsamen Teilsystems Gl. (3.190), wird der Skalierungsfaktor ε eingeführt, um das System in folgende Form zu bringen:

$$\begin{bmatrix} 1 & 0 \\ 0 & \varepsilon \end{bmatrix}\begin{bmatrix} \dot{x}_1 \\ \dot{x}_2 \end{bmatrix} = \begin{bmatrix} 1 & 0 \\ 0 & 1 \end{bmatrix}\begin{bmatrix} A_{11} & A_{12} \\ A_{21} & A_{22} \end{bmatrix}\begin{bmatrix} x_1 \\ x_2 \end{bmatrix} + \begin{bmatrix} 1 & 0 \\ 0 & 1 \end{bmatrix}\begin{bmatrix} \mathbf{B}_1 \\ \mathbf{B}_2 \end{bmatrix}\mathbf{u}. \tag{3.193}$$

Die singuläre Perturbation wird in vielen verschiedenen Bereichen eingesetzt, bei denen unterschiedliche Größenordnungen für Zeitkonstanten, Frequenzen, Massen oder Verstärkungsfaktoren auftreten. So wurden diese Verfahren bei elektrischen Systemen [105, 122] mit regelungstechnischen Problemstellungen [108], bei biochemischen Modellen [102] sowie bei Arbeiten über Kernkraftwerke [104, 106, 109] angewendet. Bei biochemischen Modellen beispielsweise indiziert der Faktor ε geringe Mengen eines Enzyms. Bei der Beschreibung kerntechnischer Vorgänge bezieht sich der Faktor ε auf die Anzahl schneller Neutronen oder gibt die Zeitkonstanten von Stellelementen bei regelungstechnischen Aufgaben wieder. Eine weite Verbreitung haben die Verfahren der singulären Perturbation bei Modellen für Flugzeuge oder Raketen gefunden [103, 107, 110].
Als erste Vereinfachung wird nun der Faktor $\varepsilon \to 0$ gesetzt, so dass das dynamische Verhalten des schnellen Teilsystems $\dot{\mathbf{x}}_2$ vernachlässigt wird:

$$\begin{bmatrix} \dot{x}_1 \\ \mathbf{0} \end{bmatrix} = \begin{bmatrix} A_{11} & A_{12} \\ A_{21} & A_{22} \end{bmatrix}\begin{bmatrix} x_1 \\ x_{2ss} \end{bmatrix} + \begin{bmatrix} \mathbf{B}_1 \\ \mathbf{B}_2 \end{bmatrix}\mathbf{u}. \tag{3.194}$$

Je stärker das Verhältnis ε der schnellen zu den langsamen Zeitkonstanten nach null strebt, desto bessere Ergebnisse sind zu erwarten. Aus der zweiten Zeile von Gl. (3.194) wird nun eine algebraische Gleichung zur Bestimmung des stationären Zustandes $\mathbf{x}_{2ss}$ von $\mathbf{x}_2$ entwickelt:

$$\underbrace{\lim}_{\varepsilon \to 0} \varepsilon \dot{\boldsymbol{x}}_2 = 0 \Rightarrow \boldsymbol{A}_{21}\boldsymbol{x}_1 + \boldsymbol{A}_{22}\boldsymbol{x}_{2ss} + \boldsymbol{B}_2\boldsymbol{u} = \boldsymbol{0}. \tag{3.195}$$

$$\boldsymbol{x}_{2ss} = -\left(\boldsymbol{A}_{22}^{-1}\right)\left(\boldsymbol{A}_{21}\boldsymbol{x}_1 + \boldsymbol{B}_2\boldsymbol{u}\right).. \tag{3.196}$$

Darin kennzeichnet der Zustandsvektor $\boldsymbol{x}_{2ss}$ den stationären Zustand von $\boldsymbol{x}_2\,(t \to \infty)$, $(\boldsymbol{x}_{2ss} = \lim \boldsymbol{x}_2\,(t \to \infty))$, falls er existiert. Unter der Voraussetzung eines existierenden stationären Zustandes von $\boldsymbol{x}_2$ berechnet sich $\boldsymbol{x}_{2ss}$ aus Gl.(3.196). Diese Vorgehensweise garantiert die stationäre Genauigkeit des reduzierten Systems, darf aber nicht darüber hinwegtäuschen, dass besonders am Beginn des Übergangverhaltens eine erhebliche Abweichung des reduzierten Systems vom Originalsystem besteht. Weiterhin muss die Teilzustandsmatrix $\boldsymbol{A}_{22}$ invertierbar sein.
Falls ε nach null geht, wird die Zeitabhängigkeit des schnellen Teilsystems durch Einsetzen von Gl. (3.196) in Gl. (3.194) vernachlässigt. Das reduzierte System der Ordnung r ist damit durch folgende Zustandsraumdarstellung bestimmt [5]:

$$\dot{\tilde{\boldsymbol{x}}}_1 = \underbrace{\left[\boldsymbol{A}_{11} - \boldsymbol{A}_{12}\boldsymbol{A}_{22}^{-1}\boldsymbol{A}_{21}\right]}_{\boldsymbol{A}_r}\tilde{\boldsymbol{x}}_1 + \underbrace{\left[\boldsymbol{B}_1 - \boldsymbol{A}_{12}\boldsymbol{A}_{22}^{-1}\boldsymbol{B}_2\right]}_{\boldsymbol{B}_r}\boldsymbol{u} \tag{3.197}$$

$$\tilde{\boldsymbol{y}} = \underbrace{\left(\boldsymbol{C}_1 - \boldsymbol{C}_2\boldsymbol{A}_{22}^{-1}\boldsymbol{A}_{21}\right)}_{\boldsymbol{C}_r}\tilde{\boldsymbol{x}}_1 + \underbrace{\left(\boldsymbol{D} - \boldsymbol{C}_2\boldsymbol{A}_{22}^{-1}\boldsymbol{B}_2\right)}_{\boldsymbol{D}_r}\boldsymbol{u}. \tag{3.198}$$

Anhand eines einfachen Beispiels mit unterschiedlichen Größenordnungen bei den Zeitkonstanten wird die grundsätzliche Vorgehensweise verdeutlicht:

$$\dot{x}_1 = -x_1 + x_2 + u. \tag{3.199}$$

$$\dot{x}_2 = -\frac{1}{\varepsilon}x_2 + u. \tag{3.200}$$

Multipliziert man Gl. (3.200) mit dem Faktor ε, so erhält man:

$$\varepsilon \cdot \dot{x}_2 = -x_2 + \varepsilon u. \tag{3.201}$$

Ist ε – die Zeitkonstante dieser Differentialgleichung – sehr klein, kann man Gl. (3.201) null setzen. Um den stationären Anteil dennoch zu berücksichtigen, wird nach $\boldsymbol{x}_2$ aufgelöst und das Ergebnis in Gl. (3.199) eingesetzt.
Als Ergebnis erhält man mit

$$\dot{\tilde{x}}_1 = -\tilde{x}_1 + (1+\varepsilon)u \tag{3.202}$$

das reduzierte und stationär genaue System. Analog geht man für umfangreichere Systeme vor. Unabhängig davon, ob im Originalsystem ein Durchgriff vorhanden war oder nicht, kann im reduzierten System $\boldsymbol{D} \neq 0$ werden und ein sprungfähiges System entstehen. Um diesen Effekt zu veranschaulichen, wird folgendes Originalsystem ohne Durchgriff ($\boldsymbol{D}$ = 0) betrachtet:

$$\begin{aligned} \dot{x} &= \begin{bmatrix} -1 & 0 \\ 0 & -2 \end{bmatrix} x + \begin{bmatrix} 0,5 \\ 1 \end{bmatrix} u, \\ y &= \begin{bmatrix} 1 & 0,5 \end{bmatrix} x. \end{aligned} \tag{3.203}$$

Dieses einfache System 2. Ordnung wird auf ein System 1. Ordnung reduziert. Die Generierung der Durchgriffsmatrix $\boldsymbol{D}$ ist dabei verfahrensbedingt:

$$\begin{aligned} \dot{x}_I &= -x_I + 0,5u, \\ y &= x_I + \underbrace{0,25}_{d} u. \end{aligned} \tag{3.204}$$

Die Sprungantwort in Bild 3.27 zeigt den Einfluss des entstandenen Durchgriffs, nämlich den Sprung am Anfang, wohingegen der Endwert genau übereinstimmt. In diesem Beispiel ist auch das reduzierte System stabil. Jedoch wird diese Anforderung, die an ein Reduktionsverfahren gestellt wird, trotz eines stabilen Originalsystems bei der Singulären Perturbation nicht generell erfüllt [14].
Bei größeren Systemen kann es problematisch sein ein Entscheidungskriterium zur Aufteilung des Originalsystems in einen schnellen und einen langsamen Teil zu finden. Grundlegende Arbeiten dazu sind in [118] und [125] angegeben. In [5] wurde als Entscheidungskriterium folgende Bedingung formuliert:

$$\underbrace{\min}_{i} \left| \lambda_i \{\boldsymbol{A}_{22}\} \right| > \underbrace{\max}_{j} \left| \lambda_j \{\boldsymbol{A}_{11} - \boldsymbol{A}_{12}\boldsymbol{A}_{22}^{-1}\boldsymbol{A}_{21}\} \right|, i = r, \ldots, n;\ j = 1, \ldots, r, \tag{3.205}$$

und

$$\mathrm{Re}\left(\lambda_i \{\boldsymbol{A}_{22}\}\right) < 0. \tag{3.206}$$

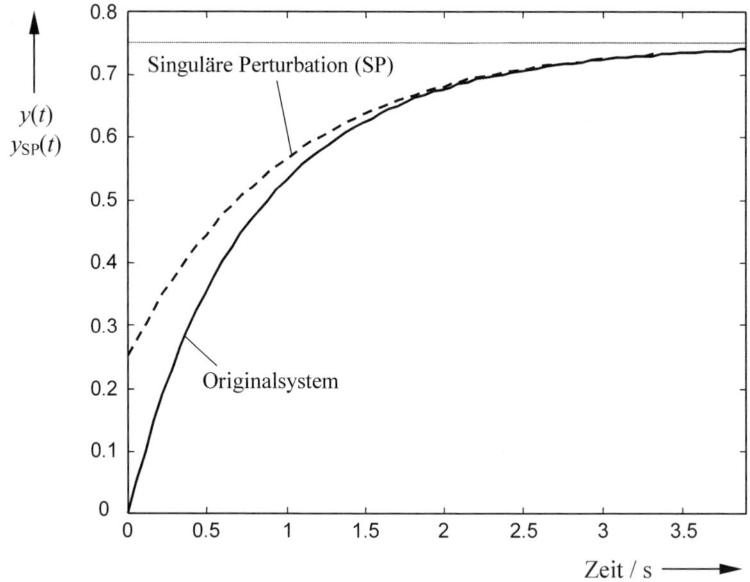

Bild 3.27: Sprungantworten des Originalsystems und des durch die »Singuläre Perturbation« reduzierten Systems

Dabei bezeichnet $\text{Re}(\lambda_i\{\boldsymbol{A}_{22}\})$ die Realteile der Eigenwerte der Systemmatrix $\boldsymbol{A}_{22}$. Mit dieser Bedingung gelingt eine Aufteilung des Originalsystems in ein partitioniertes System, beschrieben durch den Gleichungssatz (3.190), (3.191), (3.192). Anschließend wird dieses Gleichungssystem durch (3.194) ersetzt. Daraus folgt das reduzierte System mit den in den Gln. (3.197) und (3.198) angegebenen Systemmatrizen.

Weitere Kriterien zur Bestimmung der Aufteilung in ein schnelles und ein langsames Teilsystem wurden in [21] und [22] vorgeschlagen, ließen sich jedoch, wie in [14] gezeigt wurde, an einigen Beispielen widerlegen.

Die beschriebene Vorgehensweise der Approximation eines Systems n-ter Ordnung durch ein vereinfachtes, angenähertes System r-ter Ordnung wird als »Singuläre Perturbation« bezeichnet. Die Vorteile liegen zum einen in der »Einfachheit« des Verfahrens und zum anderen darin, dass keine Koordinatentransformationen oder komplexe mathematische Herleitungen notwendig sind. Die stationäre Genauigkeit ist gewährleistet. Trotz der genannten Vorzüge müssen bei der Anwendung der Singulären Perturbation folgende Probleme bedacht werden:

- Eventuelle Schwierigkeiten bei der Zerlegung in ein schnelles und ein langsames Teilsystem. Das Verfahren lässt sich nur bei der Klasse der »Steifen Systeme« gut anwenden.
- Aus einem stabilen Originalsystem kann ein instabiles reduziertes System entstehen.
- Die Teilsystemmatrix $\boldsymbol{A}_{22}$ muss invertierbar sein.

- Die Reduktionsordnung ist nicht frei wählbar, sondern wird durch die Aufteilung in ein schnelles und ein langsames Teilsystem vorgegeben. Eine Reduzierung darüber hinaus erscheint mit diesen Verfahren als nicht praktikabel.
- Im Allgemeinen ergeben sich sprungfähige reduzierte Systeme. Diese Problematik ist verfahrensbedingt.

3.3.2 Singuläre Perturbation von balancierten Systemen (Mehrstufiges Verfahren)

Abgeschnittene balancierte Realisierungen liefern gute Näherungen für hohe Frequenzen, führen jedoch bei niedrigen Frequenzen zu schlechten Resultaten. Die singuläre Perturbation zeigt ein genau umgekehrtes Verhalten [5]. Daher ist es naheliegend, ein kombiniertes Verfahren zur Ordnungsreduktion zu verwenden, wie es Liu und Anderson in [5] vorschlagen. Vorteil dieser Vorgehensweise ist die gleichmäßige Verteilung des entstehenden Fehlers über den gesamten Frequenzbereich. Dazu wird die Methode der singulären Perturbation zur Ordnungsreduktion nicht auf das Originalsystem angewandt, sondern auf ein bereits balanciertes System, wie es in Abschnitt 3.2.2 eingehend beschrieben wird. Aufgrund der Tatsache, dass der Vorgang der Ordnungsreduktion nicht durch ein »Abschneiden« erfolgt, wie es charakteristisch für die in Abschnitt 3.2.2 vorgestellte balancierte Methode von Moore ist, werden die hier angesprochenen gemischten Verfahren der Klasse der Singulären Perturbation zugeordnet [5, 119, 120].
Unter der Vorraussetzung, dass das balancierte Originalsystem folgende Eigenschaften hat:

- linear,
- zeitinvariant,
- steuer- und beobachtbar,
- asymptotisch stabil,

weist das durch die Methode der Singulären Perturbation reduzierte System die selben Eigenschaften auf [5, 23]. Somit ist sichergestellt, dass bei der Ordnungsreduktion ein stabiles System entsteht. Die Begriffe »Steuer- und Beobachtbarkeit« sowie der Ausdruck »Asymptotische Stabilität« werden in Abschnitt 3.5 und Abschnitt 5.1 näher erläutert. Bei der Durchführung des gemischten Verfahrens zur Modellreduktion ergeben sich verschiedene Möglichkeiten, die nachfolgend an einem Beispiel illustriert werden.

I) Mehrstufiges **stationär** ungenaues Verfahren

Die Vorgehensweise ist denkbar einfach. Das Systemmodell wird zunächst balanciert. Anschließend wird durch »Abschneiden« ein Zwischensystem erzeugt, das noch nicht die gewünschte Ordnung des reduzierten Systems aufweist.

Anschließend wird mit dem Verfahren der »Singulären Perturbation« ein zweiter Reduktionsschritt durchgeführt. Die Anwendung der singulären Perturbation zur Ordnungsreduktion an einem balancierten Modell liefert ein balanciertes reduziertes Modell [5]. Allerdings ergeben sich unterschiedliche Ergebnisse, falls die Schrittfolge bei der Anwendung vertauscht wird. Die Anwendung auf das Beispiel (3.78) zeigt dies bei Reduktion auf die 2. Ordnung.

Die Eigenwerte des Originalsystems lauten:

$\lambda_1 = -1,00$; $\lambda_2 = -3,00$; $\lambda_3 = -5,00$; $\lambda_4 = -10,00$;

- *1. Schritt* Reduzierung des Originalsystems durch Abschneiden (A) von der 4. auf die 3. Ordnung. Das Verfahren von Davison kommt hier zum Einsatz ($\lambda_4 = -10,00$ wird vernachlässigt).
- *2. Schritt* Anwendung der singulären Perturbation (SP), um eine weitere Reduktion auf die 2. Ordnung durchzuführen.

Man erhält daraus das durch Abschneiden und anschließender singulärer Perturbation reduzierte und mit (A/SP) bezeichnete System Gl. (3.207).

$$\dot{\boldsymbol{x}}_\mathrm{r} = \begin{bmatrix} -0,42405 & 1,2626 \\ -1,2626 & -3,7796 \end{bmatrix} \boldsymbol{x}_\mathrm{r} + \begin{bmatrix} 0,11626 \\ 0,1435 \end{bmatrix} u,$$

$$y = \begin{bmatrix} 0,11626 & -0,1435 \end{bmatrix} \boldsymbol{x}_\mathrm{r} + 2,5441 \cdot 10^{-4} u. \tag{3.207}$$

Die Eigenwerte des reduzierten Systems ergeben sich zu $\lambda_1 = -0,9979$; $\lambda_2 = -3,2067$:

- *1. Schritt* Reduzierung des Originalsystems durch das Verfahren der Singulären Perturbation (SP) von der 4. auf die 3. Ordnung.
- *2. Schritt* Weitergehende Reduzierung auf die 2.Ordnung durch Abschneiden (A). Das Verfahren von Davison kommt hier zum Einsatz.

Man erhält daraus das mit (SP/A) bezeichnete System Gl.(3.208):

$$\dot{\boldsymbol{x}}_\mathrm{r} = \begin{bmatrix} -0,43869 & 1,1628 \\ -1,1628 & -3,0986 \end{bmatrix} \boldsymbol{x}_\mathrm{r} + \begin{bmatrix} 0,11825 \\ 0,12993 \end{bmatrix} u,$$

$$y = \begin{bmatrix} 0,11825 & -0,12993 \end{bmatrix} \boldsymbol{x}_\mathrm{r} + -1,6012 \cdot 10^{-5} u. \tag{3.208}$$

Die Eigenwerte des reduzierten Systems ergeben sich zu: $\lambda_1 = -1,1231$; $\lambda_1 = -2,4142$.

In Bild 3.28 sind die Bodediagramme der reduzierten Systeme und des Originalsystems dargestellt. Es ergeben sich für die singuläre Perturbation (SP) und dem mit A/SP bezeichneten Verfahren, nicht zu unterscheidende identische Kur-

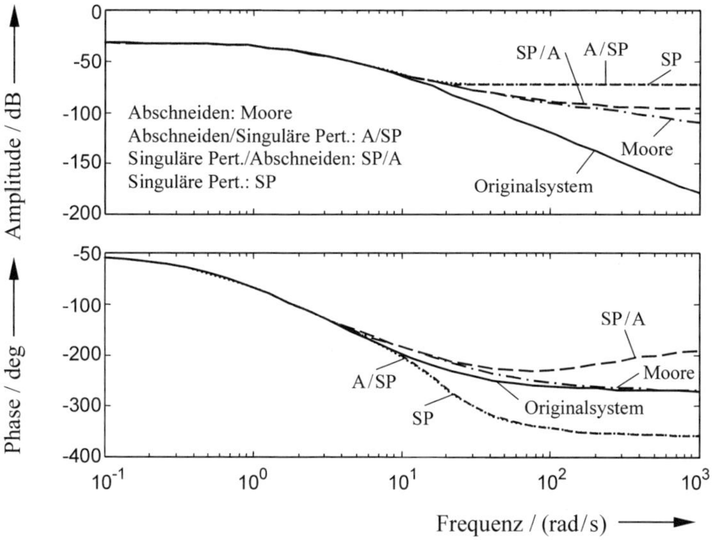

Bild 3.28: Bodediagramme des Originalsystems und verschiedener reduzierter Systeme

venverläufe in dieser Darstellung. Die reine singuläre Perturbation liefert bei niedrigen Frequenzen eine sehr gute Näherung, weicht allerdings bei höheren Frequenzen stark vom Originalsystem ab. Betrachtet man die kombinierten Verfahren SP/A und die A/SP, so erkennt man, dass sie schlechtere Näherungen liefern als das rein abgeschnittene Verfahren von Moore (Balancieren), allerdings bei hohen Frequenzen genauer als die singuläre Perturbation sind.

Zur Verdeutlichung des sprungfähigen Anfangsverhaltens und der stationären Abweichung, die bei dieser Vorgehensweise erzeugt werden, dient zusätzlich folgendes Beispiel. Dabei wird ausgehend von einem Originalsystem 6. Ordnung im ersten Schritt ein Modell 2.Ordnung erzeugt, das dann im zweiten Schritt auf eine Systemdarstellung 1. Ordnung reduziert wird:

$$\dot{\boldsymbol{x}} = \begin{bmatrix} -21 & -10{,}94 & -5{,}72 & -3{,}17 & -0{,}86 & -0{,}35 \\ 16 & 0 & 0 & 0 & 0 & 0 \\ 0 & 8 & 0 & 0 & 0 & 0 \\ 0 & 0 & 4 & 0 & 0 & 0 \\ 0 & 0 & 0 & 4 & 0 & 0 \\ 0 & 0 & 0 & 0 & 1 & 0 \end{bmatrix} \boldsymbol{x} + \begin{bmatrix} 0{,}5 \\ 0 \\ 0 \\ 0 \\ 0 \\ 0 \end{bmatrix} u, \tag{3.209}$$

$$y = \begin{bmatrix} 0 & 0 & 0{,}02 & 0{,}09 & 0{,}17 & 0{,}49 \end{bmatrix} \boldsymbol{x}.$$

Die Eigenwerte und die Nullstellen des Originalsystems lauten:

$\lambda_1 = -1{,}00$; $\lambda_2 = -2{,}00$; $\lambda_3 = -3{,}00$; $\lambda_4 = -4{,}00$; $\lambda_5 = -5{,}00$; $\lambda_6 = -6{,}00$;
$n_1 = -7{,}00$; $n_2 = -8{,}00$; $n_3 = -9{,}00$

- *1. Schritt* Reduzierung des Originalsystems durch Abschneiden von der 6. auf die 2. Ordnung. Das Verfahren von Davison wird hier verwendet.
- *2. Schritt* Anwendung der singulären Perturbation, um eine weitere Reduktion auf die 1. Ordnung durchzuführen.

Man erhält daraus das, durch Abschneiden und anschließender singulärer Perturbation erzeugte, reduzierte System mit dem Eigenwert $\lambda_1 = -0{,}72$:

$$\begin{aligned} \dot{x}_r &= -0{,}72 x_r + 0{,}82 u\,, \\ y &= 0{,}82 x_r - 0{,}27 u\,. \end{aligned} \tag{3.210}$$

- *1. Schritt* Reduzierung des Originalsystems durch das Verfahren der Singulären Perturbation von der 6. auf die 2. Ordnung.
- *2. Schritt* Weitergehende Reduzierung auf die 1.Ordnung durch Abschneiden. Das Verfahren von Davison kommt hier zum Einsatz.

Man erhält daraus folgende reduzierte Systemdarstellung mit dem Eigenwert $\lambda_1 = -0{,}20$:

$$\begin{aligned} \dot{x}_r &= -0{,}20 x_r + 0{,}43 u\,, \\ y &= 0{,}43 x_r - 0{,}03 u\,. \end{aligned} \tag{3.211}$$

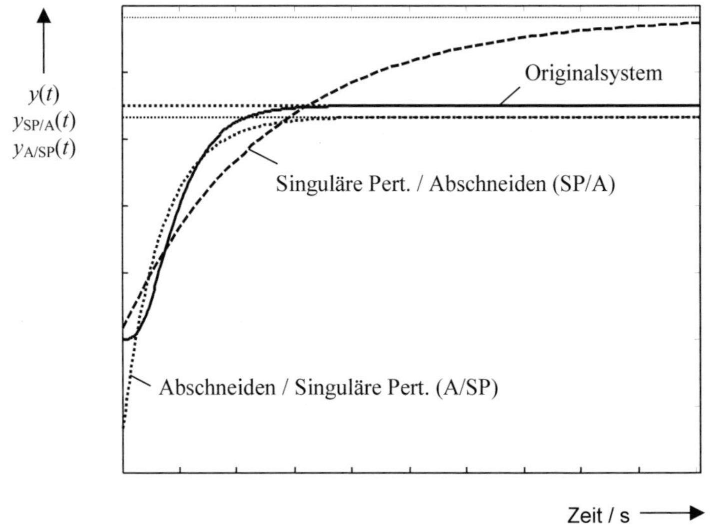

Bild 3.29: Sprungantworten des Originalsystems und der reduzierten Systeme nach Liu [5]

Bild 3.29 zeigt die sprungfähigen, stationär ungenauen reduzierten Systeme, die bei den mehrstufigen Verfahren entstehen. Dies war zu erwarten, da der stationäre Fehler durch das Reduktionsfahren »Abschneiden« hervorgerufen wird. Durch die singuläre Perturbation entsteht ein verfahrensbedingtes sprungfähiges Anfangsverhalten (Durchgriff). Obwohl der Wert für den Durchgriff sehr klein ist, ist er bei Betrachtung des Anfangsverhaltens nicht vernachlässigbar.

II) Mehrstufiges **stationär genaues** Verfahren

In diesem Abschnitt wird ein mehrstufiges Verfahren nach [80] angegeben, das den Nachteil des stationären Fehlers beim stationär ungenauen Verfahren nach Liu [5] korrigiert. Dazu wird die Reduktion durch Abschneiden, wie Liu [5] sie vorschlägt, durch eine stationär genaue Reduktion nach Guth (siehe Abschnitt 3.2.2.2) ersetzt. Auch hier spielt die Reihenfolge eine Rolle, wie man am Beispielsystem aus (3.209) erkennen kann.

- Zunächst wird das Originalsystem nach Guth [18] von der 6. auf die 2. Ordnung reduziert, anschließend folgt das Verfahren der singulären Perturbation von der Ordnung 2 auf die Ordnung 1. Man erhält daraus folgende Systemdarstellung Gl.(3.212):

$$\begin{aligned} \dot{x}_r &= -0,72x_r + 0,88u \,, \\ y &= 0,84x_r - 0,33u \,, \end{aligned} \tag{3.212}$$

  mit dem Eigenwert $\lambda_1 = -0,72$.

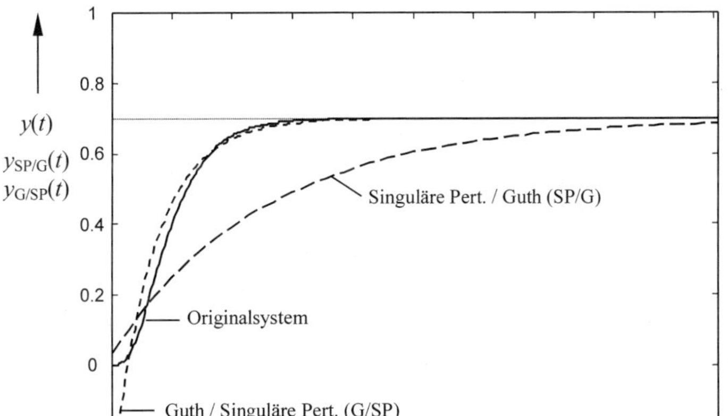

Bild 3.30: Sprungantworten des Originalsystems und der stationär genau, mehrstufig reduzierten Systeme 2. Ordnung

- Zunächst wird das System mit der Methode der Singulären Perturbation von der 6. auf die 2. Ordnung reduziert, anschließend folgt eine weitere Reduktion durch das Verfahren von Guth von der 2. auf die 1. Ordnung:

$$\begin{aligned} \dot{x}_r &= -0{,}19 x_r + 0{,}24 u\,, \\ y &= 0{,}55 x_r + 0{,}03 u\,, \end{aligned} \tag{3.213}$$

mit dem Eigenwert des reduzierten Systems von $\lambda_1 = -0{,}19$.

Die Sprungantworten in Bild 3.30 zeigen nunmehr die stationäre Genauigkeit, die mit diesen Methoden erzielt werden kann. Eine zusätzliche Verbesserung im Anfangsverhalten kann durch weitere Modifikationen [19] erreicht werden.

3.4 Dominanzuntersuchung

Bei der modalen Ordnungsreduktion wird das System nach der Modaltransformation in einen dominanten und einen nicht dominanten Teil aufgespaltet. Dabei stellt sich das Problem, die dominanten Eigenwerte zu bestimmen. Gelingt dies, werden diese im reduzierten Modell beibehalten, so dass eine möglichst gute Übereinstimmung im dynamischen Verhalten von Originalmodell und reduziertem Modell besteht. Die Entscheidung, welche Eigenwerte als dominant bzw. als wesentlich zu werten sind, liefert die Dominanzanalyse. Dabei sollen Dominanzmaße Auskunft geben, welche Eigenwerte zur Nachbildung des Übertragungsverhaltens eines Systems berücksichtigt werden müssen. Jedem Eigenwert wird eine Maßzahl zugeordnet. Je höher die Maßzahl ist, desto bedeutender ist der betreffende Eigenwert für das dynamische Verhalten des Gesamtsystems. Zu beachten ist, dass bei Mehrgrößensystemen die der imaginären Achse am nächsten liegenden Eigenwerte nicht notwendigerweise die dominanten Eigenwerte bezüglich des dynamischen Verhaltens sind.
Aufbauend auf dem ursprünglichen Dominanzbegriff von Davison [6] und Marshall [7], die den Abstand eines Eigenwertes von der j-Achse als Bewertungsmaß heranziehen, gibt Litz in [10] und [92] ein weiterführendes Beurteilungskriterium an. So wird zusätzlich die Größenordnung, mit der ein Eigenwert an der Amplitude der Systemantwort beteiligt ist, berücksichtigt. Hierzu werden die einzelnen Übertragungsfunktionen des Systems in eine Partialbruchzerlegung überführt. Die Residuen der jeweiligen Eigenwerte werden dann zur Beurteilung der Dominanz herangezogen. Die damit erhaltenen Dominanzkennzahlen erlauben eine einfache Auswahl, der für ein zu reduzierendes System notwendigen dominanten Eigenwerte.
Zur einfachen Darstellung des Verfahrens wird auf mehrfache und konjugiert komplexe Eigenwerte verzichtet. Ausgehend von der Zustandsgleichung in Modalform (Gln. (3.4), (3.5)) werden für alle möglichen Ein-/Ausgangskombinationen die dazugehörigen Residuen der Übertragungsfunktion $F_{ij}(s)$ bestimmt:

$$F_{ij}(s) = \frac{Y_i(s)}{U_j(s)} = \left(\frac{c_{i1}^* b_{1j}^*}{s-\lambda_1} + \ldots + \frac{c_{in}^* b_{nj}^*}{s-\lambda_n} \right). \tag{3.214}$$

In Gl. (3.214) bezeichnen die Elemente $c^*_{i,1\ldots n}$ die *i*-te Zeile der transformierten Ausgangsmatrix $\boldsymbol{C}^*$ und die Koeffizienten $b^*_{1\ldots n,j}$ die *j*-te Spalte der transformierten Eingangsmatrix $\boldsymbol{B}^*$. Das Verhältnis $Y_i(s)/U_j(s)$ beschreibt den Übertragungsweg vom *j*-ten Eingang zum Ausgang *i*. Der Anteil, den ein bestimmter Eigenwert am Übertragungsweg *i-j* beisteuert, hängt vom folgenden Quotienten ab:

$$q_{ikj} = \frac{c_{ik}^* b_{kj}^*}{\lambda_k}. \tag{3.215}$$

Für betragsmäßig sehr große Eigenwerte ergibt sich für den Betrag von $|q_{ikj}|$ ein kleiner Wert. Dies entspricht der ursprünglichen Dominanzaussage von Marshall und Davison die besagt, dass betragsmäßig große Eigenwerte vernachlässigt werden können. Darüber hinaus kann $|q_{ikj}|$ den Wert null annehmen, wenn einer der beiden Koeffizienten c^*_{ik} oder b^*_{kj} zu Null wird, obwohl der entsprechende Eigenwert nahe an der imaginären Achse liegt. Dies bedeutet, falls $b^*_{kj} = 0$ ist, dass die *k*-te Zustandsgröße $\mathbf{x}$ von der *j*-ten Eingangsgröße aus nicht steuerbar ist. Für $c^*_{ik} = 0$ ist die Zustandsgröße $\mathbf{x}_k$ über die *i*-te Ausgangsgröße nicht beobachtbar. Die Dominanzkennzahl q_{ikj} gibt an, wie stark der Einfluss des Eigenwertes λ_k an der Systemantwort im Übertragungsweg *i-j* ist. Zur Beurteilung, inwieweit der Eigenwert λ_k im Vergleich zu den restlichen Eigenwerten daran beteiligt ist, wird noch eine weitere Maßzahl eingeführt. Dazu wird die Maßzahl q_{ikj} auf den stationären Endwert $y_{ij\infty}$ der Übergangsfunktion bezogen:

$$r_{ikj} = \frac{|q_{ikj}|}{|y_{ij\infty}|} \tag{3.216}$$

Zur Beurteilung der »Nichtdominanz« gilt nach Litz [10]:

»Nicht dominant bezüglich des i-j-ten Übertragungspfades sind diejenigen Eigenwerte λ_k mit sehr kleinen Werten r_{ikj} .«

Während mit den Einzelmaßen der Einfluss eines Eigenwertes auf einen bestimmten Übertragungsweg angegeben werden kann, ist eine Aussage über die Dominanz eines Eigenwertes in Bezug auf das Gesamtsystem (Strukturdominanz) nicht möglich. Um die Sprungantworten aller möglichen Ein-/ Ausgangskombinationen vergleichen zu können, wird das Dominanzmaß aus Gl. (3.215) auf den maximalen Betrag aller stationären Endwerte des *i*-ten Ausgangs bei den Eingängen $u_{j\max}$ bezogen. Damit ist der Bezug eines Eigenwertes zum Übertragungsverhalten aller Ein- Ausgangskombinationen gegeben:

$$d_{ikj} = \frac{u_{j\max}}{\max\limits_{j=1,\dots,p} \left| y_{ij\infty} u_{j\max} \right|} q_{ikj} . \tag{3.217}$$

Aus Gl. (3.217) werden nun für jeden Eigenwert zwei *Strukturdominanzmaße* (Maximum, Summe) gebildet:

$$M_k = \max_{i=1,\dots,m} \left(\max_{j=1,\dots,p} d_{ikj} \right), \quad k = 1,\dots,n, \tag{3.218}$$

$$S_k = \sum_{i=1}^{m} \left(\sum_{j=1}^{p} d_{ikj} \right), \quad k = 1,\dots,n. \tag{3.219}$$

Ein niedriger Maximumwert M_k für den Eigenwert λ_k in Gl. (3.218) bedeutet, dass dieser Eigenwert in keinem Übertragungsweg dominant ist. Ein Vergleich mit den entsprechenden Werten für die Summe S_k aus Gl. (3.219) gibt an, ob ein Eigenwert in Bezug auf einen Übertragungsweg oder in vielen Übertragungswegen dominant erscheint.
Bei der Bildung des stationären Endwertes y_{ij_∞} können sich die zu den jeweiligen Eigenwerten gehörenden Anteile der Systemantwort kompensieren, damit bei großen Werten für d_{ikj} keine Aussage über die Dominanz eines bestimmten Eigenwertes λ_k im Übertragungspfad *i-j* getroffen werden kann. Folglich werden weitere Dominanzmaße, bei denen dieser Effekt berücksichtigt wird, gesucht. In [11] wird dazu das Dominanzmaß d_{ikj} mit dem Amplitudengang $A_{ij}(\omega)$ bei $\omega = |\lambda_k|$ gewichtet. Damit erhält man eine Kennzahl, die sich aufgrund der Wichtung mit dem Amplitudengang stärker am Übertragungsverhalten orientiert und folglich als *Übertragungsdominanz* bezeichnet wird:

$$\hat{d}_{ikj} = d_{ikj} A_{ij} \left(|\lambda_k| \right). \tag{3.220}$$

Für die Übertragungsdominanz $\hat{d}_{ikj}$ gilt folgende Aussage [10]:

»Dominant bezüglich des i-j-ten Übertragungspfades sind diejenigen Eigenwerte λ_k mit den höchsten Werten $\hat{d}_{ikj}$.«

Für den Summen- und den Maximumwert der Übertragungsdominanz erhält man dann:

$$\hat{M}_k = \max_{i=1,\dots,m} \left(\max_{j=1,\dots,p} \hat{d}_{ikj} \right), \quad k = 1,\dots,n, \tag{3.221}$$

$$\hat{S}_k = \sum_{i=1}^{m} \left(\sum_{j=1}^{p} \hat{d}_{ikj} \right), \quad k = 1,\dots,n. \tag{3.222}$$

Für das Beispiel Triebwerksmodell 13. Ordnung wird nun die Dominanzuntersuchung durchgeführt. Dazu werden für jeden Eigenwert λ_k die Kennwerte M_k und S_k der Strukturdominanz sowie die Kennwerte $\hat{M}_k$ und $\hat{S}_k$ der Übertragungsdominanz gebildet und tabellarisch in Tabelle 3.13 aufgelistet.
Die Auswertung der Tabelle 3.13 ergibt folgendes Ergebnis. Aus den Strukturdominanzmaßen wird deutlich, dass die Eigenwerte λ_2 , λ_3 , λ_7 , λ_8 , λ_{12} und λ_{13} sowohl bei den Einzelmaßen (M_k) als auch bei den Summenmaßen (S_k) die kleinsten Werte aufweisen und damit in Bezug auf das Übertragungsverhalten nicht dominant sind. Bei Betrachtung der Übertragungsdominanzmaße werden die höchsten Werte für die Eigenwerte λ_1, λ_4, λ_5, λ_6, λ_9, λ_{10} und λ_{11} erhalten. Bei Betrachtung der Summenmaße zeigt sich, dass die Eigenwerte λ_1 und λ_4 mit den höchsten Werten, in Bezug auf das Übertragungsverhalten, dominant sind. Bei

Tabelle 3.13: Struktur- und Übertragungsdominanzmaße

	Eigenwerte λ_k		Strukturdominanz		Übertragungsdominanz	
k	Realteil $Re\{\lambda_k\}$	Imaginärteil $\mathrm{Im}\{\lambda_k\}$	Maximum M_k	Summe S_k	Maximum $\hat{M}_k$	Summe $\hat{S}_k$
1	−0,20	0,00	131,16	1025,00	97,24	826,00
2	−119,93	−9,97	20,55	113,05	12,46	63,84
3	−119,93	9,97	20,55	113,05	12,46	63,84
4	−339,58	0,00	245,39	1123,84	226,26	892,01
5	−366,12	−1537,20	95,35	151,41	365,54	380,23
6	−366,12	1537,20	95,35	151,41	365,54	380,23
7	−571,85	−2484,10	4,91	10,52	1,31	1,86
8	−571,85	2484,10	4,91	10,52	1,31	1,86
9	−703,80	0,00	237,12	770,92	70,28	243,36
10	−1321,10	−231,16	177,66	720,88	65,23	141,29
11	−1321,10	231,16	177,66	720,88	65,23	141,29
12	−1,34	0,00	8,17	24,87	3,68	7,77
13	−13482	0,00	0,21	0,27	0,00	0,00

dem Eigenwertpaar $\lambda_{5,6}$ fällt auf, dass die Werte der Übertragungsdominanz wesentlich größer sind als die entsprechenden Werte der Strukturdominanz. Dies bedeutet eine mögliche Resonanzüberhöhung in einem Streckenfrequenzgang bei $\omega= | \lambda_5 |$ und damit eine mögliche Schwingungsfähigkeit bei dieser Frequenz. Da das Eigenwertpaar $\lambda_{5,6}$ zudem ähnliche Werte für die Maximum- und Summenwerte der Übertragungsdominanz aufweist, ist dieses Eigenwertpaar zumindest in einem Übertragungskanal dominant und somit im reduzierten Modell zu berücksichtigen. Damit erhält man ein reduziertes Modell 4. Ordnung mit den dominanten einfachen Eigenwerten λ_1 und λ_4 und dem konjugiert komplexen Eigenwertpaar $\lambda_{5,6}$. In Bild 3.31 ist die gute Übereinstimmung des Übertragungsverhaltens beispielhaft für das Triebwerksmodell für den Massenstrom $\dot{m}_4$ bei der Reduktion auf die 4. Ordnung zu erkennen. Bei einer weitergehenden Ordnungsreduktion auf die Ordnung zwei ist in Bild 3.32 der damit verbundene Fehler im Übertragungsverhalten zu erkennen. Durch Vernachlässigung des komplexen Eigenwertpaares $\lambda_{5,6}$ wird die dazugehörige Schwingung nicht mehr abgebildet.

Ein wesentlicher Nachteil der bisherigen Verfahren zur Dominanzanalyse tritt bei mehrfachen oder nahe beieinanderliegenden Eigenwerten auf. Dabei kann die Steuer- und Beobachtbarkeit verloren gehen, ohne dass die Ein- oder Ausgangsverstärkung des modaltransformierten Systems null wird. Diese Tatsache wird von Litz [92] als mangelnde Konsistenz der Maßzahlen bezeichnet (siehe auch [156]). Ein ergänzender Vorschlag wurde von Benninger [155] diskutiert. Er führt die sogenannte Reduktionsdominanz als Basis für neue Maßzahlen ein. Der Nachteil bisheriger Verfahren, die ungenügende Wiedergabe der Steuer- bzw. Beobachtbarkeit, wird damit beseitigt. Darauf aufbauend werden weiterführende Maßzahlen angegeben, mit deren Hilfe Verkopplungen und Kompensationen erkennbar sind und somit Fehlaussagen in Bezug auf die Dominanz bestimmter Eigenwerte verhindert werden können. Dies wurde in [155] am Beispiel eines Benson-Dampferzeugers gezeigt.

Weitere Maßzahlen K_r, die eine direkte Aussage auf die Ordnung r des zu reduzierenden Systems zulassen, wurden in [70] angegeben. Dabei werden lediglich die Eigenwerte zur Beurteilung herangezogen.

Es gilt folgende Gl.:

$$K_r = \frac{U_{r-1}}{U_r}, \tag{3.223}$$

mit

$$U_r = \left[\frac{1}{\min\{|\lambda_i|\}} - \frac{1}{\mathrm{Re}(\lambda_{r+1})} \right], \quad r \leq i \leq n. \tag{3.224}$$

Die Ordnung des zu reduzierenden Systems ergibt sich aus der Anzahl r von Eigenwerten, für die Gl. (3.223) ein Maximum einnimmt [74].

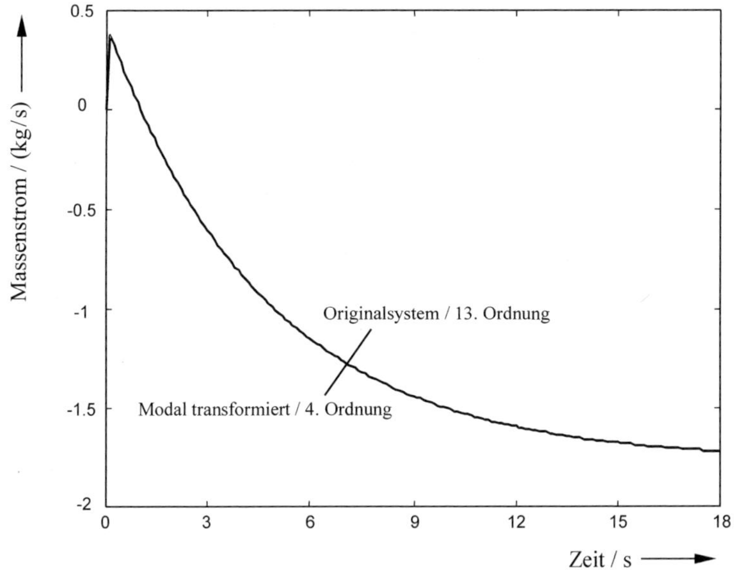

Bild 3.31: Übergangsfunktionen des Massenstromes $\dot{m}_4$ des Originalsystems Triebwerk 13. Ordnung und des nach [10] modal reduzierten Systems 4.Ordnung bei einemStellgrößensprung ($\Delta\dot{m}_B$ = –10%)

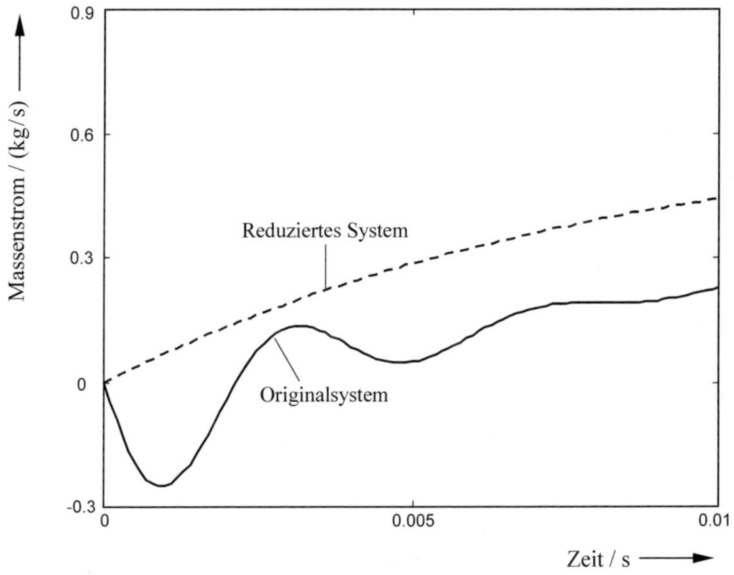

Bild 3.32: Übergangsfunktionen des Massenstromes $\dot{m}_4$ des Originalsystems Triebwerk 13. Ordnung und des nach [10] modal reduzierten Systems 2. Ordnung bei einem Stellgrößensprung ($\Delta\dot{m}_B$ = –10%)

3.5 Steuerbarkeit und Beobachtbarkeit

In diesem Abschnitt wird allgemein der Begriff von Steuerbarkeit und Beobachtbarkeit [72] erläutert, da viele Ordnungsreduktionsverfahren in ihrer Urfassung ein steuer- und beobachtbares Ausgangssystem verlangen. Das Begriffspaar *Steuerbarkeit* und *Beobachtbarkeit* wurde in den 60er Jahren von Kalman [205] eingeführt. Diese Begriffe sind wichtig, um die Anwendung von Reglerentwurfsverfahren zu verstehen [72]. Allgemein gilt, dass die Beurteilung der Steuer- und Beobachtbarkeit unabhängig von einer bestimmten Form der Zustandsraumdarstellung ist. Durch Koordinatentransformationen ergeben sich somit keine differierenden Aussagen in Bezug auf die allgemeine Beurteilung der Steuerbarkeit und der Beobachtbarkeit eines Systems. Allerdings lassen sich bei Systemtransformationen, wie z.B. Transformation auf Modalform oder Transformation auf eine balancierte Systemdarstellung, über die allgemeine Beurteilung der Steuer- bzw. der Beobachtbarkeit hinausgehende Erkenntnisse gewinnen. So gelingt es bei der Beurteilung von Steuerbarkeit, ausgehend von einem modaltransformierten System (Bild 3.33), zu entscheiden, welche Systemeigenschaften (Eigenbewegungen) steuerbar und nicht steuerbar sind. Für eine ausführliche Darstellung wird auf [72, 138, 206] verwiesen.
Betrachtet wird wieder das bekannte dynamische System in seiner allgemeinen Darstellung aus den Gln. (3.1) und (3.2) mit den konstanten Systemmatrizen $\boldsymbol{A}, \boldsymbol{B}, \boldsymbol{C}, \boldsymbol{D}$. Es wird angenommen, dass für $t > t_0$ keine Störungen auf das System wirken, so dass der Eingangvektor $\boldsymbol{u}(t)$ nur aus Steuergrößen besteht. Der Vektor $\boldsymbol{y}(t)$ bezeichnet die Messgrößen. Das Ziel der Regelung besteht darin, das zu beeinflussende System durch geeignete Wahl des Steuervektors $\boldsymbol{u}(t)$ aus dem Anfangszustand $\boldsymbol{x}_0$ in einen gewünschten Betriebszustand $\boldsymbol{x}_B$ zu bringen, und zwar in endlicher Zeit. Ist das möglich, so nennt man das System steuerbar. Man gelangt zur folgenden Definition [72]:

»Das System $\dot{\mathbf{x}} = \mathbf{A}\mathbf{x} + \mathbf{B}\mathbf{u}$, $\mathbf{y} = \mathbf{C}\mathbf{x} + \mathbf{D}\mathbf{u}$ heiße steuerbar, wenn sein Zustandvektor $\mathbf{x}$ durch geeignete Wahl des Steuervektors $\mathbf{u}(t)$ in endlicher Zeit aus einem beliebigen Anfangszustand $\mathbf{x}_0$ in den Endzustand $\mathbf{x}_B$ bewegt werden kann.«

Solch ein System nennt man vollständig zustandssteuerbar im Unterschied zur Ausgangssteuerbarkeit. Die Ausgangssteuerbarkeit bezeichnet die Möglichkeit, den Ausgangsvektor $\boldsymbol{y}$ in endlicher Zeit in einen vorgegebenen Endvektor zu überführen [138].
Der Begriff der Beobachtbarkeit hängt eng mit der Steuerbarkeit zusammen. Es liegt auf der Hand, dass der Steuervektor $\boldsymbol{u}(t)$, mit dem man den Zustand $\boldsymbol{x}(t)$ in endlicher Zeit aus dem Anfangzustand in den gewünschten Endzustand überführt, vom Anfangszustand $\boldsymbol{x}_0$ abhängen wird. Um $\boldsymbol{u}(t)$ im konkreten Fall erzeugen zu können, muss man daher $\boldsymbol{x}_0$ kennen. Nun lassen sich aber die Zustandsvariablen nur in Ausnahmenfällen sämtlich messen. Man ist viel mehr auf den Messvektor $\boldsymbol{y}(t)$ angewiesen, um aus dessen Verlauf, und zwar während einer

endlichen Zeitspanne, den Anfangszustand $\mathbf{x}_0$ zu bestimmen. Ist dies möglich, so heißt das System beobachtbar. Man gelangt zur folgenden Definition für die Beobachtbarkeit [72]:

»Das System $\dot{\mathbf{x}} = \mathbf{Ax} + \mathbf{Bu}$*,* $\mathbf{y} = \mathbf{Cx} + \mathbf{Du}$ *heiße beobachtbar, wenn bei bekanntem* $\mathbf{u}(t)$ *aus der Messung von* $\mathbf{y}(t)$ *über eine endliche Zeitspanne der Anfangszustand* $\mathbf{x}(t_0)$ *eindeutig ermittelt werden kann, ganz gleich, wo dieser liegt.«*

Die Begriffe Steuerbarkeit und Beobachtbarkeit lassen sich am Beispiel eines Eingrößensystems mit einfachen Eigenwerten mit Hilfe des Strukturbildes anschaulich darstellen. Man geht bereits von der Diagonalform der Zustandsgleichungen (Modalform) eines nicht sprungfähigen Systems ($\boldsymbol{D} = 0$) aus:

$$\dot{z}_i = \lambda_i z_i + \hat{b}_i u \quad , \quad i = 1, \ldots, n, \tag{3.225}$$

$$y = \sum_{i=1}^{n} \hat{c}_i z_i \,. \tag{3.226}$$

Die graphische Darstellung in Bild 3.33 zeigt, dass z_1 nur durch u beeinflusst werden kann, falls der erste Wert des Eingangsvektors $\hat{b}_1 \neq 0$ ist. Falls $\hat{b}_1 \neq 0$ ist, so ist die Zustandsgröße z_1 nicht steuerbar. Falls $\hat{c}_1 = 0$ ist, hat die Zustandsgröße z_1 keinen Einfluss auf die Messgröße y. Dies bedeutet, dass es nicht möglich ist, durch Messung von y den Wert der Zustandsgröße z_1 zu ermitteln. Die Zustandsgröße ist nicht beobachtbar.

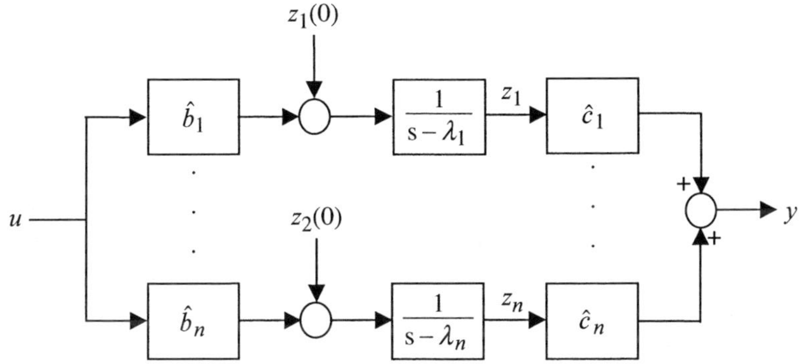

Bild 3.33: Graphische Darstellung [72] des Systems aus Gl. (3.225) und Gl. (3.226)

Föllinger gibt eine Bedingung der Steuer- und Beobachtbarkeit von Eingrößensystemen an:

»Ein System mit nur einer Ein- und Ausgangsgröße und einfachen Eigenwerten ist genau dann steuer- und beobachtbar, wenn alle Eigenwerte Pole der Übertragungsfunktion F(s) sind, wobei

$$F(s) = \sum_{\upsilon=1}^{n} \frac{\hat{b}_\upsilon \, \hat{c}_\upsilon}{s-\lambda_\upsilon} \text{ ist und } \hat{b}_\upsilon, \hat{c}_\upsilon \neq 0 \,.\text{«}$$

Im folgenden Beispiel, entnommen aus [114, 209], werden die Begriffe Steuerbarkeit und Beobachtbarkeit für ein modaltransformiertes System, das sich in ein schnelles und langsames Teilsystem zerlegen lässt, dargestellt.
Zwei Originalsysteme, die in Gl. (3.227) mit AF (Actuator-Form) und BF (Sensor-Form) bezeichnet sind, weisen identische Eigenwerte $\lambda_1 = -1$ und $\lambda_2 = -1/\varepsilon$ auf, sind jedoch unterschiedlich beschrieben:

$$\begin{array}{cc} \text{AF} & \text{SF} \\ \dot{x}_1 = -x_1 + x_2 \,, & \dot{x}_1 = -x_1 + u \,, \\ \varepsilon\dot{x}_2 = -x_2 + u \,, & \varepsilon\dot{x}_2 = x_1 - x_2 \,, \\ y = x_1 \,, & y = x_2 \quad . \end{array} \tag{3.227}$$

Dadurch unterscheiden sie sich in der Reihenfolge der Anordnung ihrer Teilsysteme, wie aus Bild 3.34 zu erkennen ist.
Nach Transformation mit der Eigenvektormatrix $\boldsymbol{V}$ gelangt man zur modaltransformierten Zustandsdarstellung:

$$\begin{array}{ll} \text{AF'} & \text{SF'} \\ \dot{z}_1 = -z_1 + \dfrac{1}{1-\varepsilon} u & \dot{z}_1 = -z_1 + u \,, \\ \varepsilon \dot{z}_2 = -z_2 + u & \varepsilon \dot{z}_2 = -z_2 + \dfrac{\varepsilon}{1-\varepsilon} u \,, \\ y = z_1 - \dfrac{\varepsilon}{1-\varepsilon} z_2 & y = \dfrac{1}{1-\varepsilon} z_1 + z_2 \,. \end{array} \tag{3.228}$$

Die graphische Aufbereitung der modaltransformierten Zustandgrößen (Bilder 3.35 und 3.36) lässt eine Parallelstruktur erkennen. Bei beiden Darstellungen ist die Systemeigenschaft (Zustandsgröße z_1), gekoppelt mit dem Eigenwert $\lambda_1 = -1$, für $\varepsilon > 0$ gut steuer- und beobachtbar. Für den Eigenwert $\lambda_2 = -1/\varepsilon$ ergeben sich jedoch unterschiedliche Aussagen.

Für das mit AF' gekennzeichnete System gilt:

Die Zustandsgröße z_1, charakterisiert durch den langsamen Eigenwert ($\lambda_1 = -1$), ist gut steuer- und beobachtbar, da der zugehörige Wert des Eingangsvektors $\hat{b}_1 = 1/(1-\varepsilon)$ für $\varepsilon \rightarrow 0$ nicht null werden kann und der entsprechende Wert der Ausgangsgleichung $\hat{c}_1 = 1$ konstant ist.
Die Zustandsgröße z_2, charakterisiert durch den schnellen Eigenwert ($\lambda_2 = -1/\varepsilon$), ist gut steuerbar, da der dazugehörige Wert des Eingangsvektors $\hat{b}_1 = 1$ unabhängig von ε ist. Allerdings ist für $\varepsilon \rightarrow 0$ das System nur noch schlecht beob-

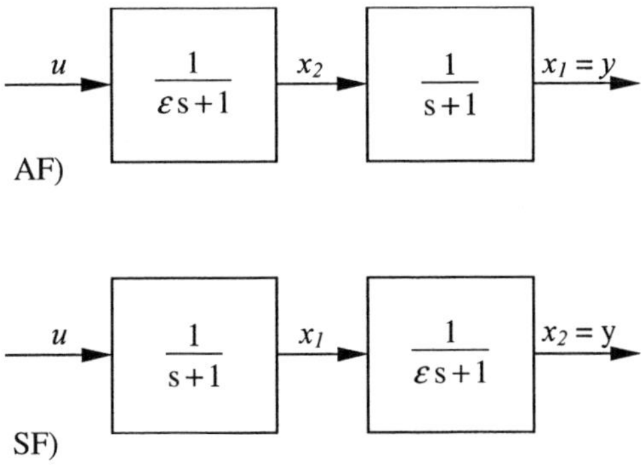

Bild 3.34: AF (Actuator-Form), SF (Sensor-Form)

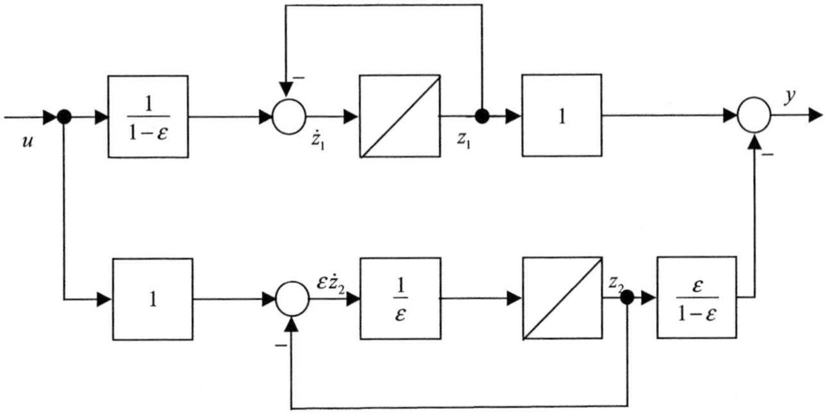

Bild 3.35: Wirkungsplan des modaltransformierten Systems in Actuator-Form (AF') [114, 209]

achtbar, da der entsprechende Wert der Ausgangsgleichung $\hat{c}_1$ ebenfalls nach null strebt und damit der Signalpfad praktisch unterbrochen ist.

Für das mit SF' gekennzeichnete System gilt:

Die Zustandsgröße z_1, charakterisiert durch den langsamen Eigenwert $\lambda_1 = -1$, ist gut steuer- und beobachtbar, da der zugehörige Wert des Ausgangsvektors $\hat{c}_1 = 1 / (1 - \varepsilon)$ für $\varepsilon \to 0$ nicht Null werden kann und der entsprechende Wert der Ausgangsgleichung $\hat{b}_1 = 1$ konstant ist. Die Zustandsgröße z_2, charakterisiert durch den schnellen Eigenwert $\lambda_2 = -1/\varepsilon$, ist schlecht steuerbar, da der dazugehörige Wert des Eingangsvektors $\hat{b}_2 = \varepsilon / (1 - \varepsilon)$ für $\varepsilon \to 0$ ebenfalls nach Null strebt und damit der Signalpfad praktisch unterbrochen ist. Allerdings ist die Zustandgröße gut beobachtbar, da der dazugehörige Wert des Ausgangsvektors $\hat{c}_2 = 1$ unabhängig von ε ist.

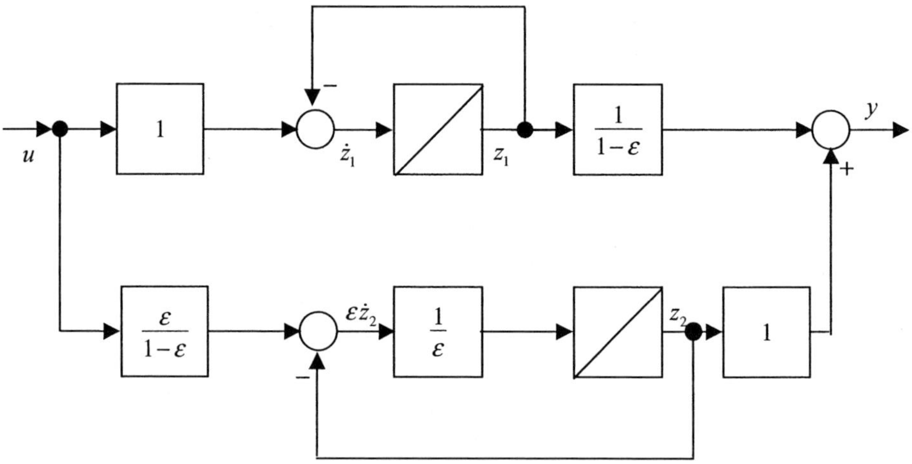

Bild 3.36: Wirkungsplan des modaltransformierten Systems in Sensor-Form (SF') [114, 209]

4 Frequenzbereichsverfahren

Bestimmte Anwendungsfälle bei der Untersuchung dynamischer Systeme erfordern lediglich die Untersuchung des Übertragungsverhaltens von zwei korrespondierenden Signalen. Liegt solch ein Fall vor, ist es sinnvoll, die Modellbeschreibung mit Hilfe der Übertragungsfunktionen als Basis der Betrachtung zu wählen. Diese Verfahren gelangen im Wesentlichen bei SISO-Systemen zum Einsatz [40]. Shamash [44] hat auf ein wesentliches Problem hingewiesen, das bei Anwendung verschiedener Frequenzbereichsverfahren auf Mehrgrößensysteme entstehen kann. Dabei wurden Verfahren betrachtet, die von der Systemdarstellung des Originalsystems als Übertragungsfunktion ausgehen und als verfahrensbedingte Eigenschaft die Stabilität des reduzierten Systems in den Vordergrund stellen [24, 28, 51, 54, 55, 56, 161, 162, 163]. Bei Anwendung auf Mehrgrößensysteme können diese Verfahren zu Modellen reduzierter Ordnung führen, die jedoch eine Modellordnung aufweisen, die höher ist als es dem Übertragungsverhalten des Originalsystems entspricht. Bei Mehrgrößensystemen sind im Allgemeinen die Zustandsraumdarstellungen vorzuziehen, weil dort die Beibehaltung der wesentlichen physikalischen Größen im reduzierten System gelingt. Fragen der Steuerbarkeit und Beobachtbarkeit sind zudem einfacher im Zustandsraum zu bearbeiten. Trotzdem haben Ordnungsreduktionsverfahren im Frequenzbereich große Beachtung gefunden, da der klassische Reglerentwurf auf der Frequenzdarstellung beruht.
Eine mögliche Qualifizierung und Gruppierung der Frequenzbereichsverfahren ist im Folgenden in Anlehnung an [12] angegeben. Dabei werden folgende Grundmethoden unterschieden:

- Methoden der Kettenbruchentwicklung [26, 27].
- Methoden der Zeitmomenten-Anpassung [12, 44, 45, 171].
- Minimierung von Frequenzbereich-Gütefunktionalen [46].
- Invariante Ordnungsreduktion mittels transparenter Parametrierung [58].

Bei den Kettenbruchverfahren wird, ausgehend von der Übertragungsfunktion, eine Reduktion durchgeführt. Die nachfolgenden Algorithmen stellen eine Auswahl der bestehenden Verfahren dar. Eine umfangreichere Übersicht wird in [13] gegeben; darunter sind auch einige gemischte Verfahren wie z.B. die Anwendung der Padé-Approximation in Kombination mit dem Routh-Stabilitätskriterium. Die Methoden der Zeitmomenten-Anpassung sind den Kettenbruchverfahren eng verwandt und führen zu ähnlichen Ergebnissen [12], weshalb sie hier nicht explizit dargestellt werden.

4.1 Kettenbruchverfahren

Ein weit verbreitetes Verfahren zur Ordnungsreduktion von Übertragungsfunktionen beruht auf der Kettenbruchentwicklung [26, 27]. Mit Hilfe der Kettenbruchentwicklung lässt sich ein Modell reduzierter Ordnung mit dem Nennergrad $r < n$ bestimmen. Die reduzierte Übertragungsfunktion ergibt sich dann durch Ausmultiplizieren des abgeschnittenen Kettenbruches. Die Ordnung des reduzierten Zählerpolynoms ergibt sich i.a. um 1 niedriger als die Ordnung des reduzierten Nennerpolynoms [41], so dass der Differenzgrad des reduzierten Systems generell zu 1 wird.
Als Nachteil dieses Reduktionsverfahrens kann zum einen angegeben werden, dass aus einem stabilen Originalsystem ein instabiles reduziertes System hervorgehen kann und zum anderen, dass der Ordnungsunterschied von Zähler- zu Nennerpolynom des reduzierten Systems immer 1 beträgt.

Kettenbrüche werden, ausgehend von einer Übertragungsfunktion

$$F(\mathrm{s}) = \frac{P(\mathrm{s})}{Q(\mathrm{s})}, \tag{4.1}$$

durch schrittweise Division von Nenner- und Zählerpolynom in folgender Form angegeben:

$$\frac{P(\mathrm{s})}{Q(\mathrm{s})} = H_1 + \cfrac{1}{H_2 + \cfrac{1}{H_3 + \cfrac{1}{H_4}} \cdots}. \tag{4.2}$$

Hierbei lassen sich die Koeffizienten H_k ($k = 1, 2, \ldots, n$) mit Hilfe des Euklidischen Algorithmus wie folgt ermitteln [48]:

$$P(\mathrm{s})/Q(\mathrm{s}) = H_1(\mathrm{s}) + R_1(\mathrm{s})/Q(\mathrm{s}), \tag{4.3}$$

$$Q(\mathrm{s})/R_1(\mathrm{s}) = H_2(\mathrm{s}) + R_2(\mathrm{s})/R_1(\mathrm{s}), \tag{4.4}$$

$$R_{n-2}(\mathrm{s})/R_{n-1}(\mathrm{s}) = H_{n-1}(\mathrm{s}) + R_n(\mathrm{s})/R_{n-1}(\mathrm{s}) \text{ mit } 0 < R_n(\mathrm{s})/R_{n-1}(\mathrm{s}) < 1. \tag{4.5}$$

Grundgedanke der Verfahren, die sich mit regelungstechnischen Fragestellungen beschäftigen, wie z.B. [25, 26, 27], ist die Entwicklung einer Übertragungsfunktion $F_n(\mathrm{s})$ in einen Kettenbruch. Die Übertragungsfunktion $F_n(\mathrm{s})$ wird als Produkt zweier Polynome geschrieben:

$$F_n(\mathrm{s}) = \left[\sum_{j=1}^{n} A_{2j}\,\mathrm{s}^{j-1}\right]\left[\sum_{j=1}^{n} A_{1j}\,\mathrm{s}^{j-1}\right]^{-1}. \tag{4.6}$$

Bei der Kettenbruchentwicklung eines Polynoms lassen sich drei Cauer-Formen angeben. Die »Erste CAUER-Form« einer Kettenbruchentwicklung behält die transienten Anteile bei, die »Zweite CAUER-Form« die stationären Anteile, während die »Dritte (gemischte) CAUER-Form« sowohl die stationären als auch die transienten Anteile des Originalsystems nachbildet [52].

Erste Cauer-Form

Die erste CAUER-Form wird als Kettenbruchentwicklung im Unendlichen bezeichnet [48]. Für die Entwicklung der Ersten CAUER-Form wird vorausgesetzt, dass $F(\mathrm{s})$ mit $\mathrm{s} \to \infty$ einen von null verschiedenen, konstanten Wert annimmt. Der Kettenbruch erscheint dann in folgender Form:

$$F_n(\mathrm{s}) = \left[H_1\,\mathrm{s} + \left[H_2 + \left[H_3\,\mathrm{s} + \left[H_4 + [\ldots]^{-1}\right]^{-1}\right]^{-1}\right]^{-1}\right]^{-1}. \tag{4.7}$$

Zweite Cauer Form

Bei der Darstellung der Zweiten Cauer-Form werden die Potenzen von s in absteigender Reihenfolge angeordnet:

$$F_n(\mathrm{s}) = \left[\tilde{H}_1 + \left[\tilde{H}_2\frac{1}{\mathrm{s}} + \left[\tilde{H}_3 + \left[\tilde{H}_4\frac{1}{\mathrm{s}} + [\ldots]^{-1}\right]^{-1}\right]^{-1}\right]^{-1}\right]^{-1}. \tag{4.8}$$

Dritte (gemischte Cauer Form)

$$F_n(\mathrm{s}) = \left[K_1 + \tilde{K}_1\,\mathrm{s} + \left[K_2\frac{1}{\mathrm{s}} + \tilde{K}_2 + \left[K_3 + \tilde{K}_3\,\mathrm{s}\left[K_4\frac{1}{\mathrm{s}} + \tilde{K}_4[\ldots]^{-1}\right]^{-1}\right]^{-1}\right]^{-1}\right]^{-1} \tag{4.9}$$

In den dargestellten Cauer Formen sind $\tilde{H}_i$, H_i, K_i und $\tilde{K}_i$ Koeffizienten, für deren Bestimmung verschiedene Möglichkeiten bestehen [170, 171, 172, 173, 174]. Hier soll als Beispiel der Routh-Algorithmus [25] zur Bestimmung der Koeffizienten $\tilde{H}_i$ ($i = 1,2, \ldots 2r$; $r \ll n$) der zweiten Cauer Form angegeben werden.

Die Koeffizienten $\tilde{H}_i$ lassen sich allgemein aus folgendem Schema [57] bestimmen:

$$
\begin{aligned}
\tilde{H}_1 &= A_{11}A_{21}^{-1} \langle \begin{matrix} A_{11} & A_{12} & A_{13} & \cdots \\ A_{21} & A_{22} & A_{23} & \cdots \end{matrix} \\
\tilde{H}_2 &= A_{21}A_{31}^{-1} \langle \begin{matrix} A_{21} & A_{22} & A_{23} & \cdots \\ A_{31} & A_{32} & A_{33} & \cdots \end{matrix} \\
\tilde{H}_3 &= A_{31}A_{41}^{-1} \langle \begin{matrix} A_{31} & A_{32} & A_{33} & \cdots \\ A_{41} & A_{42} & A_{43} & \cdots \end{matrix} \\
&\vdots \quad .
\end{aligned}
\tag{4.10}
$$

Die darin enthaltenen Parameter A_{ij} berechnen sich nach folgender Vorschrift:

$$
\begin{aligned}
&A_{ij} = A_{i-2,j+1} - \tilde{H}_{i-2} A_{i-1,j+2}, \\
&i = 3,4,\ldots;\ j = 1,2,\ldots .
\end{aligned}
\tag{4.11}
$$

Für die Kettenbruchkoeffizienten gilt schließlich:

$$
\begin{aligned}
&\tilde{H}_i = A_{i,1}(A_{i+1,1})^{-1}, \\
&i = 1,2,\ldots,2n .
\end{aligned}
\tag{4.12}
$$

Um das reduzierte Systemmodell zu bestimmen, wird der Kettenbruch abgeschnitten, d.h. nur die ersten r Koeffizienten von $\tilde{H}_i$ werden verwendet. Daraus wird ein Modell r-ter Ordnung rekonstruiert. Für die erste und dritte Cauer-Form ist die Vorgehensweise analog. Die Eigenschaften der reduzierten Systeme sind für die einzelnen Cauer-Formen jeweils unterschiedlich. Erfolgt die Reduktion über die erste Cauer-Form, wird die Dynamik des Originalsystems durch das reduzierte System gut angenähert. Mit Hilfe der zweiten Cauer-Form erreicht man ein stationär genaues reduziertes System, und die gemischte Cauer-Form tendiert dazu, die stationären und transienten Komponenten des Originalsystems zu erhalten.
Den Ausgangspunkt des Reduktionsverfahrens nach [50] bildet die Übertragungsfunktion eines Originalmodells in Polynomform:

$$
F(\mathrm{s}) = \frac{A_{21} + A_{22}\,\mathrm{s} + \ldots + A_{2n}\,\mathrm{s}^{n-1}}{A_{11} + A_{12}\,\mathrm{s} + \ldots + A_{1n}\,\mathrm{s}^{n-1} + \mathrm{s}^n} \ . \tag{4.13}
$$

Diese Polynomdarstellung ist geeignet, um eine Kettenbruchentwicklung durchzuführen. Die Kettenbruchentwicklung wird so durchgeführt, dass sich die Zweite Cauer-Form ergibt [170, 171]. Der Parameter n gibt die Ordnung des Nennerpolynoms der Originalübertragungsfunktion an, während der Parameter r die Ordnung des Nennerpolynoms der reduzierten Übertragungsfunktion angibt:

$$F(s) = \cfrac{1}{h_1 + \cfrac{s}{h_2 + \cfrac{1}{h_3 + \cfrac{\cdots}{\ddots \, \cfrac{s}{h_{2n-1} + \cfrac{s}{h_{2n}}}}}}} . \tag{4.14}$$

Die in Gleichung (4.14) erscheinenden Kettenbruchkoeffizienten h_i können mit Hilfe der Gleichungen (4.15) und (4.16) rekursiv berechnet werden:

$$\begin{aligned} A_{j,1} &= \frac{A_{j-1,1}A_{j-2,i+1} - A_{j-2,1}A_{j-1,i+1}}{A_{j-1,1}} \\ &= A_{j-2,i+1} - \frac{A_{j-2,1}}{A_{j-1,1}} A_{j-1,i+1} \\ &= A_{j-2,i+1} - h_{j-2} A_{j-1,i+1} \quad , \end{aligned} \tag{4.15}$$

$$\begin{aligned} & h_k = \frac{A_{k,1}}{A_{k+1,1}} \quad \text{, mit} \quad A_{1,n+1} = 1, \quad A_{2,n+1} = 0 , \\ & j = 3, 4, \ldots, 2r, 2r+1 , \\ & i = 1, 2, \ldots, \min\left[2r - j + 2; \text{entier}(n - \frac{1}{2} j + 1{,}5) \right] , \\ & k = 1, 2, \ldots, 2r . \end{aligned} \tag{4.16}$$

Zu beachten ist generell, dass bei diesem Ordnungsreduktionsverfahren aus einem stabilen Originalsystem ein instabiles System reduzierter Ordnung erzeugt werden kann. Um diesen Nachteil zu umgehen, werden im Folgenden weitere, diesen Nachteil vermeidende, Verfahren vorgestellt.

4.1.1 Modellreduktion unter Verwendung des Routh-Stabilitäts-Kriteriums

Diese Methode basiert auf einem von Hutton und Friedland [28] vorgestelltem Verfahren und basiert auf dem »Routh Stability Criterion«. Das Reduktionsverfahren baut zum Teil auf die später beschriebene Padé-Approximation auf, wobei dieses Verfahren im Hinblick auf die folgenden Punkte optimiert wurde:

- Erhaltung der Stabilität im reduzierten Modell.
- Die Folge der Approximationen konvergiert monoton gegen die »Impuls-Antwort«.
- Im Hinblick darauf, dass die ersten k-Koeffizienten der Potenzreihen-Entwicklung der k-ten Näherungsfunktion und die der Originalfunktion gleich sind, kann von einer partiellen Padé-Approximation gesprochen werden.
- Mit steigender Ordnung des reduzierten Modells nähern sich die Pole und Nullstellen denen des Originalsystems an.

Ausgegangen wird von der bekannten Übertragungsfunktion $F(\mathrm{s})$:

$$F(\mathrm{s}) = \frac{b_{11} + b_{12}\,\mathrm{s} + b_{13}\,\mathrm{s}^2 + \ldots + b_{1n}\,\mathrm{s}^{n-1}}{a_{11} + a_{12}\,\mathrm{s} + a_{13}\,\mathrm{s}^2 + \ldots + a_{1,n+1}\,\mathrm{s}^n}, \tag{4.17}$$

die in die sogenannte α/β Parameterdarstellung umgeformt wird:

$$F(\mathrm{s}) = \beta_1 f_1(\mathrm{s}) + \beta_2 f_1(\mathrm{s}) f_2(\mathrm{s}) + \ldots + \beta_n f_1(\mathrm{s}) f_2(\mathrm{s}) \ldots f_n(\mathrm{s}). \tag{4.18}$$

In Gl. (4.18) sind die Koeffizienten β_i konstante Werte. Die Funktionen $f_i(\mathrm{s})$ mit $(i = 2,3, \ldots, n)$ sind von folgender Form:

$$f_i(\mathrm{s}) = \cfrac{1}{\alpha_i\,\mathrm{s} + \cfrac{1}{\alpha_{i+1} + \cfrac{1}{\vdots \atop \alpha_{n-1}\,\mathrm{s} + \cfrac{1}{\alpha_n\,\mathrm{s}}}}}\,. \tag{4.19}$$

Für das erste Element $f_1(\mathrm{s})$ gilt davon abweichend:

$$f_1(\mathrm{s}) = \frac{1}{1 + \alpha_1\,\mathrm{s}}, \tag{4.20}$$

an Stelle von $1/\alpha_1\mathrm{s}$. Um die Koeffizienten zu berechnen, werden die sogenannten Alpha- und Beta-Tabellen (Nenner- und Zählertabelle) aufgestellt.

Tabelle 4.1: Alpha-Tabelle

$$\alpha_1 = \frac{a_{11}}{a_{12}} \langle \begin{array}{cccccc} a_{11} & a_{12} & a_{13} & a_{14} & \dots & a_{1,n+1} \\ a_{12} & 0 & a_{14} & 0 & \dots & \end{array}$$

$$\alpha_2 = \frac{a_{21}}{a_{22}} \langle \begin{array}{ccccc} a_{21} & a_{22} & a_{23} & \dots & \\ a_{22} & 0 & a_{24} & 0 & \end{array}$$

$$\vdots$$

$$\alpha_n = \frac{a_{n1}}{a_{n2}} \langle \begin{array}{cc} a_{n1} & a_{n2} \\ a_{n2} & \end{array}$$

Tabelle 4.2: Beta-Tabelle

$$\beta_1 = \frac{b_{11}}{a_{12}} \langle \begin{array}{cccccc} b_{11} & b_{12} & b_{13} & b_{14} & \dots & b_{1n} \\ a_{12} & 0 & a_{14} & 0 & \dots & \end{array}$$

$$\beta_2 = \frac{b_{21}}{a_{22}} \langle \begin{array}{cccccc} b_{21} & b_{22} & b_{23} & b_{24} & \dots & b_{2,(n-1)} \\ a_{22} & 0 & a_{24} & 0 & \dots & \end{array}$$

$$\vdots$$

$$\beta_n = \frac{b_{n1}}{a_{n2}} \langle \begin{array}{c} b_{n1} \\ a_{n2} \end{array}$$

Als Rechenvorschrift zur Bestimmung der Faktoren $a_{i,j}$ und $b_{i,j}$ gilt für ungerade j:

$$a_{i,j} = a_{(i-1),(j+1)},\ b_{i,j} = b_{(i-1),(j+1)}, \tag{4.21}$$

und für gerade j:

$$a_{i,j} = a_{(i-1),(j+1)} - \alpha_{i-j}\ a_{(i-1),(j+2)},\ b_{i,j} = b_{(j-1),(j+1)} - \beta_{i-1}\, a_{(i-1),(j+2)}, \tag{4.22}$$

mit $i = 2,3, \dots, n$.

In das reduzierte System werden die ersten r Komponenten aus Gleichung (4.18) übernommen. Daraus ergibt sich für die Übertragungsfunktion $F_r(\mathrm{s})$ des auf die Systemordnung r reduzierten Systems:

$$F_r(\mathrm{s}) = \beta_1 p_1(\mathrm{s}) + \beta_2 p_1(\mathrm{s}) p_2(\mathrm{s}) + \dots + \beta_r p_1(\mathrm{s}) p_2(\mathrm{s}) \dots p_r(\mathrm{s}). \tag{4.23}$$

Für die Funktionen $p_i(s)$ im reduzierten System gilt entsprechend Gl. (4.19):

$$p_i(s) = \cfrac{1}{\alpha_i s + \cfrac{1}{\alpha_{i+1} + \cfrac{1}{\vdots \atop \alpha_{r-1} s + \cfrac{1}{\alpha_r s}}}}, \tag{4.24}$$

mit ($i = 2,3, \ldots , r$) und

$$p_1(s) = \frac{1}{1+\alpha_1 s}. \tag{4.25}$$

Zur Bestimmung der Stabilität eines Systems lassen sich die α-Werte berechnen. Als Stabilitätskriterium gilt dann: Alle α Werte müssen positiv sein. Ein großer Vorteil dieses Verfahrens ist, dass aufgrund der Verwendung der α-Werte – im Gegensatz zu den bisher im Frequenzbereich vorgestellten Verfahren – immer ein stabiles System erzeugt wird [13], da Gl. (4.18) als Basis für das reduzierte System dient. Dabei werden die ersten r Koeffizienten betrachtet. Die garantierte Stabilität folgt aus der Tatsache, dass die korrespondierenden Werte $\alpha_{1,\ldots,r}$ in das zu reduzierende System übernommen werden. Das vorgestellte Verfahren (Routh Stability Criterion), im Folgenden mit RSC bezeichnet, kann allerdings nicht auf instabile Systeme angewandt werden. Im Algorithmus verbesserte und vereinfachte Verfahren, die auch die Stabilität gewährleisten, sind in [42, 51, 63, 176] angegeben. Ein weiterer Vorschlag von Krishnamurthy/Seshadri [169] erlaubt die Erweiterung auf instabile Systeme. Diese Vorschläge werden hier nicht weiter vertieft, sind aber in den folgenden Beispielen zum Vergleich mitberücksichtigt. Sie beruhen zum einen auf dem »Routh Table Criterion (RTC)« und zum anderen auf der »Stability Equation Method (SEM)« [51].

Beispiel: Gegeben ist folgendes Originalsystem 4. Ordnung

$$F(s) = \frac{28s^3 + 496s^2 + 1800s + 2400}{2s^4 + 36s^3 + 204s^2 + 360s + 240} \tag{4.26}$$

Daraus ergeben sich die in den angeführten Tabellen dargestellten Werte für die Koeffizienten α_i und β_i (Tab. 4.3 , 4.4):
Mit Hilfe der Parameter α_i und β_i wird nach dem erwähnten Verfahren die Übertragungsfunktion $RSC(s)$ des reduzierten Systems 2. Ordnung erzeugt. Für die mit RTC und SEM bezeichneten Verfahren ergeben sich folgende Übertragungsfunktionen:

Tabelle 4.3: Alpha-Tabelle

	$a_{10} = 240$	$a_{12} = 204$	$a_{14} = 2$
	$a_{11} = 360$	$a_{13} = 36$	
$\alpha_1 = 2/3$	180	2	
$\alpha_2 = 2$	32	0	
$\alpha_3 = 45/8$	2		
$\alpha_4 = 16$			

Tabelle 4.4: Beta-Tabelle

	$b_{20} = 2400$	$b_{22} = 496$
	$b_{21} = 1800$	$b_{23} = 28$
$\beta_1 = 20/3$	256	
$\beta_2 = 10$	8	
$\beta_3 = 8$		
$\beta_4 = 4$		

$$RSC(\mathrm{s}) = \frac{10\mathrm{s}+13.33}{\mathrm{s}^2+2\mathrm{s}+1.33}, \quad RTC(\mathrm{s}) = \frac{8{,}93\mathrm{s}+11.9}{\mathrm{s}^2+1.79\mathrm{s}+1.2}, \quad SEM(\mathrm{s}) = \frac{9.05\mathrm{s}+13.04}{\mathrm{s}^2+1.7\mathrm{s}+1.3}$$

Ein Vergleich der Sprungantworten ist in Bild 4.1 zu sehen. Für das gewählte Beispiel ergibt sich die schlechteste Approximation für das RSC-Verfahren.

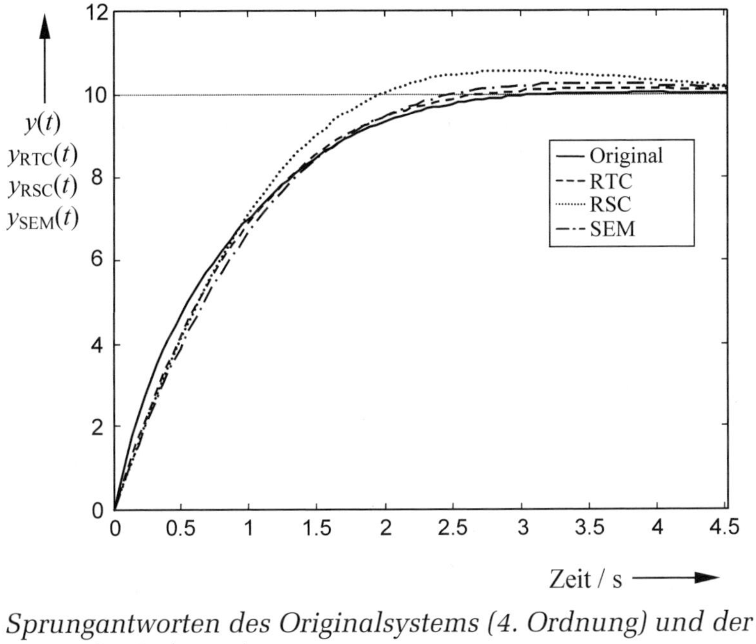

Bild 4.1: Sprungantworten des Originalsystems (4. Ordnung) und der reduzierten Systeme (2. Ordnung)

4.1.2 Padé-Approximation

Die Methode der Padé-Approximation basiert auf einem Vorschlag von Shamash [24, 54]. Die Grundidee besteht darin, die $2r$–1 Koeffizienten der Potenzreihenentwicklung des reduzierten Systems (Ordnung r) den entsprechenden Koeffizienten des Originalsystems (Ordnung n) anzupassen. Der Verfahrensablauf ist ähnlich zu den Methoden, die auf Anpassung von Zeitmomenten beruhen [52], weshalb auf diese Klasse von Verfahren nicht weiter eingegangen wird. Beschränkt man die Betrachtungen auf SISO-Systeme, kann man für das reduzierte System $F_r(s)$ und das Originalsystem $F_n(s)$ schreiben:

$$F_r(\mathrm{s}) = c_0' + c_1'\mathrm{s} + c_2'\mathrm{s}^2 + \ldots = \frac{\sum_{i=1}^{r} a_{i-1}\mathrm{s}^{i-1}}{\sum_{i=1}^{r+1} b_{i-1}\mathrm{s}^{i-1}}, \tag{4.27}$$

$$F_n(\mathrm{s}) = c_0 + c_1\mathrm{s} + c_2\mathrm{s} + \ldots = \frac{\sum_{i=1}^{n} \tilde{a}_{i-1}\mathrm{s}^{i-1}}{\sum_{i=1}^{n+1} \tilde{b}_{i-1}\mathrm{s}^{i-1}}. \tag{4.28}$$

Bei der Padé-Approximation wird davon ausgegangen, dass sich eine Summe der Potenzfunktion $F_n(s)$ durch Weglassen der Summanden mit den höchsten Exponenten um den Punkt s = 0 annähern lässt.
Mit der Forderung, dass für die Koeffizienten c_i' und c_i des reduzierten und des Originalsystems, für i = 1,2, ... , $2r$ –1, $c_i' = c_i$ gilt, wird ein Gleichungssystem, bestehend aus $2r$ Gleichungen, erzeugt, aus dem die $2r$ Unbekannten ermittelt werden.

$$\begin{aligned} a_0 &= b_0 c_0, \\ a_1 &= b_0 c_1 + b_1 c_0, \\ &\ldots \\ a_{r-1} &= b_0 c_{r-1} + b_1 c_{r-2} + \ldots + b_{r-1} c_0, \end{aligned} \tag{4.29}$$

$$\begin{aligned} 0 &= b_0 c_r + b_1 c_{r-1} + \ldots + b_{r-1} c_1 + c_0, \\ &\ldots \\ 0 &= b_0 c_{2\cdot r-1} + b_1 c_{2\cdot r-2} + \ldots + b_{r-1} c_r + c_{r-1}. \end{aligned} \tag{4.30}$$

Man löst zunächst die letzten r-Zeilen aus Gl. (4.30), um die Koeffizienten des Nennerpolynoms (b_i) des reduzierten Systems zu erhalten, und danach die ersten r-Gleichungen (4.29), um die Koeffizienten des Zählerpolynoms (a_i) zu bestimmen. Die Koeffizienten c_i' der Potenzreihe des reduzierten Systems ergeben sich aus folgenden Zuordnungen [54]:

$$\begin{aligned} c_0 &= \frac{\tilde{a}_0}{\tilde{b}_0}, \\ c_i &= \frac{1}{\tilde{b}_0}\left(\tilde{a}_i - \sum_{j=1}^{i} \tilde{b}_j c_{i-j}\right), \quad \text{für} \quad i > 0, \\ \tilde{a}_i &= 0, \quad \text{für} \quad i > n-1. \end{aligned} \tag{4.31}$$

Die Vorteile dieser Methode sind zum einen der einfach umzusetzende Algorithmus und zum anderen die stationäre Genauigkeit des reduzierten Systems. Ein gravierender Nachteil ist allerdings, dass – auch wenn das Originalsystem stabil war – ein instabiles reduziertes System entstehen kann [13]. Zur Verbesserung des Verfahrens siehe [55, 56, 165, 166, 167, 168].
Die Leistungsfähigkeit der Padé-Approximation soll das Beispiel aus Gl. (4.26) illustrieren. Die für die Reduktion notwendigen Parameter berechnen sich zu:

Index i	$\tilde{a}_i$	$\tilde{b}_i$	$c_i = c_i'$	a_i	b_i
0	2400	240	10	12,53	1,253
1	1800	360	–7,5	11,98	2,138
2	496	204	4,8166		1
3	28	36	–2,2333		
4		2			

Daraus ergibt sich die Übertragungsfunktion $F_r(s)$ des reduzierten Systems:

$$F_r(s) = \frac{11.98s + 12.53}{s^2 + 2.14s + 1.25}.$$

Bild 4.2 zeigt die gute Übereinstimmung der Sprungantworten des Originalsystems $F(s)$ und des reduzierten Systems $F_r(s)$.

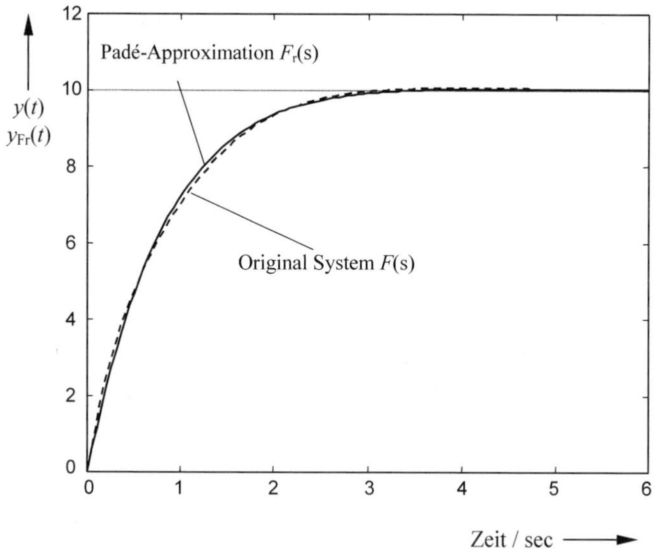

Bild 4.2: Sprungantworten des Originalsystems 4. Ordnung und des mittels Padé-Approximation reduzierten Systems 2. Ordnung

4.2 Vergleich weiterer Verfahren zur Ordnungsreduktion im Frequenzbereich

Im folgenden werden verschiedene Verfahren im Frequenzbereich vergleichend betrachtet. Die Darstellung beschränkt sich auf Methoden, die auf der Entwicklung eines Originalsystems Gl. (4.13) in einen Kettenbruch Gl. (4.14) basieren. Gemäß Tabelle 4.5 können sowohl die Padé- als auch die Cauer-Approximationen zu einem instabilen reduzierten System führen, obwohl die Originalübertragungsfunktion stabil war. Verbesserte Verfahren wie z.B.:

- Routh-Stability Criterion *RSC* [54],
- Routh Table *RTC* [28, 163],
- Stability Equation Method *SEM* [51, 161],

vermeiden diesen Nachteil. Ein weiterer Vorteil der modifizierten Verfahren RTC und SEM liegt in der Beibehaltung des Differenzgrades im reduzierten System. Darunter versteht man die Differenz von Nennerordnung n und Zählerordnung m. In [44] wird auf einen entscheidenden Nachteil der Verfahren, die ein stabiles reduziertes System garantieren, hingewiesen. Falls im Originalsystem nahe beieinanderliegende Pole und Nullstellen existieren, d.h. nahezu vollständige Pol-Nullstellenkompensationen vorhanden sind, ergeben sich unbefriedigende Approximationsergebnisse. Dies ist dadurch begründet, dass diese Verfahren versuchen, diejenigen Pole nachzubilden, die der Imaginärachse in der Pol-Nullstellenebene am nächsten liegen, obwohl diese durch Nullstellen kompensiert

werden. Als Grundlage für diese Verfahren muss somit die vollständige Steuer- bzw. Beobachtbarkeit des Originalsystems gefordert werden, d.h. das System muss in einer »minimalen Realisation« vorliegen.
Die in Tabelle 4.5 aufgelisteten Verfahren werden im Folgenden Beispiel im Hinblick auf ihr Übergangsverhalten vergleichend untersucht.

Gegeben ist folgende Übertragungsfunktion $F(s)$ eines fiktiven Originalsystems:

$$F(s)=\frac{s^3+6s^2+11s+6}{s^6+21s^5+175s^4+735s^3+1624s^2+1764s+720}.$$

Ausgehend davon, werden mit den besprochenen Methoden reduzierte Systeme 4. Ordnung erzeugt. Für die mit Cauer bezeichnete Vorgehensweise ergibt sich folgende reduzierte Übertragungsfunktion:

$$CAUER(s)=\frac{-1.26\cdot10^{-15}s^3+2.23\cdot10^{-14}s^2+s+0.97}{s^4+15.97s^3+88.55s^2+191.8s+116.4}.$$

Das Verfahren nach Abschnitt 4.1.1 liefert das mit »RSC« bezeichnete System:

$$RSC(s)=\frac{0.005s^3+0.050s^2+0.095s+0.052}{s^4+5.769s^3+13.800s^2+15.250s+6.223}.$$

Weiterhin werden die verbesserten Verfahren, die auf dem «Routh Table Criterion« sowie der »Stability Equation« basieren, betrachtet. Sie liefern die mit RTC und SEM bezeichneten Systemdarstellungen:

$$SEM(s)=\frac{0.06s+0.03}{s^4+4.12s^3+9.80s^2+10.68s+4.35},$$

$$RTC(s)=\frac{0.07s+0.04}{s^4+3.6s^3+11s^2+10.83s+5.14}.$$

Die Übergangsfunktionen in Bild 4.3 zeigen die gute Übereinstimmung des Originalsystems mit der mit »Cauer« bezeichneten Methode. Der Nachteil des Cauer Verfahrens, die Möglichkeit ein instabiles reduziertes System zu erzeugen, tritt bei diesem Beispiel nicht auf. Die in diesem Punkt verbesserten Verfahren (SEM, RTC) weisen ein nicht zufriedenstellendes Verhalten auf, obwohl der Differenzgrad des Originalsystems im reduzierten System beibehalten wird. Das mit RSC beschriebene Verfahren garantiert, wie aus Tabelle 4.5 zu sehen ist, ein stabiles reduziertes System und liefert für dieses Beispiel eine gute Approximation zum Originalsystem $F(s)$. Da sich bei diesem Verfahren der Reduktionsgrad allerdings zu 1 ergibt, ist eine Abweichung im Anfangsverhalten zwangsläufig.

Tabelle 4.5: Eigenschaften von Verfahren im Frequenzbereich, die auf einer Kettenbruchentwicklung basieren

	PADÉ	CAUER	RTC	RSC	SEM
Verfahren	Padé-Approximation	Cauer-Approximation	Routh Table	Routh-Stability Criterion	Stability Equation
Differenzgrad	$n-m$ $=1$	$n-m$ $=\text{const.}$	$n-m$ $=\text{const.}$	$n-m$ $=1$	$n-m$ $=\text{const.}$
Stabilität	Stabiles Original kann instabil werden	Stabiles Original kann instabil werden	Stabiles Original bleibt stabil	Stabiles Original bleibt stabil	Stabiles Original bleibt stabil
Systemvoraussetzung	Stabiles Originalsystem	Stabiles Originalsystem	Stabiles Originalsystem Vollst. Steuer- / Beobachtbarkeit	Stabiles Originalsystem Vollst. Steuer- / Beobachtbarkeit	Stabiles Originalsystem Vollst. Steuer- / Beobachtbarkeit
Prinzip	⇒ zweite Cauer Form			⇒ erste Cauer Form	

In einem weiteren Beispiel wird in Anlehnung an die Untersuchung von [44] der Nachteil der Verfahren, die ein stabiles reduziertes System garantieren, dargestellt. Die Grundvoraussetzung dieser Verfahren, die vollständige Steuer- bzw. Beobachtbarkeit des Originalsystems, ist nicht erfüllt.
Gegeben ist folgende Übertragungsfunktion eines Systems 3. Ordnung:

$$F(s)=\frac{100s^2+1100s+1000}{s^3+111s^2+1110s+1000}=\frac{100(s+1)(s+10)}{(s+1)(s+10)(s+100)}=\frac{100}{s+100}.$$

Hier lassen sich zwei Pole durch Nullstellen kompensieren. Das Übertragungsverhalten des Systems ist somit durch den Eigenwert $\lambda_3 = -100$ bestimmt. Das Ziel der verschiedenen Ordnungsreduktionsverfahren muss sein, reduzierte Modelle zu erstellen, die folgende zwei Eigenschaften aufweisen:

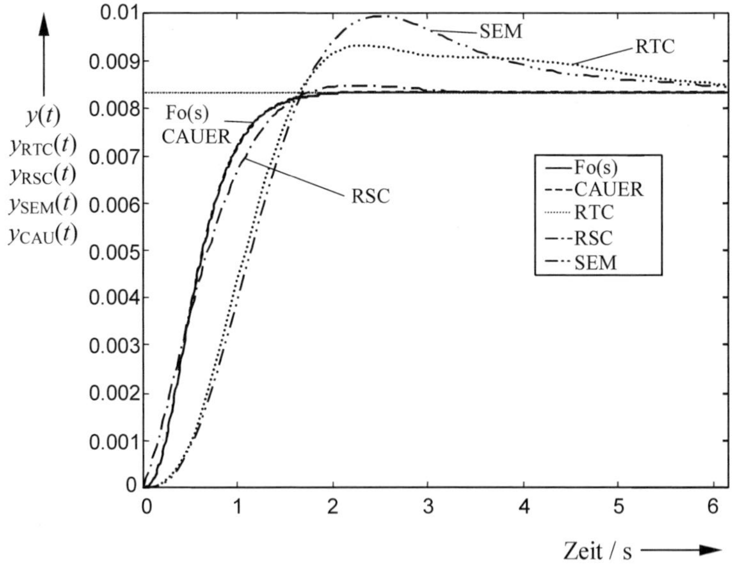

Bild 4.3: Sprungantworten des Originalsystems 6. Ordnung und der verschiedenen, auf dem Kettenbruchverfahren basierenden, reduzierten Systeme 2. Ordnung

- stationär genau,
- der Eigenwert des reduzierten Systems soll demjenigen des Originalsystems, der das dynamische Verhalten beschreibt, entsprechen.

Bei Anwendung verschiedener Ordnungsreduktionsverfahren erhält man die in Tabelle 4.6 angegebenen Systemdarstellungen der reduzierten Systeme.

Bei Betrachtung der Systemdarstellungen der reduzierten Systeme wird die schlechte Approximation dieser Verfahren deutlich. Lediglich die mit »Cauer« und mit »Padé« bezeichneten Verfahren liefern sehr gute Approximationen. Ausgehend von der Übertragungsfunktion des Originalsystems 3. Ordnung ist bei den in den Spalten 2–4 aufgelisteten Verfahren eine formelle Reduktion auf die Ordnung 2 möglich, obwohl das Originalsystem nach einer Pol-Nullstellen-Kompensation ein Übertragungsverhalten erster Ordnung aufweist.

Tabelle 4.6: Übertragungsfunktionen verschiedener Ordnungsreduktionsverfahren

Cauer [50] Padé [24]	Shamash [164]	RSC [54]	RTC [28, 163]	SEM [51, 161]
$F_r(s)=\frac{100}{s+100}$	$F_r(s)=\frac{1}{s+1}$	$F_r(s)=\frac{0.9009}{s+0.9009}$	$F_r(s)=\frac{0.9083}{s+0.9083}$	$F_r(s)=\frac{0.9009}{s+0.9009}$

4.3 Minimierung von Gütefunktionen

Im Frequenzbereich gibt es ebenso wie im Zeitbereich Verfahren mit »optimaler Modellanpassung«. Diese Klasse von Ordnungsreduktionsverfahren (unter anderem [59, 60]) beruht darauf, dass die Approximation des Originalsystems $F(s)$ durch das reduzierte Modell $F_r(s)$ mit Hilfe der Minimierung eines Gütemaßes/Fehlermaßes erreicht wird. Dabei besteht die Möglichkeit, die Approximation von Frequenzgangstützstellen in den Vordergrund zu stellen [61, 144, 177, 178]. Die Methoden zur Minimierung von Gütefunktionen gehen auf Arbeiten von Vittal/Rao/Lamba [62] und Sanathan/Koerner [61] zurück. Da das prinzipielle Vorgehen bei all diesen Vorschlägen ähnlich ist und sie sich im Wesentlichen in den zu minimierenden Fehlermaßen unterscheiden, beschränkt sich die Darstellung auf das Verfahren von Kiendl und Post [58]. Dieses wurde von Troch in [12] als das leistungsstärkste Verfahren dieser Klasse bezeichnete. Die von Kiendl [65] und Kiendl/Post [58] in ihren Arbeiten »Invariante Ordnungsreduktion mittels transparenter Parametrierung« vorgestellte Methode bietet dem Anwender weitere Freiheitsgrade bei der Ordnungsreduktion. Dies führt nach [64] und [12] in den meisten Fällen zu besseren Modellapproximationen als bei den bisherigen Verfahren dieser Klasse. Wesentliche Eigenschaft bei dieser Vorgehensweise ist, dass die Eigenwerte des Originalsystems

$$F(s) = \frac{Z(s)}{N(s)} \tag{4.32}$$

nicht in das reduzierte Modell

$$F_r(s) = \frac{P(s)}{Q(s)} \tag{4.33}$$

übernommen werden, sondern dass das Originalsystem durch das Modellsystem innerhalb eines bestimmten Frequenzintervalls durch Minimierung der Funktion μ nach Gl.(4.34) möglichst gut angenähert werden soll:

$$\mu = \sum_{i=1}^{k} q_i \left| \left[N(j\omega_i)\, P(j\omega_i) - Z(j\omega_i) Q(j\omega_i) \right] \right|^2 . \tag{4.34}$$

Dies gelingt auf analytischem Wege, durch Lösen eines linearen Gleichungssystems. Das Ergebnis von Gl. (4.34) wird maßgeblich durch die frei wählbaren »Reduktionsparameter« ω_i und q_i bestimmt. In dieser Gl. sind ω_i, $i = 1,\ldots,k$ Stützstellen innerhalb des für die Approximation relevanten Frequenzbereichs und q_i Gewichtungsfaktoren. In Gl. (4.35) ist die Rechenvorschrift zur Bestimmung der Gewichtungsfaktoren in allgemeiner Form angegeben:

$$q_i = \frac{1}{\left|N(j\omega_i)\right|^{2\delta}} \left| \frac{Z(j\omega_i)}{N(j\omega_i)} \right|^{\beta} . \tag{4.35}$$

Die Grenzen des betrachteten Frequenzintervalls, die in diesem Intervall gewählten Stützstellen, sowie die Steuerparameter β und δ sind die dem Verfahren namengebenden transparenten Parameter. In der angegebenen Literatur werden einfache Vorschriften für die Optimierung dieser Parameter angegeben. Durch deren Variation lassen sich einzelne Frequenzintervalle unterschiedlich gewichten und damit das Reduktionsergebnis bereichsweise gezielt steuern. Bei der Wahl der Reduktionsparameter ist darauf zu achten, dass gewisse »Invarianzforderungen« [65], wie z.B. Amplitudeninvarianz, Frequenzinvarianz und Dipolinvarianz erfüllt werden. Durch Erfüllung der Invarianzforderungen lassen sich die Reduktionsparameter geeignet angeben. Zusätzlich wird dadurch sichergestellt, dass bestimmte Variationen in dem zu reduzierenden Frequenzgang nur in die entsprechendenden Variationen des Modellfrequenzganges umgerechnet werden. Da der Fehler zwischen Original und Modell über den gesamten Frequenzbereich nicht gleichermaßen minimiert werden kann, müssen bei einem flexiblen Verfahren geeignete Parameter zur Auswahl bestimmter Frequenzbereiche zur Verfügung stehen. Mit deren Hilfe lässt sich dann das, für die jeweilige Reduktionsaufgabe, beste Ergebnis erzielen. Eine Verallgemeinerung dieses Verfahrens auf Mehrgrößensysteme ist in [67] zu finden. Dort werden, ausgehend von einer Systembeschreibung im Zeitbereich, an vorgegebenen Frequenzstützstellen die Modellparameter des reduzierten Systemmodells analytisch bestimmt.

Ein weiteres Verfahren, das auf Minimierung eines quadratischen Fehlerintegrals beruht und deshalb der Kategorie der »Minimierung von Gütefunktionalen« zugerechnet wird, ist der von H.W. Müller in [53] angegebene Vorschlag zur »Optimalen Wahl der Nullstellen (OWAN)«.Der wesentliche Vorteil dieses Verfahrens besteht darin, dass die Systemantwort $x(t)$ des zu reduzierenden Systems nicht als analytischer Ausdruck gegeben sein muss, was bei der üblichen Berechnung des Fehlerintegrals I in Gl. (4.36) mittels des Parsevalschen Theorems notwendig ist [53]. Die Systemantwort $x(t)$ des zu reduzierenden Modells kann auch in graphischer Darstellung gegeben sein. Bei diesem Verfahren wird allerdings die Berechnung des Fehlerintegrals ausschließlich im Zeitbereich durchgeführt:

$$I = \int_0^\infty \left\{ \boldsymbol{x}^*(t) - \boldsymbol{x}(t) \right\}^2 \mathrm{d}t \overset{!}{=} \min. \qquad (4.36)$$

Ein Nachteil des Verfahrens ist die Beschränkung auf SISO-Systeme. Ein weiterer entscheidender Nachteil liegt in der notwendigen Vorgabe der Pole des reduzierten Systems, was letztendlich auf die Problematik der Dominanzuntersuchung, wie sie im Abschnitt 3.4 ausführlich diskutiert wurde, zurückführt. Dies ist der Grund, weshalb auch der Autor seine Arbeit nicht als eigenständiges Verfahren zur Ordnungsreduktion bezeichnet, sondern vielmehr nur als *Hilfsmittel* zur Modellreduktion einstuft. Zu einer ausführlichen Beschreibung sei auf die angegebene Literatur verwiesen.

4.4 Bewertung von Zeitbereichs- und Frequenzbereichsverfahren

Die Verfahren der Ordnungsreduktion, die von einer Systemdarstellung als Übertragungsfunktion ausgehen, haben große Beachtung gefunden. Grund dafür dürfte sein, dass Ordnungsreduktionsverfahren im Frequenzbereich erfahrungsgemäß häufiger auf reduzierte Modelle führen, die für den Reglerentwurf geeignet sind [43]. Das Reduktionsergebnis, sowohl im Zeitbereich als auch im Frequenzbereich, wird in der Regel daran gemessen, wie gut die Übereinstimmung des zeitlichen Verlaufs der Ausgangsgrößen, von Original und reduziertem Modell bei bestimmten definierten Eingangsgrößen, ist. Meist wird die Sprungfunktion als Eingangsgröße zum Vergleich herangezogen. Eine Beurteilung über die Reduktionsgüte erfolgt anschließend durch ein Gütekriterium, in das die Abweichungen der Sprungfunktionen als Fläche eingehen. Das Problem bei den Verfahren im Frequenzbereich besteht nun darin, quantitativ zu minimierende Fehlermaße im Frequenzbereich zu suchen, die Approximationsgüte dagegen im Zeitbereich zu beurteilen. Aus diesem Umstand resultieren nach [41] eine Reihe von Fragestellungen, die vor Auswahl eines geeigneten Verfahrens zu beantworten sind:

»1. *Wie groß sind bei einer Frequenzgangapproximation die maximal zulässigen Fehler für den Amplitudengang und den Phasengang, wenn im Zeitbereich für die Ausgangsgröße ein maximaler Fehler zugelassen wird?*
2. *Ist es besser, bei bestimmten Frequenzen einen punktuell größeren Fehler zuzulassen, oder sind über den gesamten Frequenzbereich gleichmäßig verteilte, relativ kleine Fehler zu empfehlen?*
3. *Ist bei einer Approximation der Phasengang wichtiger als der Amplitudengang?*
4. *Gibt es Frequenzintervalle, die direkt mit Zeitintervallen korrespondieren und, wenn ja, wo liegen die Grenzen für diese Intervalle?*«

Bei den Zeitbereichsverfahren steht im Wesentlichen die Frage nach der Ordnung des zu reduzierenden Systems im Vordergrund. Der höhere Aufwand der Frequenzbereichsverfahren wird deutlich, wenn bedacht wird, dass Verfahren im Frequenzbereich die Aufgabe haben, Fehler in bestimmten Frequenzbereichen zu minimieren und sie in anderen Bereichen zu tolerieren. Da es kein Problem darstellt, die Originalsysteme sowohl in den Frequenzbereich als auch in den Zeitbereich beliebig zu transformieren, formuliert Gehre in [41] folgende Frage:

»*Warum soll die Systemreduktion im Frequenzbereich durchgeführt werden, wenn das Reduktionsergebnis im Zeitbereich beurteilt wird?*«

Die Beantwortung dieser Frage ist vom Zweck der Reduktion abhängig. Wie schon erwähnt, bieten die Verfahren im Frequenzbereich Vorteile bei einer anschließenden Reglerentwurfsaufgabe, so dass Gehre in seiner Arbeit weitergehend fordert:

»Die Reduktion muss unter Beachtung von Entwurfsaspekten aus dem Frequenzbereich durchgeführt werden, wenn das Modell verlässlich sein soll.«

Dieser Aussage kann nicht in vollem Umfang zugestimmt werden, da sich zum einen vor allem bei der Bearbeitung von Mehrgrößensystemen wesentliche Probleme bei den Frequenzbereichsverfahren ergeben und zum anderen Zeitbereichsverfahren vorhanden sind, die Frequenzstützstellen mitberücksichtigen. In den meisten Arbeiten zur Systemreduktion, sowohl im Zeitbereich als auch im Frequenzbereich, wird die Frage, wie sich ein am reduziertem System entworfener Regler, bei Anwendung auf die Originalregelstrecke, verhält, nicht diskutiert. Ziel dieser Arbeiten ist, reduzierte Systeme zu generieren, die im Wesentlichen das Originalsystem im offenen Kreis gut approximieren.
Wird solch ein Modell als Basis zu einem Reglerentwurf herangezogen, besteht die Gefahr, dass der Regler, angewendet auf das Originalsystem, zu einem unbefriedigenden Verhalten des geschlossenen Regelkreises führen kann. Ein instabiles Verhalten des geschlossenen Regelkreises ist nicht ausgeschlossen. Diesen Sachverhalt soll folgendes Beispiel zeigen:
Als Originalsystem dient das, bereits in [41] und [66] untersuchte, System 7. Ordnung, welches auf ein Modellsystem 2. Ordnung reduziert wird:

$$F(s) = \frac{3375135s + 281250}{1s^7 + 83.64s^6 + 4097s^5 + 70342s^4 + 853703s^3 + 2814271s^2 + 3310875s + 281250}. \quad (4.37)$$

Die Modellübertragungsfunktion 2. Ordnung ergibt sich nach der in den Abschnitten 4.1 und 4.1.2 beschriebenen Methode der Kettenbruchentwicklung zu:

$$F_{M1}(s) = \frac{11.75s + 1.0}{10.06s^2 + 11.53s + 1.0}. \quad (4.38)$$

Darauf aufbauend wird in [41] ein Reglerentwurf im Frequenzbereich unter Beachtung folgender Spezifikationen ermittelt:

1. Minimale bleibende Regelabweichung,
2. Maximales Überschwingen e_{max} ca. 0–5%,
3. Anregelzeit T_{an} ca. 1–1.5 sec.

Als Reglerübertragungsfunktion ergibt sich damit:

$$F_{R1}(s) = 2.03\frac{0.65s^2 + 1.64s + 1.0}{7.75s^2 + 1.0s}. \quad (4.39)$$

Zum Vergleich soll das in [41] beschriebene Verfahren der »Invarianten Ordnungsreduktion mittels Fehlerminimierung im *Frequenzbereich*« gegenübergestellt werden. Für das zu erstellende Modellsystem wurde die gleiche Struktur gewählt, wie es das vorangegangene Verfahren vorgegeben hat. Dabei ergeben sich die in den Gl. (4.40) und Gl. (4.41) dargestellten Übertragungsfunktionen für das Modell $F_{M2}(s)$ und den Regler $F_{R2}(s)$:

$$F_{M2}(s) = \frac{0.02s + 1.0}{0.29s^2 + 0.77s + 1.0}, \tag{4.40}$$

$$F_{R2}(s) = 1.89 \frac{0.15s^2 + 0.66s + 1.0}{0.05s^2 + 1.0s}. \tag{4.41}$$

Ein Vergleich der Sprungantworten der ungeregelten Systeme zeigt den Vorteil des durch das Kettenbruchverfahren erzeugten reduzierten Systems $F_{M1}(s)$. Gemäß Bild 4.4 stimmen die Übergangsfunktionen $h_o(t)$ und $h_{M1}(t)$ im Hinblick auf die gewählte Reduktionsordnung ($r = 2$) gut überein. Die Verfahren der Kettenbruchentwicklung berücksichtigen generell die niedrigen Frequenzen stärker, so dass daraus die gute Approximation des Originalsystems durch das Modellsystem für *große* Zeiten begründet ist. Im Vergleich zum Kettenbruchverfahren

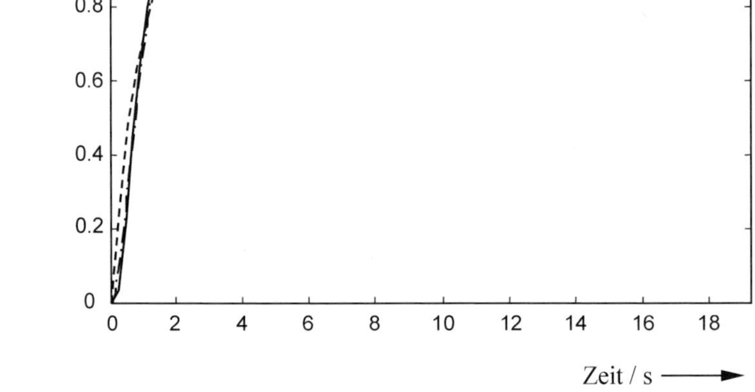

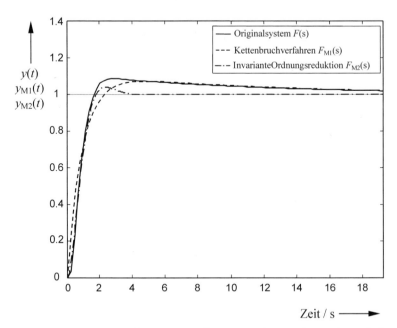

Bild 4.4: Sprungantworten des Originalsystems (7. Ordnung) und der reduzierten Systeme (2. Ordnung)

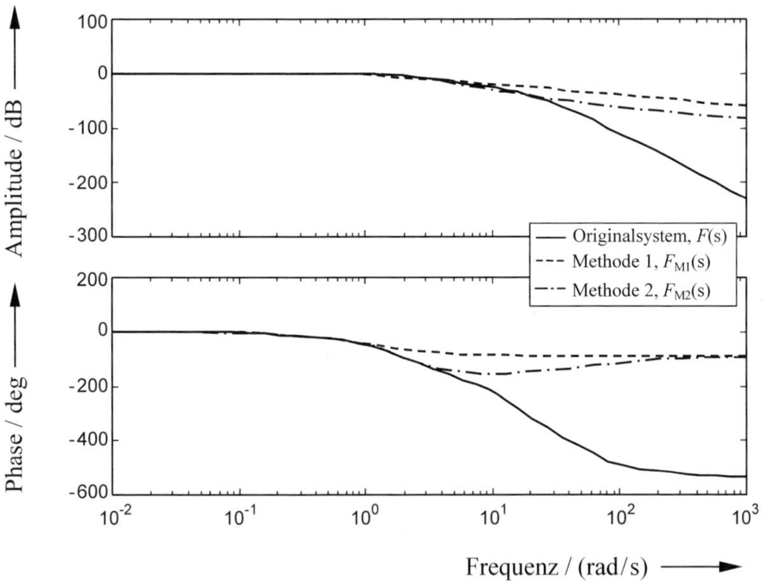

Bild 4.5: Bodediagramme des Originalsystems (7. Ordnung) und der reduzierten Systeme (2. Ordnung)

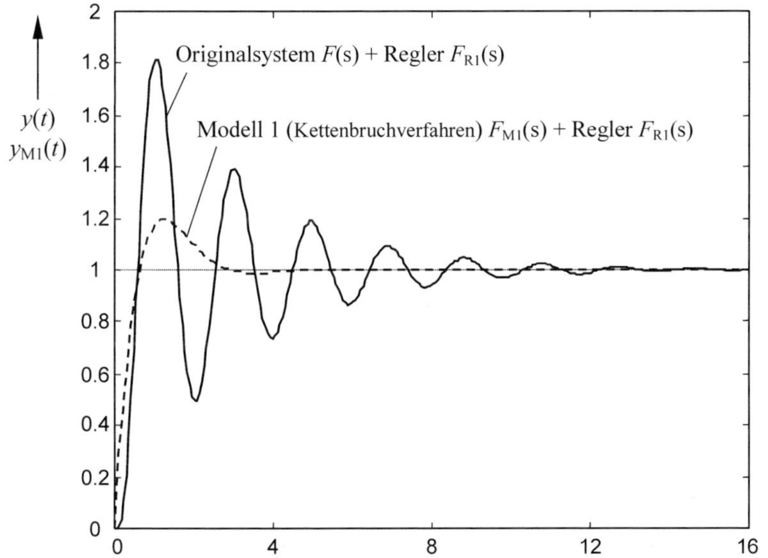

Bild 4.6: Führungssprungantworten des mit dem Regler aus Gl. (4.39) geregelten Originalsystems F(s) und Modellsystems $F_{M1}(s)$

zeigt Methode 2 ein gänzlich anderes Verhalten. Für *kleine* Zeiten stimmt das Übertragungsverhalten besser mit demjenigen des Originalsystems überein, wobei sich erst für größere Zeiten beträchtliche Abweichungen ergeben. Dieses spezielle Verhalten des reduzierten Systems ergibt sich durch den kombinierten Entwurf im Zeit- und Frequenzbereich, wobei der Bereich der höheren Frequenzen stark berücksichtigt wird. Dadurch wird sichergestellt, dass die Phasenverläufe, wie in Bild 4.5 zu sehen ist, von Originalsystem $F(s)$ und reduziertem System $F_{M2}(s)$ in einem größeren Frequenzbereich übereinstimmen. Für die Regelung ist die Grenzfrequenz von Bedeutung.
Bei Anwendung der Reglerübertragungsfunktionen $F_{R1}(s)$ und $F_{R2}(s)$ auf das Originalsystem $F(s)$ sowie auf die reduzierten Modellbeschreibungen aus Gl. (4.38) und Gl. (4.40) zeigt sich der Vorteil des im Zeit- und Frequenzbereich kombinierten Reduktionsverfahrens. In Bild 4.6 und Bild 4.7 sind die Übergangsfunktionen der geschlossenen Systeme dargestellt. Die zuvor erwähnten Entwurfsziele werden bei Anwendung des auf Basis des Kettenbruchverfahrens erzeugten Reglers auf das Originalsystem nicht erreicht. Für einen Reglerentwurf kommt somit nur das als Methode 2 betrachtete Verfahren, das in Abschnitt 4.3 näher beschrieben wird, als Basis in Frage, da es im geschlossenen Regelkreis bessere Ergebnisse liefert. Wie man an diesem Beispiel sieht, muss das reduzierte System mit Eigenschaften versehen werden, die anhand alleiniger Betrachtung der Sprungantworten der ungeregelten Systeme nicht zu erkennen sind. Ein, zur

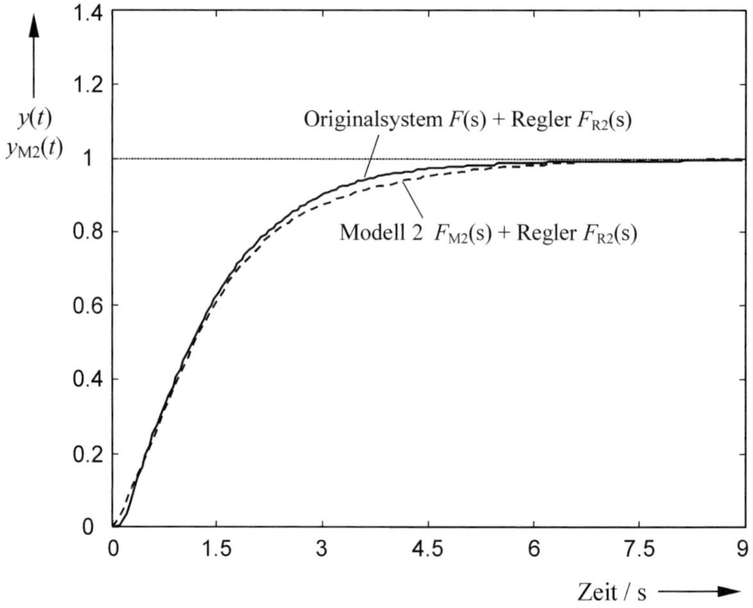

Bild 4.7: Führungssprungantworten des mit dem Regler $F_{R2}(s)$ aus Gl. (4.41) geregelten Originalsystems $F(s)$ und Modellsystems $F_{M2}(s)$

Reglerauslegung geeignetes Ordnungsreduktionsverfahren, muss demnach die Möglichkeit besitzen, die Güte der Approximation über den gesamten Frequenzbereich frei zu steuern. Dies gelingt bei allen Verfahren, die über die Vorgabe von Frequenzstützstellen verfügen, wie es z.B. bei den Frequenzbereichsverfahren aus Abschnitt 4.3 besteht. Bei Ordnungsreduktionsverfahren, die *ausschließlich* im Zeitbereich, durch Beibehaltung von dominanten Eigenwerten, das reduzierte System bestimmen, kann somit ein anschließender Reglerentwurf zum Scheitern verurteilt sein.

5 Verfahren für nichtlineare Systeme

In der linearen Systemtheorie stehen wesentlich mehr praktisch erprobte Methoden zur Ordnungsreduktion zur Verfügung als in der nichtlinearen Systembeschreibung. Wie bereits geschildert, ist es für detaillierte Untersuchungen an technischen Systemen sowie zur Auslegung geeigneter Regelungsstrategien notwendig, mathematische Modelle zu betrachten, welche die zu untersuchenden Systemeigenschaften realitätsnah nachbilden. Dies führt dabei in der Regel zu nichtlinearen, gewöhnlichen Differentialgleichungen hoher Ordnung. Um die Vorteile der bekannten linearen Verfahren zur Systemanalyse bzw. zur Systemsynthese zu nutzen, müssen die ausführlichen Modelle hoher Ordnung durch vereinfachte lineare Systembeschreibungen ersetzt werden. Diese Vorgehensweise wird als Modellvereinfachung betrachtet. Im Gegensatz dazu steht der Begriff Ordnungsreduktion, der die Verringerung der Anzahl der Differentialgleichungen beschreibt. In jüngerer Zeit verschieben sich die Forschungsschwerpunkte immer mehr in Richtung nichtlinearer Verfahren zur Ordnungsreduktion, so dass sich ein breites Betätigungsfeld für Weiterentwicklungen bereits existierender Verfahren sowie zur ausführlichen Erprobung neuer Verfahren an verschiedenen realen Problemstellungen ergibt. Aufgrund der Komplexität dieses Themengebietes ist im Rahmen dieses Buches nur eine Einführung in die wesentlichen Entwicklungslinien möglich.
Am Anfang einer Betrachtung über nichtlineare Systeme muss die Frage geklärt werden, wann von einem nichtlinearen System gesprochen werden muss. Generell gilt, dass sich jedes reale System als Übertragungsglied mit darin enthaltenen Eigenschaften angeben lässt. In Bild 5.1 erzeugt das Übertragungsglied

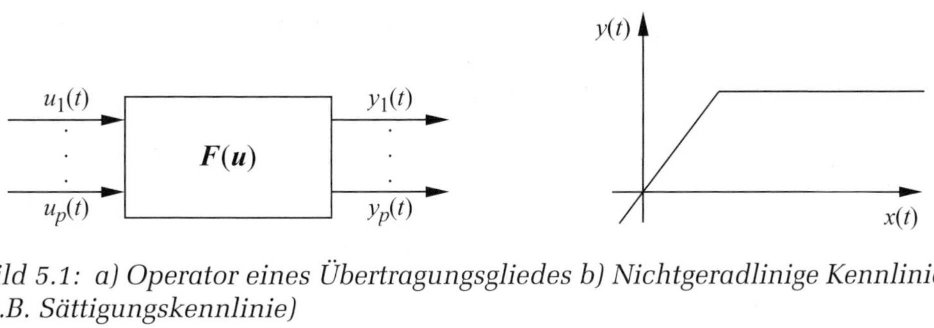

Bild 5.1: a) Operator eines Übertragungsgliedes b) Nichtgeradlinige Kennlinie (z.B. Sättigungskennlinie)

mittels eines Operators $\boldsymbol{F}(\boldsymbol{u})$ aus den Eingangsgrößen $(u_1(t), \ldots, u_p(t))$ einen eindeutig bestimmten Ausgangsvektor $\boldsymbol{y}$. Nach [179] ist ein Übertragungsglied linear, wenn das Übertragungsglied das Überlagerungs- und Verstärkungsprinzip erfüllt. Dies bedeutet:

»Bewirken die Eingangssignale u_1 und u_2 am Ausgang jeweils die Signale y_1 und y_2, dann bewirkt die gewichtete Überlagerung $\boldsymbol{u} = k_1u_1 + k_2u_2$ am Ausgang die gleiche Überlagerung $\boldsymbol{y} = k_1y_1 + k_2y_2$.«

Ein reales System wird diese Bedingung nicht uneingeschränkt erfüllen können. Linearität kann nur in einem endlichen Bereich gelten, dem linearen Arbeitsbereich. Alle nichtgeradlinigen Kennlinien (siehe z.B. Bild 5.1 b) gehören zur Klasse der nichtlinearen Übertragungsglieder. Nichtlineare Übertragungsglieder existieren in einer unüberschaubaren Vielfalt, allerdings sind für technische Anwendungen im Wesentlichen zwei Arten von nichtlinearen Übertragungsgliedern besonders bedeutsam [194]. Dabei unterscheidet man zwischen stetigen und nichtstetigen nichtlinearen Übertragungseigenschaften:

- Multiplikative Glieder: $\boldsymbol{y} = u_1u_2$.
- Kennliniglieder: $\boldsymbol{y} = \boldsymbol{F}(\boldsymbol{u})$,

Beide Nichtlinearitäten werden gemeinsam durch folgende Beziehung erfasst:

$$y(t) = \boldsymbol{F}(u_1(t), \ldots, u_p(t)). \tag{5.1}$$

Bei zahlreichen technischen Fragestellungen, insbesondere in der Anlagen- und Verfahrenstechnik, treten solche nichtlinearen Strukturen auf. Häufig werden bei der Modellbildung nur die wesentlichen Nichtlinearitäten berücksichtigt, so dass die Beschreibung des zu betrachtenden Systems durch *eine* Kennlinie und eine Reihe von linearen Elementen erfolgt. Die weitere Vorgehensweise ist davon geprägt, dass alle linearen Elemente zu einem einzigen linearen Übertragungsblock zusammengefasst werden. Die nichtlinearen Kennlinien können von verschiedener Gestalt sein. Man unterscheidet zwischen gekrümmten Kennlinien (z.B. Verstärker- und Ventilkennlinien) und stückweise linearen Kennlinien (z.B. Schalter mit und ohne Hysterese, Getriebelose, Sättigungskennlinie). Sollen für ein nichtlineares System bestimmte Fragestellungen, wie z.B. Stabilität oder Steuerbarkeit, beantwortet werden, gelingt dies durch vereinfachte Darstellungen dieser Systeme unter Berücksichtigung der besonderen Aufgabenstellung. Zur Stabilitätsuntersuchung nichtlinearer Regelkreise hat Föllinger in [194] eine ausführliche Zusammenfassung für das Themengebiet angegeben.

Ebenso wie bei der linearen Systembeschreibung lassen sich nichtlineare Systeme im Zustandsraum angeben. Dabei müssen zu den im linearen Bereich vorhandenen Proportional- und Integrationsgliedern noch Kennlinien- und Multiplikationselemente mit berücksichtigt werden. Man erhält folgende Beschreibung des nichtlinearen Systems in allgemeiner Darstellung:

$$\dot{x}_i(t) = f_i(x_1(t), \ldots x_n(t);\ u_1(t), \ldots, u_p(t)), \qquad i = 1, \ldots, n, \tag{5.2}$$

$$y_k(t) = g_k(x_1(t),\dots x_n(t);\ u_1(t),\dots,u_p(t))\,, \qquad k = 1,\dots,q\,. \tag{5.3}$$

Die Ausgangsgrößen $\boldsymbol{y}(t)$ sowie die zeitlichen Ableitungen der Zustandsgrößen $\dot{\boldsymbol{x}}(t)$ sind im Allgemeinen Funktionen der Eingangsgrößen $\boldsymbol{u}(t)$ sowie der Zustandsvariablen $\boldsymbol{x}(t)$.

5.1 Ruhelage und Dauerschwingung eines nichtlinearen Systems

Ausgegangen wird von einer bestimmten Ruhelage ($\dot{\boldsymbol{x}}_\mathrm{R} = \boldsymbol{0}$) eines nichtlinearen Systems im Ursprung des Zustandraumes ($\boldsymbol{x}_\mathrm{R} = \boldsymbol{0}$). Wird das System aus dieser Ruhelage gebracht $\boldsymbol{x}_\mathrm{R} \neq \boldsymbol{0}$, so ist der anschließende Verlauf der Bahnkurve für das Stabilitätsverhalten des Systems in der Nähe der Ruhelage charakteristisch. Die möglichen Ruhelagen eines Systems werden als singuläre Punkte bezeichnet. Singuläre Punkte zeichnen sich durch folgende Eigenschaften aus: $\dot{\boldsymbol{x}}_1 = \dot{\boldsymbol{x}}_2 = \dots = \dot{\boldsymbol{x}}_n = \boldsymbol{0}$. Für nichtlineare Systeme spielen die singulären Punkte eine wesentliche Rolle, da man das dynamische Verhalten in unmittelbarer Umgebung der singulären Punkte untersucht [179]. Falls das System keine Dauerschwingungen annehmen kann, lassen sich bei Auslenkung aus der Ruhelage drei Fälle unterscheiden [194]:

- *Die Bahnkurve strebt mit wachsender Zeit ins Unendliche (Instabile Ruhelage I, Bild 5.3 a)*

Dies bedeutet, dass die Zustandskurven Einschwingvorgänge durchlaufen, die eine aufklingende Schwingung darstellen, deren Amplitude unbegrenzt anwächst. Die angenommene Ruhelage im Ursprung (singulärer Punkt im Ursprung) wird als Instabile Ruhelage bezeichnet, da durch Auslenkungen aus der Ruhelage das System nicht mehr in die Ruhelage im Ursprung zurückfindet. Bei realen Systemen kann das nicht vorkommen, da die zeitveränderlichen Zustandsvariablen keine unendlichen Werte annehmen können. Tritt dieser Fall bei der Modellanalyse dennoch auf, ist das auf eine unvollständige Modellbildung zurückzuführen. Etwaige Beschränkungen, wie z.B. Stellgrößenbeschränkungen, werden nicht beachtet.

- *Die Bahnkurve strebt mit wachsender Zeit einer neuen Ruhelage zu (Instabile Ruhelage II, Bild 5.2)*

Die Zustandsgrößen laufen nach Auslenkung aus dem singulären Punkt einer neuen Ruhelage (Arbeitspunkt) zu. Da auch in diesem Fall die ursprüngliche Ruhelage nicht mehr erreicht wird, handelt es sich auch um ein instabiles Verhalten. Die neue Ruhelage ergibt sich aufgrund von Beschränkungen im realen System. Bestimmte Größen, wie z.B. Stellgrößen, gehen »an den Anschlag« und täuschen somit eine Ruhelage vor.

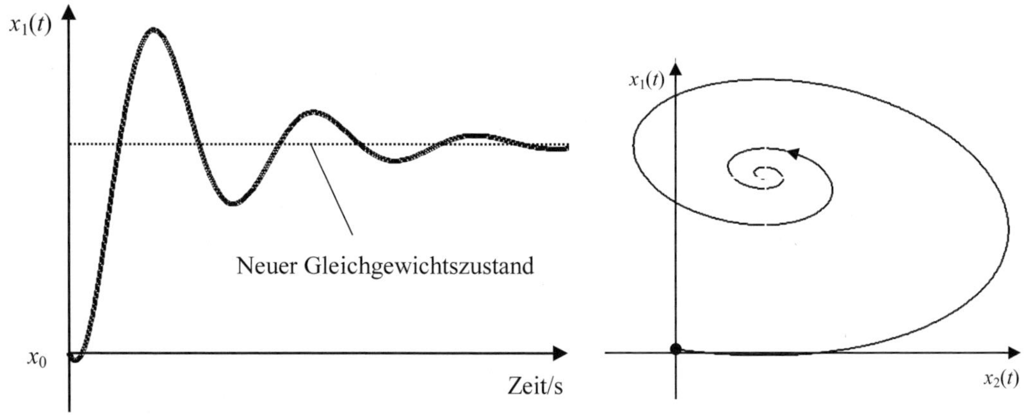

Bild 5.2: Instabile Ruhelage II: Bahnkurve strebt einer neuen Ruhelage zu (nach Föllinger [194])

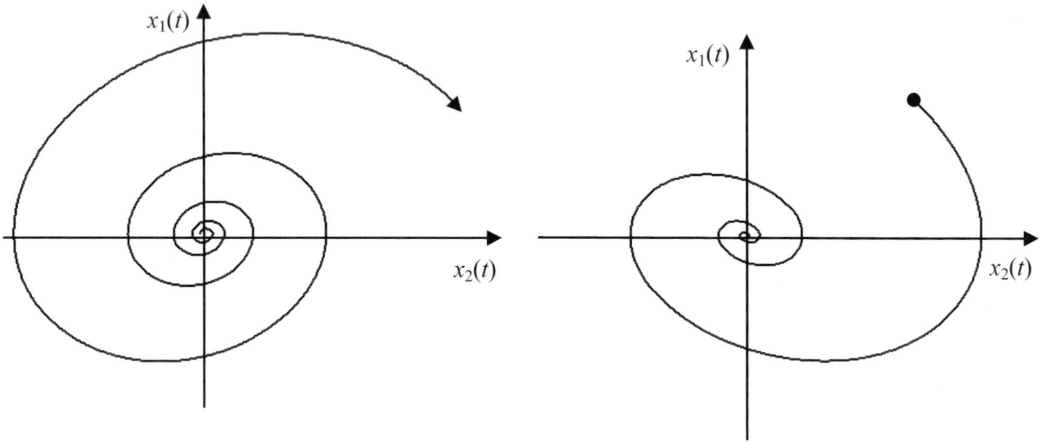

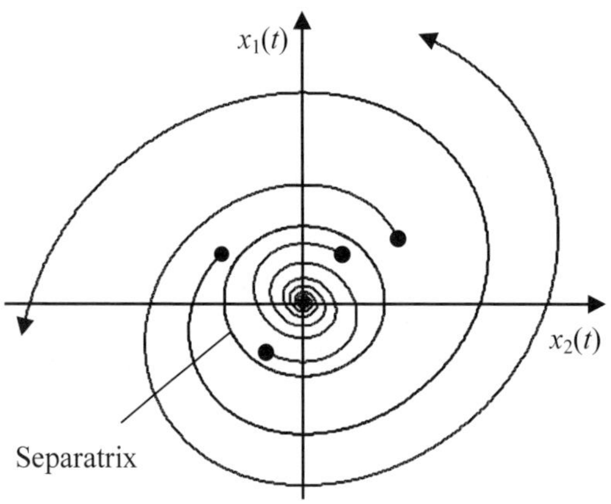

Bild 5.3: Ruhelage und Dauerschwingung a) Instabile Ruhelage b) Stabile Ruhelage c) Asymptotischstabile Ruhelage mit beschränktem Einzugsbereich (nach Föllinger [194])

- *Die Bahnkurve strebt nach Auslenkung aus der Ruhelage, wieder in die Ruhelage zurück (global asymptotisch stabile Ruhelage, Bild 5.3 b)*

Besitzt ein nichtlineares technisches System nur eine Ruhelage und hat man seine wesentlichen Nichtlinearitäten erfasst, wird bei einer Auslenkung des Systems aus seiner Ruhelage diese wieder nach gewissen Einschwingvorgängen eingenommen. Man bezeichnet dieses Verhalten als »Globales asymptotisch stabiles Verhalten« und den Gleichgewichtszustand als »Global asymptotische Ruhelage«.
Wird der Zustandspunkt aus der Ruhelage im Ursprung entfernt und ist das Einschwingverhalten der Zustandsgrößen ein periodisch wiederkehrender Vorgang mit konstanter Amplitude, spricht man von einer stabilen Ruhelage des nichtlinearen Systems. Falls sich der Zustandspunkt einer Grenzkurve annähert und anschließend diese ununterbrochen durchläuft (Grenzzyklus), handelt es sich um einen instabilen Ruhepunkt. Für diesen Fall stellt sich eine Dauerschwingung der Ausgangsgrößen mit konstanter Amplitude und bestimmten Frequenz ein. Diese Dauerschwingung wird als Grenzzyklus bezeichnet und trennt instabile von stabilen Bereichen des gesamten Zustandsraumes. Falls die Auslenkung vom Ursprung nicht größer ist als der Grenzzyklus und die Bahnkurve wieder in die Ruhelage zurückführt, spricht man von einem lokal asymptotischen Ruhepunkt mit beschränktem Einzugsgebiet (Bild 5.3 c). Lokal asymptotisch deshalb, da bei Auslenkungen, die größer als der Grenzzyklus sind, die Bahnkurven aufklingende Schwingungen beschreiben und das System nicht mehr in den Ruhepunkt zurückkehrt (instabil). Bahnkurven, die stabile von instabilen Bereichen trennen, bezeichnet man als Seperatirizen. Sie umschließen Bereiche mit Dauerschwingungen, während außerhalb dieser Bereiche nur instabile Eigenbewegungen auftreten [179].

5.2 Modellvereinfachung nichtlinearer Systeme

Aufgrund der besonderen Eigenheiten von nichtlinearen Systemen [12] wie z.B.:
- Unterschiedliche Lösungsverhalten je nach gewählten Anfangsbedingungen,
- Auftreten von Grenzzyklen,
- Auftreten von Amplituden-, Phasen oder Frequenzsprüngen,

müssen diese Besonderheiten bei der Modellbildung berücksichtigt werden. Dadurch wird die Entwicklung von systematischen Verfahren, wie sie im Bereich der linearen Systemtheorie bestehen, zur nichtlinearen Ordnungsreduktion erschwert. Bisherige Lösungsansätze sind in der Regel an spezielle nichtlineare Effekte gekoppelt und versagen beim Auftreten anderer nichtlinearer Eigenschaften. Für den Anwender steht zuerst die Bestimmung der Art der Nichtlinearitäten im Vordergrund. Die Auswahl eines geeigneten Verfahrens zur Ordnungsreduktion ist dann von der Art der Nichtlinearität bestimmt. Um diese Problematik zu umgehen und die Methoden der linearen Systemtheorie anwenden zu können, werden Modellvereinfachungen auf die Systembeschreibung nichtlinearer Systeme angewandt. Angelehnt an Troch [12] bestehen dazu folgende Verfahren zur Modellvereinfachung sowie zur Untersuchung bestimmter Systemeigenschaften, wie z.B. *Stabilität.*

I) Verfahren zur Modellvereinfachung:

- Linearisierung,
- Exakte Linearisierung und Systementkopplung durch Zustandsrückführung,
- Quasilineares Systemverhalten (Gütevektororientierte Frequenzgangapproximation),
- Schätzung und Kompensation von Nichtlinearitäten,
- Allgemeines Galerkin-Verfahren.

II) Verfahren zur Stabilitätsuntersuchung:

- Beschreibungsfunktion,
- Stabilitätskriterium von Ljapunow,
- Das Popow-Kriterium.

Das Ziel aller Verfahren, basierend auf den Methoden zur »Linearisierung«, ist, die nichtlineare Systembeschreibung durch eine äquivalente lineare Modellbeschreibung zu ersetzen. Es wird angenommen, dass darauf aufbauend die gesamte Breite von linearen Verfahren zur Systemanalyse und zum Reglerentwurf zur Verfügung steht.

5.2.1 Linearisierung

Die lineare Systemtheorie hat auch für nichtlineare Probleme eine große Bedeutung, da man nichtlineare Systembeschreibungen häufig durch »Linearisierung« auf eine lineare Systemdarstellung zurückführen kann. Es stehen dadurch die in großer Zahl vorhandenen Verfahrensweisen der linearen Systemtheorie auch den nichtlinearen Problembeschreibungen offen. In vielen Anwendungen, insbesondere in der Regelungstechnik, reicht es aus, dass das nichtlineare System aus der Gl. (5.4) und der Gl. (5.5) an einem bestimmten Arbeitspunkt $\mathbf{x}_0$ betrieben wird:

$$\dot{\boldsymbol{x}}(t) = \boldsymbol{f}(t, \boldsymbol{x}(t), \boldsymbol{u}(t)), \tag{5.4}$$

$$\boldsymbol{y}(t) = \boldsymbol{g}(t, \boldsymbol{x}(t), \boldsymbol{u}(t)). \tag{5.5}$$

In der Gl. (5.4) ist $\mathbf{x}(t)$ der n-dimensionale Zustandsvektor, $\boldsymbol{u}(t)$ der p-dimensionale Eingangsvektor und $\boldsymbol{f}(\mathbf{x}(t))$ eine im Allgemeinen n-dimensionale nichtlineare Funktion, die stetig für alle $x_1, x_2, \ldots, x_n$ differenzierbar ist. Reale Systeme mit einem großen Arbeitsbereich der Zustands- bzw. Ausgangsgrößen sind in der Regel nur durch nichtlineare mathematische Modelle zu beschreiben. In vielen Fällen wird durch Beschränkung des realen Systems auf geringe Abweichungen von einem Arbeitspunkt eine lineare Modellbeschreibung angegeben. Eine etwaige Regelung soll diese Vorgabe unter Inkaufnahme von geringen Abweichungen $\mathbf{x}(t) + \Delta\mathbf{x}(t)$ sicherstellen. Unter der Annahme, dass $\boldsymbol{x}_{\mathrm{s}}(t)$ und $\boldsymbol{y}_{\mathrm{s}}(t)$ eine Lösung der Gleichungssysteme (5.4) und (5.5) mit der dazugehörigen Eingangsfunktion $\boldsymbol{u}_{\mathrm{s}}(t)$ und einem gegebenen Anfangswert $\mathbf{x}_{\mathrm{s0}} = \mathbf{x}_{\mathrm{s0}}(t_0)$ ist, gelingt es, eine benachbarte Lösung mit dem Anfangszustand $\mathbf{x}(t_0) = \mathbf{x}_{\mathrm{s0}} + \Delta\mathbf{x}_0$ und der Eingangsfunktion $\boldsymbol{u}(t) = \boldsymbol{u}_{\mathrm{s}}(t) + \Delta\boldsymbol{u}(t)$ in folgender Form anzugeben:

$$\boldsymbol{x}(t) = \boldsymbol{x}_{\mathrm{s}}(t) + \Delta\boldsymbol{x}(t), \tag{5.6}$$

$$\boldsymbol{y}(t) = \boldsymbol{y}_{\mathrm{s}}(t) + \Delta\boldsymbol{y}(t). \tag{5.7}$$

Durch Einsetzen von Gl. (5.6) und (5.7) in die Beschreibung für das nichtlineare System (Gln. (5.4) und (5.5)) sowie einer Taylor-Reihenentwicklung für die dadurch resultierenden rechten Systemteile wird folgende Darstellung erhalten:

$$\begin{aligned}\frac{\mathrm{d}}{\mathrm{d}t}(\boldsymbol{x}_{\mathrm{s}}(t) + \Delta\boldsymbol{x}(t)) &= f\,(t, \boldsymbol{x}_{\mathrm{s}}(t) + \Delta\boldsymbol{x}(t), \boldsymbol{u}_{\mathrm{s}}(t) + \Delta\boldsymbol{u}(t)) = \\ &= \underbrace{f\,(t, \boldsymbol{x}_{\mathrm{s}}(t), \boldsymbol{u}_{\mathrm{s}}(t))}_{\dot{\boldsymbol{x}}_{\mathrm{s}}(t) = \mathbf{0}} + \boldsymbol{A}(t)\Delta\boldsymbol{x}(t) + \boldsymbol{B}(t)\Delta\boldsymbol{u}(t) + \boldsymbol{r}_1,\end{aligned} \tag{5.8}$$

$$\begin{aligned}\boldsymbol{y}_{\mathrm{s}}(t) + \Delta\boldsymbol{y}(t) &= g\,(t, \boldsymbol{x}_{\mathrm{s}}(t) + \Delta\boldsymbol{x}(t), \boldsymbol{u}_{\mathrm{s}}(t) + \Delta\boldsymbol{u}(t)) = \\ &= \underbrace{g\,(t, \boldsymbol{x}_{\mathrm{s}}(t), \boldsymbol{u}_{\mathrm{s}}(t))}_{\boldsymbol{y}_{\mathrm{s}}(t)} + \boldsymbol{C}(t)\Delta\boldsymbol{x}(t) + \boldsymbol{D}(t)\Delta\boldsymbol{u}(t) + \boldsymbol{r}_2.\end{aligned} \tag{5.9}$$

Die Elemente der Zeilen und Spalten der Jacobi-Matrizen $\boldsymbol{A}(t)$, $\boldsymbol{B}(t)$, $\boldsymbol{C}(t)$ und $\boldsymbol{D}(t)$ sind durch die partiellen Ableitungen der Zustandsgleichungen bzw. Ausgangsgleichungen nach den Zustandsgrößen bzw. Eingangsgrößen gegeben:

$$\begin{aligned}\boldsymbol{A}(t) &= \left(\frac{\partial \boldsymbol{f}(\boldsymbol{x})}{\partial \boldsymbol{x}}\right)_{\substack{x = x_{\mathrm{S}} \\ u = u_{\mathrm{S}}}}, \quad \boldsymbol{B}(t) = \left(\frac{\partial \boldsymbol{f}(\boldsymbol{x})}{\partial \boldsymbol{u}}\right)_{\substack{x = x_{\mathrm{S}} \\ u = u_{\mathrm{S}}}}, \\ \boldsymbol{C}(t) &= \left(\frac{\partial \boldsymbol{g}(\boldsymbol{x})}{\partial \boldsymbol{x}}\right)_{\substack{x = x_{\mathrm{S}} \\ u = u_{\mathrm{S}}}}, \quad \boldsymbol{D}(t) = \left(\frac{\partial \boldsymbol{g}(\boldsymbol{x})}{\partial \boldsymbol{u}}\right)_{\substack{x = x_{\mathrm{S}} \\ u = u_{\mathrm{S}}}}.\end{aligned} \tag{5.10}$$

Für die jeweiligen Elemente der Matrix $\boldsymbol{A}(t)$ gilt dementsprechend:

$$\boldsymbol{A}(t) = \begin{bmatrix} \frac{\partial f_1}{\partial x_1} & \frac{\partial f_1}{\partial x_2} & \cdots & \frac{\partial f_1}{\partial x_n} \\ \frac{\partial f_2}{\partial x_1} & \frac{\partial f_2}{\partial x_2} & \cdots & \frac{\partial f_2}{\partial x_n} \\ \vdots & \vdots & & \vdots \\ \frac{\partial f_n}{\partial x_1} & \frac{\partial f_n}{\partial x_2} & \cdots & \frac{\partial f_n}{\partial x_n} \end{bmatrix}_{\substack{\boldsymbol{x} = \boldsymbol{x}_S \\ \boldsymbol{u} = \boldsymbol{u}_S}} . \tag{5.11}$$

In Gl. (5.11) sind $f_1, f_2, ..., f_n$ die n Komponenten von $\boldsymbol{f}(\mathbf{x})$ aus Gl. (5.4). Die Vektoren $\boldsymbol{r}_1$ und $\boldsymbol{r}_2$ enthalten Terme höherer Ordnung, die sich bei der Taylor-Reihenentwicklung ergeben. Durch Vernachlässigung der Terme höherer Ordnung gelangt man zur linearisierten, vereinfachten dynamischen Zustandsraumbeschreibung mit den Anfangszuständen $\Delta\mathbf{x}_0$:

$$\Delta\dot{\boldsymbol{x}}(t) = \boldsymbol{A}(t)\Delta\boldsymbol{x}(t) + \boldsymbol{B}(t)\Delta\boldsymbol{u}(t), \tag{5.12}$$

$$\Delta\boldsymbol{y}(t) = \boldsymbol{C}(t)\Delta\boldsymbol{y}(t) + \boldsymbol{D}(t)\Delta\boldsymbol{u}(t). \tag{5.13}$$

Das lineare Gleichungssystem (5.12) und (5.13) wird aus der nichtlinearen Systembeschreibung aus den Gln. (5.4) und (5.5) durch »Linearisierung« erhalten und als »Erste Näherung« des nichtlinearen Systems betrachtet. Auf der linearisierten Systembeschreibung lassen sich nun die verschiedenen Verfahren der klassischen linearen Regelungstheorie zur Systemanalyse sowie zur Systemsynthese anwenden.

Für den Fall der Stabilitätsanalyse hat Ljapunow bewiesen, dass Stabilitätsaussagen, die am linearisierten System getroffen werden, auch für das nichtlineare System am entsprechenden Arbeitspunkt gelten. Besitzt die Systemmatrix aus Gl. (5.12) nur Eigenwerte mit negativem Realteil, gilt für das nichtlineare System ((5.4), (5.5)), dass es am Arbeitspunkt $\mathbf{x}_s$ asymptotisch stabil ist. Ist dagegen ein Eigenwert von $\boldsymbol{A}(t)$ positiv, dann ist das Originalsystem instabil. Für den Sonderfall, dass der Realteil eines Eigenwertes Null ist, kann keine Aussage aus der linearisierten Systemdarstellung, wie sie in den Gln. (5.12) und (5.13) vorliegt, für das nichtlineare System getroffen werden. Die Frage der Stabilität hängt dann noch von den vernachlässigten Termen höherer Ordnung der Taylor-Reihenentwicklung ab [206]. Die »Methode der ersten Näherung« ist eine von Ljapunow gewählte Bezeichnung für die Vorgehensweise, bei der aus einem um einen Arbeitspunkt linearisierten System auf das Stabilitätsverhalten des zu Grunde liegenden nichtlinearen Systems, in der Umgebung des Arbeitspunktes, geschlossen wird.

Wird, ausgehend von der linearisierten Modellbeschreibung, ein Reglerentwurf durchgeführt, können die Stabilitätsaussagen von Ljapunow auf Regelungssysteme übertragen werden [12]. Unter der Voraussetzung, dass die linearisierte Modellbeschreibung für eine lineare Rückführung asymptotisch stabil ist und zudem die Abweichungen zwischen dem geregelten nichtlinearen System und dem geregelten linearen System von höherer als erster Ordnung klein sind, ist auch das nichtlineare System, rückgekoppelt mit denselben Werten, asymptotisch stabil.

Weiterhin muss beachtet werden, dass im linearisierten System die asymptotische Stabilität eine »globale« Systemeigenschaft ist, wogegen sie in der nichtlinearen Beschreibungsform nur in einem kleinen Bereich um den Arbeitspunkt $\boldsymbol{x}_0$ gültig ist. Schlussfolgerungen durch eine Stabilitätsuntersuchung am linearisierten System nach Ljapunow's »Methode der ersten Näherung« können somit nur »lokal« für einen engen Bereich um den Arbeitspunkt des nichtlinearen Systems getroffen werden. Zudem lässt diese Vorgehensweise keine Aussage darüber zu, wie klein dieser Bereich in der Nähe des Arbeitspunktes sein muss, damit die am linearen System erhaltenen Kenntnisse auf das nichtlineare System übertragbar sind. Bei einer Reglerentwurfsaufgabe ist der eingeschränkte Gültigkeitsbereich, des am linearisierten Modell entworfenen, aber am nichtlinearen System angewandten Reglers, zu beachten. Eine Erweiterung gelingt durch das sogenannte »Multi-Modell-Problem«. Dabei werden linearisierte Modelle für k verschiedene Arbeitspunkte x_{0i} ($i = 1,\ldots,k$) zur Beschreibung des nichtlinearen Systems in einem größeren Arbeitsbereich generiert. Zur Reglerauslegung kann nun versucht werden, einen fest eingestellten robusten linearen Regler zu entwerfen, der für den gesamten Arbeitsbereich zufriedenstellende Ergebnisse liefert. Dazu gibt es verschiedene Verfahren, wie z.B.

- Parameterraumverfahren [187],
- Robustheitsanalyse [188].

Die Frage nach der Stabilität des geregelten Systems bei zugrundeliegender linearer Modellbeschreibung wird ausführlich in [181, 185, 186] erläutert.

Die Modellvereinfachung durch Linearisierung setzt voraus, dass die Vektoren $\boldsymbol{r}_1$ und $\boldsymbol{r}_2$ klein sind und vernachlässigt werden können. Allerdings gibt es durchaus Fälle, bei denen diese Vorraussetzung nicht zutrifft, wie z.B. Coulomb-Reibung [210]; dann können die Systeme nicht linearisiert werden. Werden größere Bereiche um den Arbeitspunkt zugelassen, so versagt die Methode der Linearisierung aufgrund der damit verbundenen *großen* Fehler ebenso. Für Kennlinien, die z.B. aufgrund von Unstetigkeiten nicht zu linearisieren sind oder, falls bewusst im nichtlinearen Bereich gearbeitet werden soll, benötigt man spezielle Verfahren, wie z.B. die Beschreibungsfunktion oder die Vibrationslinearisierung [179].

5.2.2 Exakte Linearisierung

Limitierende Eigenschaft für dieses Verfahren ist die Forderung nach gleicher Anzahl von Eingangs- und Ausgangsgrößen. Ausgehend von der Systemdarstellung eines nichtlinearen Mehrgrößensystems (Gl. (5.4) und Gl. (5.5)) versucht das Verfahren der »Exakten Linearisierung und Systementkopplung durch Zustandsrückführung« über eine Rückführung der Form

$$\boldsymbol{u} = \boldsymbol{k}(\boldsymbol{x}) + \boldsymbol{K}(\boldsymbol{x})\boldsymbol{v} \tag{5.14}$$

das System zu entkoppeln, so dass eine Eingangsgröße nur noch eine Ausgangsgröße beeinflusst. Dies gelingt durch Einbeziehung von Gl. (5.14) und Anwendung der nichtlinearen Transformation

$$z = \boldsymbol{T}(\boldsymbol{x}) \tag{5.15}$$

auf das nichtlineare Originalsystem, gegeben durch die Gln. (5.4) und (5.5). Das neue System, durch die Gln. (5.16) und (5.17) beschrieben, weist in Bezug auf das Ein- und Ausgangsverhalten der transformierten Größen ein lineares Übertragungsverhalten auf. Die Darstellung als transformiertes lineares Regelsystem mit dem Eingangsvektor $\boldsymbol{v}(t)$, dem Ausgangsvektor $\boldsymbol{y}(t)$ und dem transformierten Zustandsvektor $\boldsymbol{z}(t)$ lautet wie folgt:

$$\dot{z}(t) = \boldsymbol{A}z(t) + \boldsymbol{B}\boldsymbol{v}(t)\,, \tag{5.16}$$

$$y(t) = \boldsymbol{C}z(t)\,. \tag{5.17}$$

Die wesentliche Schwierigkeit besteht in der Bestimmung der Komponenten für die Zustandsrückführung, mit deren Hilfe eine Systementkopplung gelingt. Wesentliche Beiträge dazu wurden von Freund/Hoyer [180] und Sommer [183] geleistet. Für eine ausführliche Beschreibung siehe [182, 184]. Ein einfaches Beispiel für einen Roboter mit flexiblen Gelenken ist in [12] zu finden.
Die Vorgehensweise wird für ein einfaches Beispiel, entnommen aus [138], aufgezeigt. Gegeben ist folgende nichtlineare Systembeschreibung:

$$\dot{x}(t) = x(t)^2 + u(t), \tag{5.18}$$

$$y(t) = 2x(t). \tag{5.19}$$

Aus Gl. (5.18) wird deutlich, dass das Übertragungsverhalten zwischen der Eingangsgröße $u(t)$ und der Zustandsgröße $x(t)$ nichtlinear ist. Durch Einführung einer nichtlinearen Rückführung folgender Form:

$$u(t) = u_1(t) + u_n(t), \quad \text{mit} \tag{5.20}$$

$$u_n(t) = -x(t)^2\,, \tag{5.21}$$

erhält man eine lineare Darstellung des Subsystems:

$$\dot{x}(t) = u_1(t), \tag{5.22}$$

$$y(t) = 2x(t). \tag{5.23}$$

Die Beziehung zwischen der Zustandsgröße $x(t)$ und der neuen Eingangsgröße $u_1(t)$ ist nunmehr linear.
Dieser Zusammenhang ist in Bild 5.4 als Blockbild dargestellt. Das Verfahren der exakten Linearisierung fasst nichtlineare Subsysteme so zusammen, dass sich die darin enthaltenen Nichtlinearitäten in Bezug auf das Gesamtsystem kompensieren. Das Gesamtsystem (unterlegter Block) zeigt dann nach *außen* ein lineares Übertragungsverhalten zwischen den Eingangsgröße $u_1(t)$ und der Ausgangsgrößen $x(t)$. Zu beachten ist dabei, dass die Bestimmung der Nichtlinearität in Gl. (5.18) während der Modellbildung meist nur näherungsweise erfolgen kann. Die Rückführung in Gl.(5.21) kann dann die Nichtlinearität im realen System nicht vollständig kompensieren, so dass ein nichtlineares Verhalten zwischen Zustandsgröße $x(t)$ und der neuen Eingangsgröße $u_1(t)$ am realen System entsteht. Dieses Verhalten kann dann, im Vergleich zum nichtlinearen Originalsystem, von völlig anderer Struktur sein.

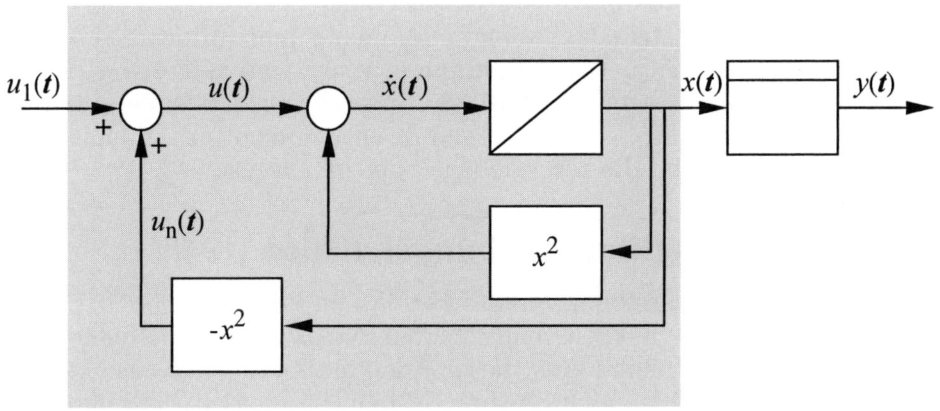

Bild 5.4: Blockdiagramm zur Exakten Linearisierung

Weiterhin ist für lineare Systeme charakteristisch, dass Fehler bei der Modellbildung, Fehler durch Rechenungenauigkeiten oder Fehler durch Ungenauigkeiten in den Anfangsbedingungen nicht das lineare Übertragungsverhalten verändern. Dies ist bei der vorgestellten Methode zur »Exakten Linearisierung durch Zustandsrückführung« nicht gegeben. Skelton [138] lehnt deshalb die Bezeichnung »lineare Systeme« für diese Klasse von Systembeschreibung ab, da die Methoden der linearen Systemtheorie bei fehlerhafter Bestimmung der Nichtlinearität, und sei sie noch so gering, nicht angewendet werden können.

5.2.3 Gütevektororientierte Frequenzgangapproximation

Stahl hebt in [144] die Bedeutung einer guten Übereinstimmung des Frequenzganges, von Originalmodell und reduziertem Modell, zur Reglerauslegung hervor. Aufbauend darauf wurde ein Ordnungsreduktionsverfahren für lineare Systeme durch Approximation von Frequenzstützstellen [189, 190, 191, 193] entwickelt. Die Erweiterung des Verfahrens auf nichtlineare Modelle ist möglich. Ziel dabei ist, für ein nichtlineares System ein lineares Ersatzsystem zu ermitteln. Als Einschränkung für diese Vorgehensweise gilt jedoch, dass das betrachtete System (bzw. der betrachtete Pfad von Eingangsgröße *i* zur Ausgangsgröße *j*) nur quasilineares Verhalten aufweist. Das bedeutet:

»Bei Anregung des Systems mit beliebigen Eingangssignalen dürfen nur so kleine Auslenkungen aus dem Arbeitspunkt entstehen, dass die nichtlinearen Effekte einen vernachlässigbaren Anteil an der Systemreaktion ausmachen.«

Die den Verfahren zugrundegelegten Frequenzgangstützstellen sind Messpunkte, die direkt aus der realen Anlage gewonnen werden und das Verhalten näherungsweise um den Arbeitspunkt beschreiben. Zur ausführlichen Beschreibung des Grundverfahrens wird auf die Literatur verwiesen [191]. Das darin beschriebene »Gütevektor-Approximationsverfahren« liefert auf der Basis von Frequenzstützstellen lineare Ersatzfrequenzgangfunktionen. Für nichtlineare Systeme mit quasilinearem Verhalten an einem bestimmten Arbeitspunkt (Festwertregelung) kann für diesen Arbeitsbereich ebenso ein lineares Ersatzsystem ermittelt werden. Ein Beispiel aus dem Kraftwerksbereich, entnommen aus Bühler [192] und Stahl [193], untermauert die beschriebene Vorgehensweise.

5.2.4 Methode der Beschreibungsfunktion [194]

Die Methode der Beschreibungsfunktion erfolgt im Frequenzbereich. Sie dient dazu, festzustellen, ob in einem nichtlinearen Regelkreis eine stationäre Dauerschwingung erhalten bleibt. Aus dieser Erkenntnis wird auf das Stabilitätsverhalten der Ruhelage im nichtlinearen System geschlossen. Falls eine Dauerschwingung vorliegt, befindet sich der Regelkreis in einem Schwingungsgleichgewicht, dem »Zustand der Harmonischen Balance«. Diese Dauerschwingung wird im nichtlinearen Regelkreis als stabile Ruhelage des Systems bezeichnet und trennt instabile von asymptotisch stabilen Bereichen. Die bisher geschilderten Verfahren dienen im Wesentlichen dazu, Schlussfolgerungen auf die Stabilität des nichtlinearen Systems zu liefern. Für nichtlineare Systeme, deren Nichtlinearitäten sich nicht stetig differenzieren lassen, versagen diese Vorgehensweisen. Mittels der Beschreibungsfunktion gelingt es auch für Systembeschreibungen, die Kennlinien enthalten, eine Aussage über das Stabilitätsverhalten dieser Systeme zu treffen. Dazu werden die linearen Elemente zu einem linearen Subsystem zusammengefasst und durch dessen Frequenzgang $F(\mathrm{j}\omega)$ beschrieben. Für das nichtlineare Element wird eine entsprechende Beschreibungsfunktion definiert. Sie kann als Ersatzfrequenzgang des Kennliniengliedes betrachtet werden. Bei der Anwendung des Verfahrens werden folgende Vorrausetzungen getroffen:

- Die nichtlineare Kennlinie ist symmetrisch zum Nullpunkt $f(-x) = -f(x)$,
- Das lineare Teilsystem hat Tiefpasscharakter.

Die Symmetrie zum Nullpunkt ist für viele Kennlinien, wie z.B. Getriebelose und Schalter, erfüllt. Die Symmetrie bedeutet, dass sie durch Spiegelung am Nullpunkt in sich selbst übergehen. Im Frequenzgang bedeutet dies, dass der Betrag von $|F(j\omega)|$ mit wachsendem ω schnell absinkt. Der lineare dynamische Teil des Kreises unterdrückt damit die Oberwellen wesentlich stärker als die Grundwelle der stationären Schwingung. Diese Forderung ist allerdings nur dann erfüllt, falls die Frequenz der Dauerschwingung ω im Kreis nicht vor den Knickfrequenzen des linearen Teilsystems liegt.

Sind die Vorraussetzungen erfüllt, wird man die näherungsweise Beschreibung des Regelkreises und die daraus folgenden Resultate als ausreichende Approximation des tatsächlichen Verhaltens ansehen.

Da die Bestimmung der Beschreibungsfunktion den Rahmen dieses Buches überschreiten würde, wird auf die einschlägige Literatur [179, 194, 195, 196] verwiesen. Dort finden sich für viele Nichtlinearitäten ausführliche Dokumentationen. Eine kurze Einführung erscheint zum Verständnis des Verfahrens unumgänglich und soll kurz vorgestellt werden.

Im Zustand des Gleichgewichtes (Schwingungszustand) sind die zeitveränderlichen Größen u, x und x_e periodische Funktionen, die sich in Fourierreihen entwickeln lassen. Für den Eingang in das nichtlineare Element x_e gilt: $x_e(t) = -x(t)$. Die Größe $u(t)$ beschreibt das Ausgangssignal des nichtlinearen Elementes. Für $u(t)$ gilt die Reihenentwicklung mit ω_p als noch unbekannte Frequenz:

$$u(t) = b_0 + \sum_{\upsilon=1}^{\infty}\left(a_\upsilon \sin \upsilon\,\omega_p t + b_\upsilon \cos \upsilon\,\omega_p t\right). \tag{5.24}$$

Bei symmetrischen Kennlinien – und solche werden hier nur betrachtet – gilt für den Koeffizienten $b_0 = 0$. Unter Berücksichtigung der Phasenverschiebung lässt sich auch schreiben:

$$u(t) = \sum_{\upsilon=1}^{\infty} C_\upsilon \sin(\upsilon\,\omega_p t + \rho_\upsilon). \tag{5.25}$$

Aufgrund des Tiefpassverhaltens des linearen Teils erzeugt $u(t)$ beim Durchlauf durch diesen Teil wiederum eine Sinusschwingung der Form:

$$x(t) = \sum_{\upsilon=1}^{\infty} \left|F(j\upsilon\,\omega_p)\right| C_\upsilon \sin\left[\upsilon\,\omega_p t + \rho_\upsilon + \rho(F(j\upsilon\,\omega_p))\right], \tag{5.26}$$

mit $F(j\omega)$ als Frequenzgang des linearen Systemteils. In Gl. (5.26) werden alle Oberschwingungen vernachlässigt, so dass nur die Grundwelle berücksichtigt wird. Dies hat zur Folge, dass die Eingangsgröße $u(t)$ des linearen Teils so wirkt, als ob sie nur aus dem ersten Term besteht, da die übrigen Terme beim Durchlauf durch das lineare Element gefiltert werden, obwohl sie durchaus vorhanden sind. Sie wirken sich somit im geschlossenen Kreis nicht aus und dürfen bei Betrachtung des Schwingungsgleichgewichtes unberücksichtigt bleiben. Zur weiteren Betrachtung wird die Eingangsgröße in das lineare Element $u(t)$ als harmonische Schwingung betrachtet:

$$u_{\mathrm{h}}(t) = a_{\mathrm{h}} \sin \omega_{\mathrm{p}} t + b_{\mathrm{h}} \cos \omega_{\mathrm{p}} t = C_{\mathrm{h}} \sin(\omega_{\mathrm{p}} t + \rho_{\mathrm{h}}), \tag{5.27}$$

so dass für den Eingang in das nichtlineare Element $x_{\mathrm{e}}(t)$ aufgrund von $x_{\mathrm{e}}(t) = -x(t)$ auch eine reine Sinusschwingung angenommen werden kann:

$$x_{\mathrm{e}}(t) = X \sin \omega_{\mathrm{p}} t. \tag{5.28}$$

In Gl.(5.28) ist X die Amplitude der noch unbekannten Dauerschwingung. Die Phasenverschiebung ist zu Null gesetzt, was bei einer im Regelkreis auftretenden Sinusschwingung angenommen werden darf [194]. Es zeigt sich, dass das nichtlineare Element aus einer Sinusschwingung, die am Eingang anliegt, wiederum eine Sinusschwingung am Ausgang erzeugt, mit veränderter Amplitude und Phase. Dies ist ein Verhalten, wie es auch bei linearen Elementen anzutreffen ist. Man verfährt deshalb wie beim Frequenzgang $F(\mathrm{j}\omega)$, bei dem man die Schwingung komplex ansetzt und den Quotienten zwischen Ausgangssignal und Eingangssignal bildet. Daraus ergibt sich die Beschreibungsfunktion für das nichtlineare Element:

$$N(X) = \underbrace{N_{\mathrm{R}}(X)}_{\frac{a_{\mathrm{h}}}{X}} + \mathrm{j}\underbrace{N_{\mathrm{I}}(X)}_{\frac{b_{\mathrm{h}}}{X}}. \tag{5.29}$$

Als Eingangsparameter im nichtlinearen Element erscheint nicht die Frequenz ω, sondern die Eingangsamplitude X. Es sei angemerkt, dass die Beschreibungsfunktion für das Kennlinienelement die gleiche Bedeutung besitzt, wie der Frequenzgang für das lineare Element. Das nichtlineare Element wird entsprechend wie ein lineares Element beschrieben und untersucht. Die Beschreibung ist jedoch nur für den Zustand des Schwingungsgleichgewichtes und in Nachbarzuständen gültig. Damit kann auf ein auf- bzw. abklingendes Systemverhalten geschlossen werden, was wiederum eine Aussage in Bezug auf die Stabilität zulässt.

Ähnlich wie bei linearen Systemen, bei der die Schwingungsbedingung

$$F_o(\mathrm{j}\omega) + 1 = 0 \tag{5.30}$$

zur Bestimmung einer etwaigen Stabilitätsgrenze bestimmt wird, wird für den nichtlinearen Kreis $F_0(\mathrm{j}\omega)$ durch das Produkt aus $F(\mathrm{j}\omega)$ und $N(X)$ ersetzt, so dass folgende Gleichung zur Bestimmung über das Auftreten einer Dauerschwingung zu lösen ist:

$$N(X)F(\mathrm{j}\omega)+1=0. \tag{5.31}$$

Im Gegensatz zum linearen Fall, bei dem aus der Schwingungsbedingung die Kreisfrequenz ω_k sowie die dazugehörige kritische Kreisverstärkung der Dauerschwingung bestimmt werden, erhält man im nichtlinearen Fall die Kreisfrequenz ω und die Amplitude X der Grundschwingung des Grenzzyklus. Für eindeutige Kennlinien, d.h. Kennlinien ohne Hysterese, ist die Beschreibungsfunktion reell, so dass im Allgemeinen, wie bei linearen Teilsystemen niedriger Ordnung, eine analytische Lösung möglich ist. Bei Kennlinien mit Hysterese und somit komplexen Beschreibungsfunktionen empfiehlt sich eine grafische Lösung, die als das *Zwei-Ortskurven-Verfahren* bezeichnet wird [179, 194].
Die Beschreibungsfunktion ist geeignet, Nichtlinearitäten in Form von Kennlinien in die Untersuchung von Stabilitätsfragen einzubeziehen, da sie eine Möglichkeit darstellt, Dauerschwingungen eines nichtlinearen Systems zu ermitteln. Ihre Verwendung für realistisch beschriebene Systeme beruht auf der von Föllinger [194] formulierten Faustregel:

»Besitzt ein nichtlineares technisches System nur eine Ruhelage und hat man seine wesentlichen Nichtlinearitäten erfasst, so wird man erwarten dürfen, dass seine Ruhelage global asymptotisch stabil ist, wenn keine Dauerschwingungen auftreten.

Kommen hingegen Dauerschwingungen vor, so wird die Ruhelage instabil, stabil oder asymptotisch stabil mit begrenztem Einzugsbereich sein. Das hängt vom Verhalten der Dauerschwingung ab.

Tritt eine Dauerschwingung auf, so wird die Ruhelage nicht global asymptotisch stabil sein.«

Bei Anwendung der vorgestellten Methode ist zu beachten, dass nach wie vor keine strenge Beweisführung existiert. Das Verfahren gilt deshalb nur als Hilfsmittel zur Feststellung einer gewissen *Plausibilität.* In [12] wurde darauf hingewiesen, dass zum einen das Verfahren in Extremfällen das Vorhandensein einer Dauerschwingung vortäuschen kann und zum anderen eventuell vorhandene Grenzzyklen durch das Verfahren nicht erfasst werden.
Da in der Regelungstechnik die Frage nach der Stabilität des nichtlinearen Gesamtsystems oftmals im Vordergrund steht, wurden eine Reihe von weiteren Verfahren entwickelt, um die Stabilitätsfrage zu beantworten. Allen Verfahren ist gemeinsam, dass sie lediglich zur Untersuchung der Stabilitätseigenschaften dienen. Als wichtigste Vertreter seien genannt:

- Ermittlung von Ljapunow-Funktionen
  - Die Methode von Aisermann [185, 194],
  - Die Methode des variablen Gradienten von Schultz und Gibson [194, 201],
- Das Kriterium von Popow [194, 202, 203],
- Allgemeines Galerkin-Verfahren [12, 196, 201].

Grundgedanke bei der Direkten Methode von Ljapunow ist [194], *»eine Funktion V(**x**) zu finden, die in einer Umgebung der Ruhelage positiv definit ist und überdies die Eigenschaft hat, dass die Funktion*

$$\dot{V}=\frac{\mathrm{d}}{\mathrm{d}t}V\left(x_1(t),\ldots,x_n(t)\right)=\sum_{i=1}^{n}\frac{\partial}{\partial x_i}\dot{x}_i=\sum_{i=1}^{n}\frac{\partial}{\partial x_i}f_i\left(x_1,\ldots,x_n\right)$$

in der Umgebung der Ruhelage negativ definit wird, d.h. ″ 0 *ist und nur im Nullpunkt selbst verschwindet«.* Ist dies erfüllt, wird die Ruhelage als asymptotisch stabil bezeichnet. Das Verfahren erlaubt die Bearbeitung verwickelter Stabilitätsprobleme. Der Name »Direktes Verfahren« kommt aus der Tatsache, dass das Verfahren nicht über die Lösung der Zustandsdifferentialgleichung auf die Beantwortung der Stabilitätsfrage schließt. Hauptproblem ist die Ermittlung einer Ljapunow-Funktion, da es dazu kein schematisches Verfahren gibt. Zur Bestimmung der notwendigen Ljapunow-Funktionen sind zwei Verfahren, die »Methode von Aisermann« sowie das Verfahren von »Schultz und Gibson«, hilfreich. Für den Fall, dass das System nicht global asymptotisch stabil ist, kann *nur* das Verfahren der »Direkten Methode« eine gesicherte Aussage liefern. Das später beschriebene Popov-Kriterium versagt für diesen Fall.

Das Popow-Kriterium zur Stabilitätsuntersuchung nichtlinearer Regelkreissysteme ist nach Föllinger wegen seiner Exaktheit und Einfachheit das *»nichtlineare Stabilitätskriterium par excellence«*. Es lässt sich ebenso wie das Nyquist-Kriterium für die lineare Betrachtungsweise mit Hilfe einer Ortskurve formulieren. Allerdings muss beachtet werden, dass auch dieses Verfahren nicht alle auftretenden Fälle abdecken kann, weshalb auf die bereits beschriebenen Verfahren nicht verzichtet werden kann. Für die Kennlinie gilt als Vorraussetzung, dass sie eindeutig und stückweise stetig ist und zudem durch den Nullpunkt geht. Eine ausführliche Beschreibung ist in [194] zu finden.

Das Allgemeine Galerkin-Verfahren, wie es in [12] beschrieben wird, ist ebenso wie die Beschreibungsfunktion kein abgesichertes Näherungsverfahren zur vereinfachten Systembeschreibung. Vielmehr handelt es sich hier um eine heuristische Vorgehensweise, die in vielen Beispielen erfolgreich angewandt werden konnte. Ein weiteres Verfahren zur Modellvereinfachung beruht auf der »Schätzung und Kompensation von Nichtlinearitäten«. Ziel ist, die vorhandenen Nichtlinearitäten zu kompensieren. Dabei wird versucht, den Einfluss *parasitärer* Effekte zu reduzieren. Die Nichtlinearitäten werden als äußere Störungen, die auf das System wirken, aufgefasst und über einen Störgrößenbeobachter geschätzt. Das Originalsystem liegt bei diesem Verfahren in folgender Form vor:

$$\begin{aligned} \dot{x}(t) &= A_0 x(t) + N_0 n(x(t)) + B_0 u(t), \\ y(t) &= C_0 x(t). \end{aligned} \tag{5.32}$$

Behandelt werden können damit vorwiegend mechanische Regelungsprobleme, die ein überwiegend lineares Verhalten aufweisen, aber zusätzlich »Schmutzeffekte« wie Coulomb-Reibung oder Lose enthalten. Nach Schätzung der angreifenden Nichtlinearitäten wird bei diesem Verfahren im Sinne einer Störgrößenaufschaltung eine Kompensation der nichtlinearen Effekte vorgenommen. Zunächst fasst man den nichtlinearen Anteil $n(\mathbf{x}(t))$ als äußere Störung des Systems auf und schätzt sie über einen Störgrößenbeobachter. Man erhält ein fiktives Modell, welches die Zeitverläufe $n(\mathbf{x}(t))$ näherungsweise beschreibt, so dass sich eine lineare Ersatzsystembeschreibung ergibt. Dieses Verfahren hat sich in der Vergangenheit bei vielen praktischen Problemstellungen, insbesondere bei der Reduzierung des Einflusses von schwachen nichtlinearen Effekten, bewährt.
Die individuelle Wahl des Störgrößenmodells lässt eine gute Problemanpassung zu. Für eine ausführliche Beschreibung siehe [12, 197, 198, 199, 200].

5.3 Ordnungsreduktion bei nichtlinearen Systemen

Die einzelnen Ordnungsreduktionsverfahren für lineare Systeme eignen sich nicht für alle beliebigen Anwendungsgebiete. Für die nichtlinearen Ordnungsreduktionsverfahren gilt dieser Grundsatz verstärkt. Die Einteilung der Nichtlinearitäten in verschiedene Klassen verlangt auch die Entwicklung darauf bezogener Ordnungsreduktionsverfahren [210, 211, 212, 214, 215, 216, 218, 220]. In diesem Abschnitt werden die wesentlichen Verfahren der Ordnungsreduktion nichtlinearer Modelle vorgestellt. Dabei soll sich die Darstellung auf die Klassifizierung, wie sie Bild 5.5 zeigt, beschränken.

5.3.1 Singuläre Perturbation

Die Verfahren der singulären Perturbation können sowohl auf lineare als auch auf nichtlineare Systeme angewendet werden. Der primäre Zweck dieser Verfahren ist die Vernachlässigung der hohen Frequenzen des schnellen Teilsystems. Wie bereits im Abschnitt 3.3.1 geschildert, erfordert das Verfahren der singulären Perturbation bereits bei linearen Systemen Kenntnisse über das zu untersuchende System. Im Fall einer nichtlinearen Systembeschreibung sind darüber hinausgehende detaillierte Systemkenntnisse erforderlich.
Der Grundgedanke der singulären Perturbation ist, das vorhandene nichtlineare System, in ein schnelles und ein langsames Teilsystem aufzuspalten. Es interessiert letztlich das langsamere Subsystem, da es aufgrund seiner Eigenschaft

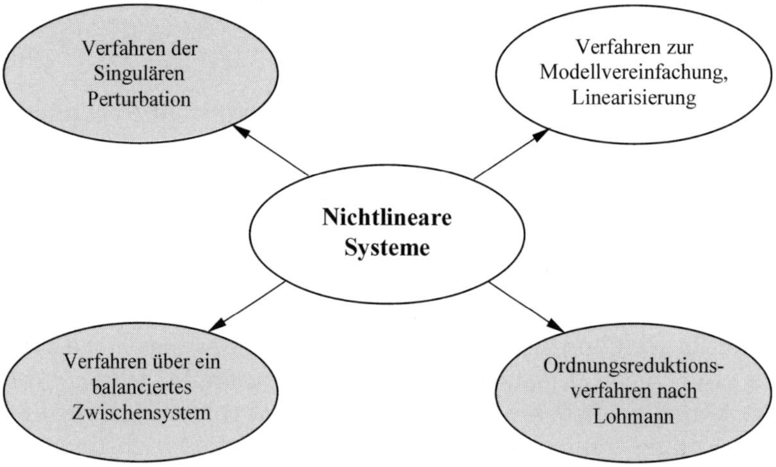

Bild 5.5: Modellvereinfachung und Ordnungsreduktion nichtlinearer Systeme

den dominanten Anteil darstellt, so dass man das schnelle Subsystem für den stationären Fall betrachtet, den so errechneten schnellen Teilzustandsvektor in die Gleichung für das langsame Subsystem einsetzt und schließlich das ordnungsreduzierte System erhält.
Ausgangspunkt der Betrachtungen ist die bereits aufgespaltete nichtlineare Systembeschreibung:

$$\begin{aligned} \dot{\boldsymbol{x}}_1(t) &= \boldsymbol{f}_1(\boldsymbol{x}_1(t), \boldsymbol{x}_2(t), \boldsymbol{u}(t)), \\ \varepsilon\, \dot{\boldsymbol{x}}_2(t) &= \boldsymbol{f}_2(\boldsymbol{x}_1(t), \boldsymbol{x}_2(t), \boldsymbol{u}(t)), \end{aligned} \tag{5.33}$$

mit kleinen Werten für ε. Der Teilzustandsvektor $\mathbf{x}_1(t)$ stellt einen langsamen, $\mathbf{x}_2(t)$ einen schnellen Systemanteil dar. Betrachtet man das schnelle Subsystem für den stationären Zustand, setzt man also $\varepsilon = 0$, erhält man:

$$\boldsymbol{f}_2(\boldsymbol{x}_1(t), \boldsymbol{x}_2(t), \boldsymbol{u}(t)) = 0. \tag{5.34}$$

Lässt sich Gl. (5.34) nach dem Teilvektor $\mathbf{x}_2(t)$ –

$$\boldsymbol{x}_2(t) = \boldsymbol{h}(\boldsymbol{x}_1(t), \boldsymbol{u}(t)) \tag{5.35}$$

auflösen und in Gl. (5.33) einsetzen, erhält man das ordnungsreduzierte System. Dies beschreibt die *langsame* Grundlösung mit dem Überlagerten quasi-stationären Anteil des *schnellen* Teilsystems:

$$\dot{\boldsymbol{x}}_1(t) = \boldsymbol{f}_1(\boldsymbol{x}_1(t),\ \boldsymbol{h}(\boldsymbol{x}_1(t),\ \boldsymbol{u}(t)),\ \boldsymbol{u}(t)). \tag{5.36}$$

Die Einfachheit dieses Verfahrens soll aber über dessen Nachteile nicht hinwegtäuschen. Denn es ist zu fragen, nach welchen Kriterien die Zustandsgrößen nach »schnell« und »langsam« aufgeteilt werden können. Wenn eine derartige

Aufteilung aus physikalischen Gesichtspunkten heraus möglich ist, dann kann bereits bei der Modellbildung auf einige Zustandsgrößen verzichtet werden. In [207] wird gezeigt, dass man bereits bei der Modellbildung durch bloßes Weglassen von Systemkomponenten Ergebnisse erhält, die denen der mathematischen Ordnungsreduktion mittels Singulärer Perturbation ähnlich sind. Außerdem muss man fragen, ob tatsächlich in allen Fällen nur der langsamere Teil des Systems von Interesse ist. Es sind zum Beispiel Fälle denkbar, in denen wesentliche Systemkomponenten schnelle Bewegungen aufweisen, die dann aber langsam auf ihre Endwerte einschwingen.
Ein Vorschlag in [212] kombiniert die singuläre Perturbation mit einem Verfahren, das für schwach gekoppelte nichtlineare Subsysteme geeignet ist. Dabei gelingt die Systemzerlegung durch Aufteilung in ein dominantes und ein nichtdominantes Teilsystem. Vorausgesetzt wird, dass im Nichtlinearitätenvektor $\mathbf{g}(\mathbf{x}_\mathrm{d}(t), \boldsymbol{u}(t))$ nur dominante Zustandsgrößen enthalten sind. Die Aufteilung in einen dominanten und einen nichtdominanten Systemteil deckt sich nicht mit der Aufteilung in einen schnellen und einen langsamen Teil. Zur Beurteilung, welche Zustandsgrößen dominant sind, muss eine Dominanzuntersuchung durchgeführt werden. Für nichtlineare Systeme sind dabei alle Zustandsgrößen, die im Nichtlinearitätenvektor auftreten, als wesentlich zu betrachten.

Ausgangspunkt für diese Methode ist folgende Darstellung des Originalsystems:

$$\dot{\boldsymbol{x}}(t) = \boldsymbol{A}\boldsymbol{x}(t) + \boldsymbol{B}\boldsymbol{u}(t) + \boldsymbol{F}\boldsymbol{g}(\boldsymbol{x}_\mathrm{d}(t),\ \boldsymbol{u}(t)). \tag{5.37}$$

Die Aufteilung in die beiden Subsysteme (d: dominant; nd: nicht dominant) erfolgt in der Form:

$$\begin{aligned}\dot{\boldsymbol{x}}_\mathrm{d}(t) &= \boldsymbol{A}_{11}\boldsymbol{x}_\mathrm{d}(t) + \boldsymbol{A}_{12}\boldsymbol{x}_\mathrm{nd}(t) + \boldsymbol{B}_1\boldsymbol{u}(t) + \boldsymbol{F}_1\boldsymbol{g}(\boldsymbol{x}_\mathrm{d}(t),\ \boldsymbol{u}(t)),\\ \dot{\boldsymbol{x}}_\mathrm{nd}(t) &= \boldsymbol{A}_{21}\boldsymbol{x}_\mathrm{d}(t) + \boldsymbol{A}_{22}\boldsymbol{x}_\mathrm{nd}(t) + \boldsymbol{B}_2\boldsymbol{u}(t) + \boldsymbol{F}_2\boldsymbol{g}(\boldsymbol{x}_\mathrm{d}(t),\ \boldsymbol{u}(t)).\end{aligned} \tag{5.38}$$

Wie bei der singulären Störungsrechnung selbst wird auch hier angenommen, dass $\dot{\mathbf{x}}_\mathrm{nd}(t)$ klein ist, so dass die nichtdominanten Zustandsgrößen $\mathbf{x}_\mathrm{nd}(t)$ aus beiden Gleichungen eliminiert werden können, wenn $\boldsymbol{A}_{22}$ regulär ist:

$$\mathbf{0} = \boldsymbol{A}_{21}\boldsymbol{x}_\mathrm{d}(t) + \boldsymbol{A}_{22}\boldsymbol{x}_\mathrm{nd}(t) + \boldsymbol{B}_2\boldsymbol{u}(t) + \boldsymbol{F}_2\boldsymbol{g}(\boldsymbol{x}_\mathrm{d}(t), \boldsymbol{u}(t)). \tag{5.39}$$

Man erhält als reduziertes System:

$$\dot{\boldsymbol{x}}_\mathrm{d}(t) = \tilde{\boldsymbol{A}}\boldsymbol{x}_\mathrm{d}(t) + \tilde{\boldsymbol{B}}\boldsymbol{u}(t) + \tilde{\boldsymbol{F}}\boldsymbol{g}(\boldsymbol{x}_\mathrm{d}(t),\ \boldsymbol{u}(t)) \tag{5.40}$$

mit den Systemmatrizen:

$$\begin{aligned}\tilde{\boldsymbol{A}} &= \boldsymbol{A}_{11} - \boldsymbol{A}_{12}\boldsymbol{A}_{22}^{-1}\boldsymbol{A}_{21},\\ \tilde{\boldsymbol{B}} &= \boldsymbol{B}_1 - \boldsymbol{A}_{12}\boldsymbol{A}_{22}^{-1}\boldsymbol{B}_2,\\ \tilde{\boldsymbol{F}} &= (\boldsymbol{F}_1 - \boldsymbol{A}_{12}\boldsymbol{A}_{22}^{-1}\boldsymbol{F}_2).\end{aligned} \tag{5.41}$$

Bei Betrachtung von $\tilde{\boldsymbol{F}}$ wird deutlich, dass durch die Vorgehensweise, aufgrund des Terms $\boldsymbol{A}_{12}\boldsymbol{A}_{22}^{-1}\boldsymbol{F}_2$, neue Nichtlinearitäten erzeugt werden. Allerdings ist dies nicht der Fall, falls das nichtdominante Subsystem linear ist. Das Verfahren kann auf beliebige Nichtlinearitäten angewandt werden.

Die wesentlichen Eigenschaften, die das Verfahren der Singulären Perturbation kennzeichnen, sind:

- Bei der Reduktion behalten die Zustandsgrößen ihre physikalische Bedeutung bei.
- Das Reduktionsverfahren gewährleistet stationäre Genauigkeit.
- Durch die Aufteilung in ein schnelles/langsames bzw. dominantes/nichtdominantes Subsystem ist die Ordnung des reduzierten Systems festgelegt.
- Das Verfahren ist nicht auf eine bestimmte Klasse von Nichtlinearitäten beschränkt, sondern erlaubt die Reduzierung von Systemen der allgemeinen Form $\mathbf{x}(t) = \boldsymbol{f}(\mathbf{x}(t), \boldsymbol{u}(t))$, falls eine Aufspaltung des Systems in Subsysteme möglich ist.
- Weiterhin ist bei nichtlinearen Systemen die Bestimmung des stationären Anteils von $\mathbf{x}_2(t)$ nicht garantiert.

5.3.2 Ordnungsreduktion mit Hilfe transformierter Systemdarstellungen

Transformation auf Modalform

Bei großen, sogenannten steifen Systemen lassen sich die Eigenwerte bezüglich ihrer Lage in der komplexen Ebene in Gruppen aufteilen und somit in wichtigere und weniger wichtige bzw. weniger relevante Eigenwerte einteilen. Dieser Gedanke wurde in [210] aufgegriffen und auf nichtlineare Systembeschreibungen angewandt. Diese Verfahren zur Ordnungsreduktion transformieren das nichtlineare Originalsystem mittels der Eigenvektormatrix $\boldsymbol{W}$, vernachlässigen dann die unwichtigen Eigenwerte bzw. Eigenbewegungen und erreichen damit eine Reduzierung der Ordnung des Systems. Grundlegende Arbeiten dazu sind in [216] und [215] angegeben. Ausgangspunkt nach [210] ist eine Systemdarstellung in folgender Form:

$$\dot{\boldsymbol{x}}(t) = \boldsymbol{f}(\boldsymbol{x}(t)). \tag{5.42}$$

Davon ausgehend wird eine Transformation

$$\boldsymbol{x}(t) = \boldsymbol{x}(t_s) + \boldsymbol{W}\boldsymbol{z}(t) \tag{5.43}$$

angewandt, wobei $\mathbf{x}(t_s)$ eine vorgegebene stationäre Lösung von $\dot{\mathbf{x}}(t)$ ist. Der neue Zustandsvektor $\mathbf{z}(t)$ hat dieselbe Dimension wie $\mathbf{x}(t)$. Dazu wird eine Matrix $\boldsymbol{W}$, die den Originalzustandsvektor $\mathbf{x}(t)$ mit einem Teilvektor $\mathbf{z}_1(t)$ aus $\mathbf{z}(t) = [\mathbf{z}_1(t), \mathbf{z}_2(t)]^{\mathrm{T}}$ hinreichend genau annähert, gesucht:

$$\boldsymbol{x}_{\mathrm{N}}(t)=\boldsymbol{x}(t_s)+\boldsymbol{W}_1\boldsymbol{z}_1(t),\quad \text{mit}\quad \boldsymbol{x}(t)\approx\boldsymbol{x}_{\mathrm{N}}(t). \tag{5.44}$$

Die Matrix $\boldsymbol{W}$ lässt sich in die jeweiligen Anteile der Teilsysteme von $\mathbf{z}_1(t)$ und $\mathbf{z}_2(t)$ aufspalten:

$$\boldsymbol{W}\boldsymbol{z}(t)=\begin{bmatrix}\boldsymbol{W}_1 & \boldsymbol{W}_2\end{bmatrix}\begin{bmatrix}z_1(t)\\ z_2(t)\end{bmatrix}=\boldsymbol{W}_1\boldsymbol{z}_1(t)+\boldsymbol{W}_2\boldsymbol{z}_2(t). \tag{5.45}$$

Die Spaltenvektoren in $\boldsymbol{W}_1$ sind die zu den dominanten Eigenwerten gekoppelten Eigenvektoren der Matrix $\boldsymbol{M}$:

$$\boldsymbol{M}=\int_0^\infty[\boldsymbol{x}(t)-\boldsymbol{x}(t_s)][\boldsymbol{x}(t)-\boldsymbol{x}(t_s)]^{\mathrm{T}}\,\mathrm{d}t. \tag{5.46}$$

Das bedeutet, dass man die Eigenwerte $\lambda_1 \geq \lambda_2 \geq \ldots \geq \lambda_n \geq 0$, und damit die Eigenvektoren $\boldsymbol{m}_1, \ldots \boldsymbol{m}_n$ von $\boldsymbol{M}$, der Größe nach sortieren muss. Schließlich schneidet man die kleineren, vermeintlich unwichtigeren Eigenwerte ab und betrachtet nur die größeren. Das System reduzierter Ordnung ($r < n$) lautet dann:

$$\begin{aligned}\dot{z}_1(t)&=\boldsymbol{W}_1^{\mathrm{T}}\boldsymbol{f}(\boldsymbol{x}_{\mathrm{N}}(t)),\\ \boldsymbol{x}_{\mathrm{N}}(t)&=\boldsymbol{x}(t_s)+\boldsymbol{W}_1\boldsymbol{z}_1(t).\end{aligned} \tag{5.47}$$

Die Matrix $\boldsymbol{W}_1$ bildet den neuen verkürzten Zustandsvektor $\mathbf{z}_1(t)$ näherungsweise auf $\mathbf{x}_{\mathrm{N}}(t) - \mathbf{x}_{\mathrm{s}}(t)$ ab. Die Funktion $\boldsymbol{f}(\mathbf{x}(t), \boldsymbol{u}(t))$, welche die Nichtlinearitäten enthält, bleibt im reduzierten Teil voll erhalten. Zur Erzeugung der Matrix $\boldsymbol{M}$ werden in [216] verschiedene Verfahren vorgeschlagen. Probleme bereitet das Verfahren für Systeme, die nicht der Klasse der »Steifen Systeme« zuzuordnen sind. Dann gelingt die Trennung in große und kleine Eigenwerte, bzw. in wichtige und unwichtige Teilsysteme, nur schwer.

Transformation auf balancierte Darstellungen

1993 erweiterte Scherpen [218] die Methode der balancierten Ordnungsreduktion für lineare Systemdarstellungen auf nichtlineare Systeme. In [219] wird auf die schwierige Umsetzung und auf die fehlenden praktischen Anwendungen dieses Verfahrens hingewiesen. Diese Problematik war Basis für die Entwicklung neuer, verbesserter Algorithmen sowie Anlass, das Verfahren auf zwei akademische Beispiele anzuwenden. Aufgrund der Bedeutung der balancierten Ordnungsreduktion für die lineare Systemtheorie wird der Erweiterung des Verfahrens auf nichtlineare Systeme großes Entwicklungspotential zugeschrieben, weshalb hier eine kurze Einführung angegeben wird. Da das Grundverfahren sehr komplex ist und bisher noch keine große praktische Bedeutung erlangt hat, wird zur ausführlichen Beschreibung auf die angegebene Literatur verwiesen.
Der Grundgedanke der Balancierung stabiler linearer Systeme beruht, wie in Kapitel 3.2.2 kurz vorgestellt, auf einer Arbeit von Moore [30]. Wenn ein stabi-

les lineares System in balancierter Form vorliegt, sind die sog. Hankel-Singulärwerte ein Maß für die Wichtigkeit der Zustandskomponenten bzw. ein Maß für die Wichtigkeit der einzelnen Variablen des Zustandsvektors. Ist ein derartiger Singulärwert im Vergleich zu den restlichen Singulärwerten relativ klein, dann ist sein Einfluss auf das Originalsystem als gering einzustufen. Folglich kann die zugehörige Zustandskomponente im reduzierten System vernachlässigt werden.
Dieser Gedanke der Ordnungsreduktion linearere Systeme mittels einer balancierten Systemdarstellung kann für stabile, steuer- und beobachtbare nichtlineare Systeme erweitert werden. An die Stelle der Hankel-Singulärwerte als Maßzahlen für die Steuer- bzw. Beobachtbarkeit treten nun Steuer- bzw. Beobachtbarkeitsfunktionen, die sogenannten Singulärwertfunktionen. Diese geben für die nichtlineare Systembeschreibung Anhaltspunkte für die Wichtigkeit von Zustandskomponenten. Eine Ordnungsreduktion wird ähnlich wie im linearen Fall durch Vernachlässigung der weniger wichtigen Zustandsgrößen (Singulärwertfunktionen) erreicht.
Um das Verfahren der Balancierung stabiler nichtlinearer Systeme erfolgreich anwenden zu können, dient ein nichtlineares System der Form:

$$\begin{aligned} \dot{\boldsymbol{x}}(t) &= \boldsymbol{f}(\boldsymbol{x}(t)) + \boldsymbol{g}(\boldsymbol{x}(t))\boldsymbol{u}(t)\,, \\ \boldsymbol{y}(t) &= \boldsymbol{h}(\boldsymbol{x}(t))\,. \end{aligned} \tag{5.48}$$

Sowohl für das lineare System als auch das nichtlineare System sind die Steuerbarkeits- und die Beobachtbarkeitsfunktionen $[L_S(\mathbf{x}_0),\ L_B(\mathbf{x}_0)]$ folgendermaßen definiert:

$$\begin{aligned} L_S(\boldsymbol{x}_0) &= \min_{\boldsymbol{u}_i \in L_2} \frac{1}{2} \int_{-\infty}^{0} \|\boldsymbol{u}(t)\|^2 \,\mathrm{d}t\,, \quad \boldsymbol{x}(-\infty) = \boldsymbol{0}, \boldsymbol{x}(0) = \boldsymbol{x}_0\,, \\ L_B(\boldsymbol{x}_0) &= \frac{1}{2} \int_{0}^{\infty} \|\boldsymbol{y}(t)\|^2 \,\mathrm{d}t\,, \qquad \boldsymbol{x}(0) = \boldsymbol{x}_0, \boldsymbol{u}(t) \overset{!}{=} \boldsymbol{0}, 0 \le t < \infty\,. \end{aligned} \tag{5.49}$$

In Gl. (5.49) bezeichnet $\| \boldsymbol{u}(t) \|^2$ bzw, $\boldsymbol{u}(t)' \cdot \boldsymbol{u}(t)$ die Norm des Vektors $\boldsymbol{u}(t)$.Der Wert der Steuerbarkeitsfunktion $L_S(\mathbf{x}_0)$ kann als diejenige Energie interpretiert werden, die notwendig ist, um den Zustand $\mathbf{x}_0$ zu erreichen. Entsprechend kann der Wert der Beobachtbarkeitsfunktion $L_B(\mathbf{x}_0)$ als diejenige Energie interpretiert werden, die vom Zustand $\mathbf{x}_0$ generiert wird. In der linearen Systembeschreibung gilt folgender Zusammenhang:

$$\begin{aligned} L_S(\boldsymbol{x}_0) &= \frac{1}{2} \boldsymbol{x}_0^{\mathrm{T}} \boldsymbol{P}^{-1} \boldsymbol{x}_0\,, \\ L_B(\boldsymbol{x}_0) &= \frac{1}{2} \boldsymbol{x}_0^{\mathrm{T}} \boldsymbol{Q} \boldsymbol{x}_0\,. \end{aligned} \tag{5.50}$$

Die Matrizen $\boldsymbol{P}$ und $\boldsymbol{Q}$ sind dabei die Steuerbarkeits- bzw. Beobachtbarkeitsmatrizen aus Gl. (3.49) und Gl. (3.50) und werden aus den Ljapunovgleichungen (3.51) und (3.52) bestimmt. Die Singulärwertfunktionen gehen im linearen Fall zu konstanten Werten über und sind identisch mit den Wurzeln der Hankel-Singulärwerte. Im weiteren Verlauf wird angenommen, dass für beide Funktionen endliche Lösungen existieren. Eine Erweiterung auf instabile Originalsysteme scheint dadurch ausgeschlossen. Um eine balancierte Darstellung zu erhalten, wird in Anlehnung an das Verfahren von Moore eine Transformation auf ein Zwischensystem durchgeführt:

$$\boldsymbol{x}(t) = \Psi\,(z(t)), \tag{5.51}$$

mit der Eigenschaft, dass die Steuerbarkeits- und Beobachtbarkeitsfunktionen folgende Bedingung erfüllen:

$$\begin{aligned}
&\tilde{L}_S(z(t)) := L_S(\Psi(z(t))) = \frac{1}{2} z(t)^{\mathrm{T}} z(t), \\
&\tilde{L}_B(z(t)) := L_B(\Psi(z(t))) = \frac{1}{2} z(t)^{\mathrm{T}} \boldsymbol{T}(z(t)) z(t) = \frac{1}{2} z(t)^{T} \begin{pmatrix} \tau_1(z(t)) & & 0 \\ & \ddots & \\ 0 & & \tau_n(z(t)) \end{pmatrix} z(t), \\
&\boldsymbol{T}(0) = \frac{\partial^2 L_B}{\partial \boldsymbol{x}^2}(0).
\end{aligned} \tag{5.52}$$

Die Funktionen $\tau_1(\boldsymbol{z}(t)) \geq \ldots \geq \tau_2(\boldsymbol{z}(t))$ werden als Singulärwertfunktionen bezeichnet. Aus Gl. (5.52) wird aufgrund der speziellen Struktur der Matrizen deutlich, dass das System noch nicht balanciert ist. Um auf eine balancierte Darstellung zu kommen, ist eine weitere Transformation mit $\bar{z}_i(t) = \eta_i(z_i(t))$ notwendig:

$$\bar{L}_S(\bar{z}(t)) := \tilde{L}_S(\eta^{-1}(\bar{z}(t))) \quad \text{und} \quad \bar{\boldsymbol{L}}_B(\bar{z}(t)) := \tilde{\boldsymbol{L}}_B(\eta^{-1}(\bar{z}(t))). \tag{5.53}$$

Das balancierte System

$$\dot{\bar{z}}(t) = \bar{\boldsymbol{f}}(\bar{z}(t)) + \bar{\boldsymbol{g}}(\bar{z}(t))\boldsymbol{u}(t), \quad \boldsymbol{y}(t) = \bar{\boldsymbol{h}}(\bar{z}(t)) \tag{5.54}$$

weist folgende Eigenschaften auf:

$$\bar{L}_S(\bar{z}(t)) = \frac{1}{2} \bar{z}(t)^{\mathrm{T}} \begin{pmatrix} \sigma_1(\bar{z}_1(t))^{-1} & & 0 \\ & \ddots & \\ 0 & & \sigma_n(\bar{z}_n(t))^{-1} \end{pmatrix} z(t), \tag{5.55}$$

$$\bar{L}_B(\bar{z}(t)) = \frac{1}{2} \bar{z}(t)^{\mathrm{T}} \begin{pmatrix} \sigma_1(\bar{z}_1(t))^{-1}\tau_1(\eta^{-1}(\bar{z}(t))) & & 0 \\ & \ddots & \\ 0 & & \sigma_n(\bar{z}_n(t))^{-1}\tau_n(\eta^{-1}(\bar{z}(t))) \end{pmatrix} \bar{z}(t), \tag{5.56}$$

mit

$$\sigma_i(\bar{z}_i(t)) = \tau_i(0,\ldots,0,\ \eta_i^{-1}(\bar{z}_i(t)),\ 0,\ldots,0)^{1/2} \quad \text{für} \quad i = 1,\ldots,n.$$

Für ein reduziertes System wird anhand der Singulärwertfunktionen entschieden, welche Zustandsgrößen vernachlässigbar sind:

$$\sigma(\bar{z}_k(t))^{-1}\tau_k(\eta^{-1}(\bar{z}(t))) > \sigma(\bar{z}_{k+1}(t))^{-1}\tau_{k+1}(\eta^{-1}(\bar{z}(t))), \text{ für} \\ k < n, \quad \bar{z}(t) \in \bar{W}. \tag{5.57}$$

Lässt sich für die ersten k Singulärwertfunktionen eine derartige Grenze feststellen, ist die k-te Singulärwertfunktion größer als die (k+1)-te Singulärwertfunktion; dann ist $\bar{z}_k$ (t) eine für das System wichtigere Größe als $\bar{z}_{k+1}$ (t), bzw. dann sind die ersten $\bar{z}_1$ (t)- bis $\bar{z}_k$ (t)-Funktionen wichtiger als die restlichen $\bar{z}_{k+1}$ (t)- bis $\bar{z}_n$ (t)-Funktionen. Damit ist eine Grundlage geschaffen, auf der sich das System vereinfachen lässt, indem man die restlichen, weniger wichtigen Singulärwertfunktionen gleich null setzt:

$$\bar{z}_{k+1}(t) = \cdots = \bar{z}_n(t) = 0. \tag{5.58}$$

Teilt man nun noch das balancierte System in folgende Form (d: dominant; nd: nichtdominant):

$$\bar{\boldsymbol{f}}(\bar{\boldsymbol{z}}(t)) = \begin{pmatrix} \bar{\boldsymbol{f}}_{\mathrm{d}}(\bar{\boldsymbol{z}}_{\mathrm{d}}(t), \bar{\boldsymbol{z}}_{\mathrm{nd}}(t)) \\ \bar{\boldsymbol{f}}_{\mathrm{nd}}(\bar{\boldsymbol{z}}_{\mathrm{d}}(t), \bar{\boldsymbol{z}}_{\mathrm{nd}}(t)) \end{pmatrix}, \quad \bar{\boldsymbol{g}}(\bar{\boldsymbol{z}}(t)) = \begin{pmatrix} \bar{\boldsymbol{g}}_1(\bar{\boldsymbol{z}}_{\mathrm{d}}(t), \bar{\boldsymbol{z}}_{\mathrm{nd}}(t)) \\ \bar{\boldsymbol{g}}_2(\bar{\boldsymbol{z}}_{\mathrm{d}}(t), \bar{\boldsymbol{z}}_{\mathrm{nd}}(t)) \end{pmatrix}, \tag{5.59}$$

$$\bar{\boldsymbol{h}}(\bar{\boldsymbol{z}}(t)) = \bar{\boldsymbol{h}}(\bar{\boldsymbol{z}}_{\mathrm{d}}(t), \bar{\boldsymbol{z}}_{\mathrm{nd}}(t)) \text{ auf},$$

mit

$$\bar{\boldsymbol{z}}_{\mathrm{d}}(t) = (\bar{z}_1(t),\ldots,\bar{z}_k(t)) \qquad \text{und} \qquad \bar{\boldsymbol{z}}_{\mathrm{nd}}(t) = (\bar{z}_{k+1}(t),\ldots,\bar{z}_n(t)), \tag{5.60}$$

und setzt dann $\bar{\mathbf{z}}_{\mathrm{nd}}$ (t) = 0, erhält man das reduzierte System. aus Gl. (5.54) zu:

$$\dot{\boldsymbol{z}}_r(t) = \boldsymbol{f}_r(\boldsymbol{z}_r(t)) + \boldsymbol{g}_r(\boldsymbol{z}_r(t))\boldsymbol{u}(t), \qquad \boldsymbol{y}_r(t) = \boldsymbol{h}_r(\boldsymbol{z}_r(t)), \\ \boldsymbol{z}_r(t) = \bar{\boldsymbol{z}}_{\mathrm{d}}(t), \ \boldsymbol{f}_r(\boldsymbol{z}_r(t)) = \bar{\boldsymbol{f}}_{\mathrm{d}}(\bar{\boldsymbol{z}}_{\mathrm{d}}(t), \boldsymbol{0}), \\ \boldsymbol{g}_r(\boldsymbol{z}_r(t)) = \bar{\boldsymbol{g}}_{\mathrm{d}}(\bar{\boldsymbol{z}}_{\mathrm{d}}(t), \boldsymbol{0}), \ \boldsymbol{h}_r(\boldsymbol{z}_r) = \bar{\boldsymbol{h}}_{\mathrm{d}}(\bar{\boldsymbol{z}}_{\mathrm{d}}, \boldsymbol{0}). \tag{5.61}$$

5.3.3 Ordnungsreduktionsverfahren nach Lohmann

Das Verfahren der »Ordnungsreduktion durch Vorgabe dominanter Zustandsgrößen und Gleichungsfehlerminimierung« wurde von Lohmann [207] vorgeschlagen und verringert ebenso die Anzahl der Differentialgleichungen. Dieses Verfahren eignet sich zum einen für Systeme, die sich aufgrund physikalischer

Betrachtungen und Überlegungen nicht mehr weiter vereinfachen lassen und zum anderen für Systeme, bei denen durch eben solche physikalischen Überlegungen eine Vereinfachung schon bei der Modellbildung relativ leicht gelingt. Hierbei zeigt ein Vergleich der Ergebnisse, dass die physikalisch vereinfachten Modelle sowohl in den Systemgleichungen als auch im dynamischen Verhalten weitgehend mit dem durch Ordnungsreduktion rechnerisch erzielten Ergebnis übereinstimmen, sofern physikalische Vereinfachungen möglich waren. Die Reduktion gelingt durch Auswertung von Dominanzmaßzahlen in Anlehnung an die linearen Verfahren, die den Grad der Wichtigkeit einzelner Zustandsgrößen betrachten. Dabei wurden erstmals Dominanzmaßzahlen für nichtlineare Systeme definiert. Ausgangspunkt ist die Zustandsdarstellung eines nichtlinearen zeitinvarianten Mehrgrößensystems:

$$\dot{\boldsymbol{x}}(t) = \boldsymbol{f}(\boldsymbol{x}(t), \boldsymbol{u}(t)), \tag{5.62}$$

mit dem n-dimensionalen Zustandsvektor $\mathbf{x}(t)$ und dem p-dimensionalen Eingangsvektor $\boldsymbol{u}(t)$. Im Gegensatz zum Gleichungssystem (5.4) und (5.5) taucht die Zeit t nicht explizit im Funktionenvektor $\boldsymbol{f}(\mathbf{x}(t), \boldsymbol{u}(t))$ auf, weshalb das Verfahren auf zeitinvariante Systeme anzuwenden ist. Die nichtlineare Charakteristik zeigt sich im Vektor $\boldsymbol{f}(\mathbf{x}(t),\boldsymbol{u}(t))$. Darin muss mindestens ein Element enthalten sein, das nicht als Linearkombination der Zustands- und Eingangsgrößen (Gl.(5.63)) darstellbar ist.

$$a_1 x_1(t) + \ldots + a_n x_n(t) + b_1 u_1(t) + \ldots + b_p u_p(t). \tag{5.63}$$

Andernfalls handelt es sich um ein lineares System, das sich in der Form

$$\dot{\boldsymbol{x}}(t) = \boldsymbol{A}\boldsymbol{x}(t) + \boldsymbol{B}\boldsymbol{u}(t) \tag{5.64}$$

beschreiben lässt. Zur Ordnungsreduktion bietet sich statt Gl. (5.62) folgende Schreibweise für das Originalsystem an, bei welcher der nichtlineare Funktionenvektor $\boldsymbol{f}(\mathbf{x}(t),\boldsymbol{u}(t))$ in Funktionen und konstante Koeffizienten aufgetrennt wird:

$$\dot{\boldsymbol{x}}(t) = \boldsymbol{A}\boldsymbol{x}(t) + \boldsymbol{B}\boldsymbol{u}(t) + \boldsymbol{F}\boldsymbol{g}(\boldsymbol{x}(t), \boldsymbol{u}(t)). \tag{5.65}$$

Die konstanten Matrizen $\boldsymbol{A}$, $\boldsymbol{B}$ und $\boldsymbol{F}$ lassen sich durch einen Koeffizientenvergleich mit Gl. (5.62) ermitteln. Im Vektor $\boldsymbol{g}(\mathbf{x}(t), \boldsymbol{u}(t))$ mit der Dimension γ sind ausschließlich die vorhandenen nichtlinearen Komponenten von $\mathbf{x}(t)$ und $\boldsymbol{u}(t)$ zusammengefasst. Jede solche Komponente kommt nur einmal im Vektor $\boldsymbol{g}(\mathbf{x}(t), \boldsymbol{u}(t))$ vor und ist außerdem von eventuellen konstanten Faktoren befreit. Diese sind, falls vorhanden, in der Matrix $\boldsymbol{F}$ zusammengefasst. Man beachte in dieser Schreibweise, dass jedes Element des Vektors $\boldsymbol{f}(\mathbf{x}(t), \boldsymbol{u}(t))$ zum einen in die Zeitfunktionen $\mathbf{x}(t)$, $\boldsymbol{u}(t)$, $\boldsymbol{g}(\mathbf{x}(t), \boldsymbol{u}(t))$ und zum anderen in deren konstanten Koeffizienten $\boldsymbol{A}$, $\boldsymbol{B}$, $\boldsymbol{F}$ aufgeteilt ist.
Ziel der Ordnungsreduktion ist die Nachbildung der wesentlichen Zustandsgrößen durch ein System geringerer Ordnung r. Die wesentlichen Zustandsgrößen

werden durch Expertenwissen, unter Berücksichtigung von Aufgabengrößen, Messgrößen oder aber inneren, für das dynamische Verhalten entscheidende Größen, bestimmt. Falls keine Vorstellung über die auszuwählenden Zustandsgrößen besteht, wird anstelle des Expertenwissens eine Dominanzuntersuchung (Abschnitt 3.4) durchgeführt. Die ermittelten dominanten Zustandsgrößen des Originalsystems werden im Vektor $\boldsymbol{x}_{do}(t)$ zusammengefasst. Es gilt:

$$\boldsymbol{x}_{do}(t) = \boldsymbol{R}\boldsymbol{x}(t), \tag{5.66}$$

mit $\boldsymbol{R}$ als Reduktionsmatrix. Die Matrix $\boldsymbol{R}$ enthält dabei in jeder Zeile *eine* Eins und ansonsten Nullen. Nach [207] wird die Aufgabe der Ordnungsreduktion folgendermaßen definiert:

»Gesucht ist ein dynamisches System der Ordnung r, dessen Zustandsgrößen $\tilde{x}_1(t), \ldots, \tilde{x}_r(t)$ das Verhalten der in $\boldsymbol{x}_{do}(t)$ zusammengefassten dominanten Zustandsgrößen des Originalsystems möglichst genau approximieren.«

Man erhält als reduziertes System:

$$\dot{\tilde{\boldsymbol{x}}}(t) = \tilde{\boldsymbol{A}}\tilde{\boldsymbol{x}}(t) + \tilde{\boldsymbol{B}}\boldsymbol{u}(t) + \tilde{\boldsymbol{F}}\boldsymbol{g}(\boldsymbol{W}\tilde{\boldsymbol{x}}(t), \boldsymbol{u}(t)). \tag{5.67}$$

Die Dimensionen der Vektoren $\boldsymbol{u}(t)$ und $\boldsymbol{g}(\boldsymbol{x}(t), \boldsymbol{u}(t))$ beeinflussen nicht die Ordnung des reduzierten Systems und werden unverändert in dieses übernommen. Damit finden sich dieselben Nichtlinearitäten sowohl im Originalsystem als auch im reduzierten System. Die Nichtlinearitäten tragen somit im gleichen Maße zur Erzeugung des dominanten Zustandsvektors $\boldsymbol{x}_{do}(t)$ sowie des reduzierten Zustandsvektors $\tilde{\boldsymbol{x}}(t)$ bei. Es besteht keine Einschränkung bei der Art der Nichtlinearitäten, die bearbeitet werden können. Wie bei den linearen Verfahren fehlt der Einfluss des vernachlässigten Zustandsvektors im dominanten Zustandsvektor $\boldsymbol{x}_{do}(t)$, weshalb das Grundverfahren zu stationär ungenauen reduzierten Systemen führt. Die konstanten Matrizen $\tilde{\boldsymbol{A}}$, $\tilde{\boldsymbol{B}}$, $\tilde{\boldsymbol{F}}$ und $\boldsymbol{W}$ werden im Zuge der Ordnungsreduktion neu berechnet, mit dem Ziel, den Verlauf des reduzierten Zustandsvektors demjenigen des dominanten Zustandsvektors des Originalsystems anzupassen.

Allerdings muss das Argument des nichtlinearen Vektors an den dominanten Zustandsvektor $\boldsymbol{x}_{do}(t)$ mit Hilfe der noch unbekannten Matrix $\boldsymbol{W}$ angepasst werden. Wenn ausschließlich dominante Zustandsgrößen im Argument des Nichtlinearitätenvektors stehen, kann man

$$\boldsymbol{W} = \boldsymbol{R}^T \tag{5.68}$$

setzen, mit der Reduktionsmatrix $\boldsymbol{R}$ aus Gl.(5.66). In diesem Fall sind alle in $\boldsymbol{g}(\boldsymbol{x}(t), \boldsymbol{u}(t))$ auftretenden Zustandsgrößen im dominanten Zustandsvektor vorhanden, so dass durch die Matrix $\boldsymbol{W}$ kein Approximationsfehler durch die Anpassung der benötigten Größen entsteht.

Falls im Nichtlinearitätenvektor nichtdominante Zustandsgrößen vorkommen, müssen diese durch geeignete Wahl von $\boldsymbol{W}$ möglichst gut abgebildet werden. Die Reduktionsmatrix $\boldsymbol{R}$ vernachlässigt dann eine oder mehrere Komponenten des

Originalzustandsvektors $\boldsymbol{x}(t)$, obwohl diese im Nichtlinearitätenvektor benötigt werden. Durch Hinzunahme der Matrix $\boldsymbol{W}$ wird das Argument $\boldsymbol{x}(t)$ des Nichtlinearitätenvektors $\boldsymbol{Fg}(\boldsymbol{x}(t), \boldsymbol{u}(t))$ durch einen Ausdruck in $\tilde{\boldsymbol{x}}(t)$ ersetzt (5.67).
Bei idealer Wahl der Matrizen $\tilde{\boldsymbol{A}}$, $\tilde{\boldsymbol{B}}$, $\tilde{\boldsymbol{F}}$ und $\boldsymbol{W}$ reagieren Originalsystem (5.65) und reduziertes System (5.67) auf eine beliebige Anregung $\boldsymbol{u}(t)$ bei gleichen Anfangsbedingungen mit identischen Zeitverläufen der Zustandsgrößen ($\boldsymbol{x}_{\mathrm{do}}(t) = \tilde{\boldsymbol{x}}(t)$). Zusätzlich gilt dann für die zeitlichen Ableitungen:

$$\dot{\boldsymbol{x}}_{\mathrm{do}}(t) = \dot{\tilde{\boldsymbol{x}}}(t). \tag{5.69}$$

Folgende Darstellung beschreibt dann das reduzierte System:

$$\dot{\tilde{\boldsymbol{x}}}_{\mathrm{do}}(t) = \tilde{\boldsymbol{A}}\tilde{\boldsymbol{x}}_{\mathrm{do}}(t) + \tilde{\boldsymbol{B}}\boldsymbol{u}(t) + \tilde{\boldsymbol{F}}\boldsymbol{g}(\boldsymbol{W}\tilde{\boldsymbol{x}}_{\mathrm{do}}(t), \boldsymbol{u}(t)). \tag{5.70}$$

Da dieses Ziel nicht erreichbar ist, wird an dieser Stelle in Anlehnung an das Verfahren von Eitelberg für lineare Systeme folgender Gleichungsfehler $\boldsymbol{d}_1(t)$ formuliert:

$$\boldsymbol{d}_1(t) = \dot{\tilde{\boldsymbol{x}}}_{\mathrm{do}}(t) - \tilde{\boldsymbol{A}}\tilde{\boldsymbol{x}}_{\mathrm{do}}(t) + \tilde{\boldsymbol{B}}\boldsymbol{u}(t) + \tilde{\boldsymbol{F}}\boldsymbol{g}(\boldsymbol{W}\tilde{\boldsymbol{x}}_{\mathrm{do}}(t), \boldsymbol{u}(t)). \tag{5.71}$$

Ziel der Ordnungsreduktion ist somit, durch geeignete Wahl der Matrizen $\tilde{\boldsymbol{A}}$, $\tilde{\boldsymbol{B}}$, $\tilde{\mathbf{F}}$, und $\boldsymbol{W}$ den Gleichungsfehler zu minimieren. Die Vorgehensweise erfolgt in zwei Stufen. Zuerst wird die Matrix $\boldsymbol{W}$ durch Minimierung des Gleichungsfehlers $\boldsymbol{d}_2(t)$ separat festgelegt:

$$\boldsymbol{d}_2(t) = \boldsymbol{x}(t) - \boldsymbol{W}\boldsymbol{x}_{\mathrm{do}}(t). \tag{5.72}$$

Nach geeigneter Wahl von $\boldsymbol{W}$, mit dem Ziel, den dominanten Zustandsvektor $\mathbf{x}_{\mathrm{do}}(t)$ aus dem gesamten Zustandsvektor $\mathbf{x}(t)$ möglichst gut nachzubilden, werden anschließend die Matrizen $\tilde{\boldsymbol{A}}$, $\tilde{\boldsymbol{B}}$ und $\tilde{\boldsymbol{F}}$ durch Minimierung des Gleichungsfehlers $\boldsymbol{d}_1(t)$ bestimmt. Zur Bestimmung des Gleichungsfehlers in Gl. (5.71) müssen geeignete Zeitverläufe $\boldsymbol{x}(t)$ vorgegeben werden. Durch Simulation des Originalsystems gewinnt man Zeitverläufe $\mathbf{x}(t)$, die zur Minimierung von $\boldsymbol{d}_1(t)$ und $\boldsymbol{d}_2(t)$ herangezogen werden können. Das Originalsystem wird dazu r-mal bei verschiedenen Anfangszuständen $\mathbf{x}_r(t_0)$ mit der Anregung $\boldsymbol{u}(t)$ im Zeitintervall simuliert. Als Ergebnis erhält man r Vektoren $\mathbf{x}(t_{0i})$, $\mathbf{x}(t_{1i})$, . . ., $\mathbf{x}(t_{ei})$, $i = 1, \dots, r$, die das Verhalten des Originalsystems zu diskreten Zeitpunkten darstellen und nun in Gl.(5.72) und (5.71) zur Minimierung der Gleichungsfehler als Basis dienen.
Zur Bestimmung der Matrix $\boldsymbol{W}$ wird nun ein quadratisches Gütemaß definiert:

$$J_2 = q^2(t_{01})\left|\boldsymbol{d}_2(t_{01})\right|^2 + \ldots + q^2(t_{er})\left|\boldsymbol{d}_2(t_{er})\right|^2 \rightarrow \min, \tag{5.73}$$

wobei die gewichtete Summe der Betragsquadrate von $\boldsymbol{d}_2(t)$ zu den r diskreten Zeitpunkten des Zustandsvektors minimiert werden soll. Bei den Faktoren $q(t_{01}), \dots, q(t_{er})$ handelt es sich um Gewichtungsfaktoren, die reell und frei wählbar sind.

Werden die Gewichtungsfaktoren $q(t_{0i})$ sowie die Fehlervektoren $\boldsymbol{d}_2(t)$ in Matrizenschreibweise angegeben,

$$\boldsymbol{Q} = \begin{bmatrix} q(t_{01}) & & 0 \\ & \ddots & \\ 0 & & q(t_{er}) \end{bmatrix}, \tag{5.74}$$

$$\boldsymbol{D}_2 = \left[\boldsymbol{d}_2(t_{01}), \ldots, \boldsymbol{d}_2(t_{er})\right], \tag{5.75}$$

so erhält man für das Gütemaß J_2 folgende Darstellung:

$$J_2 = \mathrm{spur}\left\{\boldsymbol{D}_2 \boldsymbol{Q} \boldsymbol{Q}^{\mathrm{T}} \boldsymbol{D}_2^{\mathrm{T}}\right\}. \tag{5.76}$$

Nach Zusammenfassung der Vektoren auf der rechten Seite von Gleichung (5.72) zu Matrizen:

$$\begin{aligned} \boldsymbol{X} &= \left[\boldsymbol{x}(t_{01}), \ldots, \boldsymbol{x}(t_{er})\right], \\ \boldsymbol{X}_{\mathrm{do}} &= \left[\boldsymbol{x}_{\mathrm{do}}(t_{01}), \ldots, \boldsymbol{x}_{\mathrm{do}}(t_{er})\right], \end{aligned} \tag{5.77}$$

lässt sich Gl. (5.73) in Matrizenschreibweise angeben und in Gl. (5.76) einsetzen:

$$J_2 = \mathrm{spur}\left\{(\boldsymbol{X} - \boldsymbol{W}\boldsymbol{X}_{\mathrm{do}})\boldsymbol{Q}\boldsymbol{Q}^{\mathrm{T}}(\boldsymbol{X} - \boldsymbol{W}\boldsymbol{X}_{\mathrm{do}})^{\mathrm{T}}\right\} \rightarrow \min. \tag{5.78}$$

In Gl. (5.78) sind die Matrizen $\boldsymbol{X}$, $\boldsymbol{X}_{\mathrm{do}}$ und $\boldsymbol{Q}$ bekannt. Die Matrix $\boldsymbol{W}$ berechnet sich aus

$$\frac{\partial J_2}{\partial \boldsymbol{W}} = -2\boldsymbol{X}\boldsymbol{Q}\boldsymbol{Q}^{\mathrm{T}}\boldsymbol{X}_{\mathrm{do}}^{\mathrm{T}} + 2\boldsymbol{W}\boldsymbol{X}_{\mathrm{do}}\boldsymbol{Q}\boldsymbol{Q}^{\mathrm{T}}\boldsymbol{X}_{\mathrm{do}}^{\mathrm{T}} = \boldsymbol{0} \tag{5.79}$$

zu

$$\boldsymbol{W} = \boldsymbol{X}\boldsymbol{Q}\boldsymbol{Q}^{\mathrm{T}}\boldsymbol{X}_{\mathrm{do}}^{\mathrm{T}}(\boldsymbol{X}_{\mathrm{do}}\boldsymbol{Q}\boldsymbol{Q}^{\mathrm{T}}\boldsymbol{X}_{\mathrm{do}}^{\mathrm{T}})^{-1}. \tag{5.80}$$

Mit dem gefundenen Ansatz für $\boldsymbol{W}$ gelingt es, den Gleichungsfehler $\boldsymbol{d}_2(t)$ aus Gl. (5.72) zu minimieren. Entsprechend der Vorgehensweise zur Bestimmung der Matrix $\boldsymbol{W}$ lassen sich der Gleichungsfehler $\boldsymbol{d}_1(t)$ minimieren und somit die gesuchten Matrizen, $\tilde{\boldsymbol{A}}$, $\tilde{\boldsymbol{B}}$, $\tilde{\boldsymbol{F}}$, bestimmen. Nach Einführung des Gütemaßes J_1:

$$J_1 = q^2(t_{01})\left|\boldsymbol{d}_1(t_{01})\right|^2 + \ldots + q^2(t_{er})\left|\boldsymbol{d}_1(t_{er})\right|^2 \rightarrow \min, \tag{5.81}$$

und dem Übergang in die Matrizenschreibweise,

$$\boldsymbol{D}_1 = \left[\boldsymbol{d}_1(t_{01}), \ldots, \boldsymbol{d}_1(t_{er})\right], \tag{5.82}$$

erhält man folgende Optimierungsaufgabe:

$$J_1 = \mathrm{spur}\left\{\boldsymbol{D}_1 \boldsymbol{Q} \boldsymbol{Q}^{\mathrm{T}} \boldsymbol{D}_1^{\mathrm{T}}\right\} \rightarrow \min. \tag{5.83}$$

Auch hier werden die Vektoren auf der rechten Seite von Gl. (5.71) zu Matrizen zusammengefasst:

$$\begin{aligned} \boldsymbol{X}_{\mathrm{do}} &= \left[\boldsymbol{x}_{\mathrm{do}}(t_{01}),\ldots,\boldsymbol{x}_{\mathrm{do}}(t_{er})\right], \\ \dot{\boldsymbol{X}}_{\mathrm{do}} &= \left[\dot{\boldsymbol{x}}_{\mathrm{do}}(t_{01}),\ldots,\dot{\boldsymbol{x}}_{\mathrm{do}}(t_{er})\right], \\ \boldsymbol{U} &= \left[\boldsymbol{u}(t_{01}),\ldots,\boldsymbol{u}(t_{er})\right], \\ \Gamma &= \left[\boldsymbol{g}(\boldsymbol{W}\boldsymbol{x}_{\mathrm{do}}(t_{01}),\boldsymbol{u}(t_{01})),\ldots,\boldsymbol{g}(\boldsymbol{W}\boldsymbol{x}_{\mathrm{do}}(t_{er}),\boldsymbol{u}(t_{er}))\right], \end{aligned} \tag{5.84}$$

so dass sich der Gleichungsfehler $\boldsymbol{D}_1$ folgendermaßen formulieren lässt:

$$\begin{aligned} \boldsymbol{D}_1 &= \dot{\boldsymbol{X}}_{\mathrm{do}} - \tilde{\boldsymbol{A}}\boldsymbol{X}_{\mathrm{do}} - \tilde{\boldsymbol{B}}\boldsymbol{U} - \tilde{\boldsymbol{F}}\Gamma \\ &= \dot{\boldsymbol{X}}_{\mathrm{do}} - \underbrace{\left[\tilde{\boldsymbol{A}},\tilde{\boldsymbol{B}},\tilde{\boldsymbol{F}}\right]}_{\boldsymbol{E}} \underbrace{\begin{bmatrix} \boldsymbol{X}_{\mathrm{do}} \\ \boldsymbol{U} \\ \Gamma \end{bmatrix}}_{\boldsymbol{M}} \\ &= \dot{\boldsymbol{X}}_{\mathrm{do}} - \boldsymbol{E}\boldsymbol{M}\,. \end{aligned} \tag{5.85}$$

Die Matrix $\boldsymbol{W}$ ist bekannt, $\dot{\boldsymbol{x}}_{\mathrm{do}}(t)$ ist aus Gl. (5.65) zu ermitteln. Für das Gütemaß J_1 folgt somit:

$$J_1 = \mathrm{spur}\left\{\left(\dot{\boldsymbol{X}}_{\mathrm{do}} - \boldsymbol{E}\boldsymbol{M}\right)\boldsymbol{Q}\boldsymbol{Q}^{\mathrm{T}}\left(\dot{\boldsymbol{X}}_{\mathrm{do}} - \boldsymbol{E}\boldsymbol{M}\right)^{\mathrm{T}}\right\} \to \min. \tag{5.86}$$

Die gesuchten Matrizen $\tilde{\mathbf{A}}, \tilde{\mathbf{B}}, \tilde{\mathbf{F}}$ sind in der Matrix $\boldsymbol{E}$ zusammengefasst und bestimmen sich aus:

$$\boldsymbol{E}_{\mathrm{opt.}} = \left[\tilde{\boldsymbol{A}},\tilde{\boldsymbol{B}},\tilde{\boldsymbol{F}}\right] = \dot{\boldsymbol{X}}_{\mathrm{do}}\boldsymbol{Q}\boldsymbol{Q}^{\mathrm{T}}\boldsymbol{M}^{\mathrm{T}}\left(\boldsymbol{M}\boldsymbol{Q}\boldsymbol{Q}^{\mathrm{T}}\boldsymbol{M}^{\mathrm{T}}\right)^{-1}. \tag{5.87}$$

Das reduzierte System $\dot{\tilde{\boldsymbol{x}}}(t) = \tilde{\boldsymbol{A}}\tilde{\boldsymbol{x}}(t) + \tilde{\boldsymbol{B}}\boldsymbol{u}(t) + \tilde{\boldsymbol{F}}\boldsymbol{g}(\boldsymbol{W}\tilde{\boldsymbol{x}}(t), \boldsymbol{u}(t))$ nach Gl. (5.67) ist somit festgelegt.

Zur Sicherstellung der stationären Genauigkeit sind in [207] Modifikationen angegeben. Charakteristisch für die beschriebene Vorgehensweise ist, das die zu berechnende Matrix $\boldsymbol{E}$ voll besetzt ist. Dies bedeutet eine hohe Komplexität des reduzierten Systems. In [211] werden Nebenbedingungen formuliert, die es erlauben, bestimmte Stellen der Matrix $\boldsymbol{E}$ zu null zu wählen. Aufgrund der hohen Anzahl an Möglichkeiten werden dort »Genetische Algorithmen« eingesetzt.
Im folgenden sind die notwendigen Entwicklungsschritte kurz zusammengefasst:

1. Überführung des Originalsystems in die Darstellung nach Gl. (5.67).

   $\dot{\tilde{\boldsymbol{x}}}(t) = \tilde{\boldsymbol{A}}\tilde{\boldsymbol{x}}(t) + \tilde{\boldsymbol{B}}\boldsymbol{u}(t) + \tilde{\boldsymbol{F}}\boldsymbol{g}(\tilde{\boldsymbol{x}}(t), \boldsymbol{u}(t))$

2. Bestimmung der dominanten Zustandsgrößen. Damit ist die Reduktionsmatrix $\boldsymbol{R}$ bestimmt.

   $$\boldsymbol{x}_{\mathrm{do}}(t) = \boldsymbol{R}\boldsymbol{x}(t)$$

3. Simulation des Originalsystems mit unterschiedlichen Anregungen zur Bestimmung der Matrizen.

   $$\boldsymbol{X}, \boldsymbol{X}_{\mathrm{do}}, \dot{\boldsymbol{X}}_{\mathrm{do}}, \boldsymbol{U}, \boldsymbol{M}, \boldsymbol{\Gamma}$$

4. Festlegung der Gewichtungsmatrix $\boldsymbol{Q}$.
5. Bestimmung der Matrix $\boldsymbol{W}$ nach Gl.(5.80).

   $$\boldsymbol{W} = \boldsymbol{X}\boldsymbol{Q}\boldsymbol{Q}^{\mathrm{T}}\boldsymbol{X}_{\mathrm{do}}^{\mathrm{T}}(\boldsymbol{X}_{\mathrm{do}}\boldsymbol{Q}\boldsymbol{Q}^{\mathrm{T}}\boldsymbol{X}_{\mathrm{do}}^{\mathrm{T}})^{-1}$$

6. Eventuelle Formulierung von *Nebenbedingungen* zur Berücksichtigung der stationären Genauigkeit.
7. Berechnung der Matrix $\boldsymbol{E}$ aus Gl. (5.87).

   $$\boldsymbol{E}_{\mathrm{opt.}} = \left[\tilde{\boldsymbol{A}}, \tilde{\boldsymbol{B}}, \tilde{\boldsymbol{F}}\right] = \dot{\boldsymbol{X}}_{\mathrm{do}}\boldsymbol{Q}\boldsymbol{Q}^{\mathrm{T}}\boldsymbol{M}^{\mathrm{T}}\left(\boldsymbol{M}\boldsymbol{Q}\boldsymbol{Q}^{\mathrm{T}}\boldsymbol{M}^{\mathrm{T}}\right)^{-1}$$

8. Simulation zur Überprüfung des Ergebnisses.

Im Wesentlichen wird das Ergebnis von folgenden Faktoren abhängen:
- Wahl der dominanten Zustandsgrößen,
- Wahl der Anfangswerte zur Simulation des Originalsystems,
- Wahl der Nebenbedingungen zur Erlangung der stationären Genauigkeit,
- Wahl der Gewichtungsmatrix $\boldsymbol{Q}$.

Das Verfahren nach Lohmann zeichnet sich durch folgende Eigenschaften aus:
- Stationäre Genauigkeit durch die Modifikation des Grundverfahrens ist gewährleistet.
- Die Ordnung des reduzierten Systems ergibt sich aus einer Dominanzanalyse.
- Es existieren keine Einschränkungen bei der Art der Nichtlinearitäten.

6 Zusammenfassung und Ausblick

Häufig stehen Komplexität und Umfang linearer und nichtlinearer Systemmodelle der weiteren Verwendung zur Simulation und zum Regelungs- oder Steuerungsentwurf im Wege, so dass Verfahren zur Modellvereinfachung notwendig sind. Die mit vereinfachten Modellen gewonnenen Lösungen sind oft völlig ausreichend wenn nicht sogar notwendig, unter anderem um Zeitanforderungen bei der Simulation, Regelung, Überwachung usw. zu genügen, wobei die Nachteile der ungenauen Prozessbeschreibung durch die Vorteile vereinfachter Modelle bei weitem aufgewogen werden. Insbesondere für die Steuerung und Regelung werden einfach handhabbare Modelle benötigt, um automatisierte Entwurfsverfahren anwenden zu können. Als Modellvereinfachung lässt sich jede Approximation eines mathematischen Modells auffassen, mit deren Hilfe der mathematische Aufwand unter Inkaufnahme von Fehlern reduziert wird. Eine ausreichende Reduktion der Komplexität ist oft nicht ausschließlich durch vereinfachende physikalische Modellannahmen während der Modellbildung zu erreichen. Deshalb wurden weitergehende Ordnungs- und Strukturreduktionsverfahren erarbeitet, bewertet und einem systematischen Einsatz zugänglich gemacht. Aufgrund der Vielfalt der Methoden und der großen Anzahl von Problemen und Teilaspekten werden im Rahmen dieses Buches die Grundkonzepte sowie einige, dem Autor lohnend erscheinende inhaltliche Vertiefungen angegeben. Zu einer ausführlichen Darstellung evt. interessierender Verfahren unter Berücksichtigung spezieller Detailaspekte wird auf die breit angegebene Literatur verwiesen.

Die formale Anwendung einiger Verfahren, wie z.B. die Anwendung der Padé-Approximation, kann zu instabilen Systemen führen. Eine wichtige Forderung ist deshalb die Frage der Stabilität von vereinfachten und reduzierten Modellen, falls das Originalmodell selbst stabil ist, weshalb der Behandlung dieser Problematik ein breiter Raum eingeräumt wurde.

Besondere Beachtung für die systemtheoretischen Verfahren zur Modellvereinfachung wurde den Methoden geschenkt, die auf einer balancierten Realisierung des Systems aufbauen. Diese spezielle Systemdarstellung wird durch eine Koordinatentransformation erreicht. Das transformierte System lässt keine physikalische Interpretation der Zustandsgrößen zu, ordnet diese dafür in Bezug auf die Bedeutung für das Übertragungsverhalten. Diese Bedeutung kann durch eine verallgemeinerte energetische Betrachtung quantifiziert werden. Dabei geht sowohl die benötigte Eingangsenergie zur Beeinflussung dieser Zustandsgröße als auch die Ausgangsenergie, die durch diese Komponente generiert wird, ein. Die eigentliche Reduktion erfolgt durch die Vernachlässigung von energetisch weniger wichtigen Zustandsgrößen. Durch die Interpretationsmöglichkeit auf physikalische Energien wird diese Möglichkeit zur Ordnungsreduktion insbesondere für verfahrenstechnische Prozesse als vorteilhaft erachtet. Eine Erweiterung auf nichtlineare Systeme [218] erscheint bei diesem Verfahren als vielversprechender Ansatz.

Einen breiten Raum nehmen all jene Verfahren ein, die versuchen, die »wichtigen« Eigenwerte im reduzierten System beizubehalten. Dazu müssen die Parameter des reduzierten Systems angepasst werden, damit das Übertragungsverhalten von reduziertem und Originalsystem möglichst gut übereinstimmt. Der wichtigste Vorteil dieser Gruppe zur Modellreduktion liegt in der Tatsache, dass die damit erhaltenen reduzierten Modelle zur direkten Reglerauslegung verwendet werden können.

Die Verfahren der Singulären Perturbation werden häufig aufgrund der einfachen Vorgehensweise favorisiert, haben jedoch den entscheidenden Nachteil, dass sie nicht auf alle Systeme angewandt werden können, da eine Aufteilung in einen dominanten und nichtdominanten Systemanteil möglich sein muss. Außerdem ist die Ordnung, auf die reduziert werden soll, nicht frei wählbar, sondern wird durch die Systemcharakteristik vorgegeben.

Es hat sich gezeigt, dass die wesentliche Schwierigkeit bei den Zeitbereichsverfahren die Bestimmung der geeigneten Ordnung des reduzierten Systems ist. Die Approximation der Übertragungseigenschaft gelingt meist sehr gut, allerdings sind diese Verfahren für einen weitergehenden Reglerentwurf bisweilen ungeeignet. Im Frequenzbereich arbeitende Methoden zur Reduktion der Systemordnung führen in der Regel zu Modellen, die bei einem anschließenden Reglerentwurf bessere Ergebnisse liefern. Bei der Aufgabe, ein System zu reduzieren, muss deshalb berücksichtigt werden, welcher weiteren Verwendung das reduzierte System zugeführt werden soll. Mehrzielige Entwurfsverfahren [41], die sowohl Kriterien aus dem Zeitbereich als auch Kriterien aus dem Frequenzbereich zur Systemreduktion heranziehen, ermöglichen einen Kompromiss zwischen den jeweiligen Reduktionseigenschaften.

In den letzten Jahren sind zunehmend Verfahren zur Modellvereinfachung und Modellreduktion insbesondere nichtlinearer Systeme entwickelt worden. In der Literatur finden sich Übersichtsaufsätze, die allerdings die theoretische Beschreibung der linearen Grundverfahren zur Modellreduktion in den Vordergrund stellen [12, 14, 145]. Neuere Verfahren zur nichtlinearen Theorie sind dabei nicht berücksichtigt. Um so erstaunlicher ist die Tatsache, dass eine aktuelle zusammenfassende Darstellung moderner nichtlinearer Verfahren bisher fehlt. Obwohl diese Verfahren noch keine große praktische Verbreitung gefunden haben, werden zukünftigen Forschungs- und Entwicklungsarbeiten diese

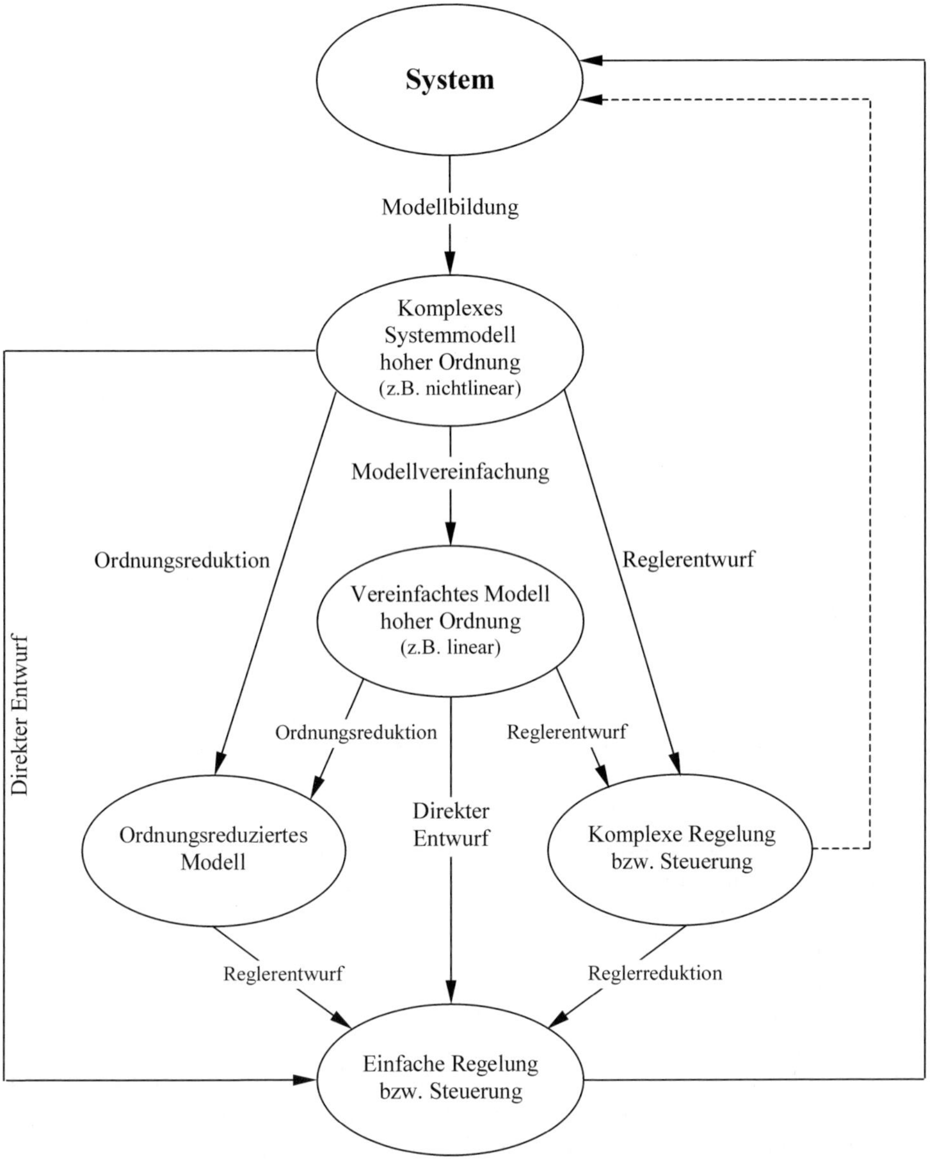

Bild 6.1: Verfahren zur Erzeugung einer »einfachen« Regelung bzw. Steuerung

Problematik thematisieren, so dass in diesem Buch die wesentlichen Entwicklungswege diesbezüglich dargestellt wurden. Es werden die wesentlichen Verfahren zur Modellvereinfachung und Ordnungsreduktion nichtlinearer Modelle behandelt, deren hauptsächlichen Einsatzbereiche dargelegt und die jeweilige Vorgehensweise erläutert. Besonders beachtet wird dabei ein von Lohmann vor-

gestelltes Verfahren, durch dessen Verwendung sowohl eine Ordnungsreduktion (Reduktion des Zustandsvektors) als auch, mittels einer weitergehenden Modifikation, eine Strukturreduktion (Reduktion des Parametervektors) gelingt. Der Bedarf solcher reduzierter Modellstrukturen ergibt sich aus der Notwendigkeit, den Rechenaufwand für die Simulation komplexer verfahrenstechnischer Prozesse zu verringern.
Der gegenwärtige Stand der Steuerungs- und Regelungstheorie erfordert mathematische Modelle geringer Komplexität als Grundlage für den Entwurf von Prozessführungsstrategien. Die Prozessführung hat einen entscheidenden Einfluss auf die Produktqualität sowie auf die Produktionskosten und damit auf die Wirtschaftlichkeit. Ein weiterer Punkt ist die Verbesserung der Sicherheit und Umweltverträglichkeit verfahrenstechnischer Prozesse, die wesentlich durch die verwendeten Prozessführungsstrategien bestimmt sind. Moderne Regelungskonzepte und Prozessführungsstrategien basieren überwiegend auf modellgestützten Verfahren, d.h. den Reglerentwürfen liegt ein geeignetes mathematisches Modell der zu untersuchenden Anlagen zugrunde. Diese Modelle müssen unterschiedlichen Anforderungen gerecht werden, die durch den gegenwärtigen Stand der Steuer- und Regelungstheorie bestimmt werden.
Dabei gilt, dass die Modelle nicht von zu hoher Ordnung sein dürfen, da sonst der Berechnungsaufwand zum Reglerentwurf zu groß wird oder völlig versagt. Zum anderen setzen viele Reglerentwurfsverfahren eine beschränkte strukturelle Komplexität der mathematischen Modelle voraus. Häufig verwenden die Verfahren als Grundlage lineare Modelle, die keine unterlagerten algebraischen Zwangsbedingungen oder partielle Differentialgleichungen enthalten dürfen.
Diesen Vorgaben (geringe Modellordnung, lineare Systembeschreibung) stehen typische Modelleigenschaften, wie z.B. hohe Systemordnung, ausgeprägte Nichtlinearitäten, Vorhandensein von algebraischen Beziehungen, partielle Differentialgleichungen bei der Modellbildung, gegenüber, die zwangsläufig bei der detaillierten Modellbildung auf der Basis der Erhaltungsgleichungen für Masse, Energie, und Impuls beachtet werden müssen. Solche ausführlichen Modelle sind deshalb für den Entwurf von Prozessführungsstrategien wenig geeignet und müssen nachträglich vereinfacht werden.
Moderne modellgestützte Verfahren werden vor allem in der chemischen Industrie noch zu selten eingesetzt, obwohl die dadurch bedingten Vorteile (Sicherheit, Kosten Qualität) unbestritten sind. Ein Hauptgrund ist das Fehlen eines geeigneten, reduzierten mathematischen Modells. Zu beachten ist, dass die physikalische Modellvereinfachung naturgemäß stark vom betrachteten Prozess abhängt und oftmals nicht ausreicht, eine geeignete einfache Modellstruktur zur Verfügung zu stellen. Die Auswahl eines bestimmten Ordnungsreduktionsverfahrens zur weiteren Modellvereinfachung richtet sich zum einen nach Struktur und systemspezifischen Eigenschaften des zu untersuchenden Systems (z.B. »Steife Systeme«) und zum anderen nach der Absicht der Weiterverwendung des erhaltenen Systems niedrigerer Ordnung (z.B. Reglerauslegung). Der wesent-

liche Anwendungsfall der Modellreduktion ist die Erzeugung mathematischer Modelle, die als Grundlage zur Reglerauslegung verwendet werden können. Dabei wird am reduzierten System ein Regler entworfen, der schließlich bei Anwendung am Originalsystem die selben Ergebnisse liefern soll.
Grundsätzlich gibt es drei verschiedene Wege, um einen reduzierten Regler zu berechnen [12], wie man in Bild 6.1 sehen kann:

- Zuerst wird das bestehende Systemmodell (komplex oder vereinfacht) einer Ordnungsreduktion unterzogen. Anschließend wird der Regler am reduzierten Modell entworfen.
- Ein Regler wird am System hoher Ordnung entworfen und anschließend reduziert.
- Mit Hilfe direkter Entwurfsverfahren wird ein reduzierter Regler entworfen.

Die Komplexität der betrachteten Systeme ist meist zu groß ist, als dass eine einfache Regelung unmittelbar entworfen werden könnte (direkter Entwurf). Deshalb wird entweder der »Umweg« über einen Regler hoher Ordnung gewählt, dessen Ordnung im nachhinein reduziert wird, oder es wird zunächst das Modell des Systems vereinfacht und dann die entsprechende Regelung bzw. Steuerung auf der Basis des reduzierten bzw. vereinachten Modells entworfen. Der direkte Entwurf eines reduzierten Reglers erscheint offensichtlich als die sinnvollste Vorgehensweise, da kein Zwischenschritt notwendig wird. Allerdings ist dieser Weg aufgrund noch fehlender, praktisch einsetzbarer Verfahren und aufgrund hoher Computeranforderungen oftmals nicht gangbar. In der industriellen Praxis wird im Allgemeinen der Reglerentwurf auf der Basis eines möglichst einfachen Streckenmodells bevorzugt, um so aufwendige Vorarbeiten für die numerischen Rechnungen zu vermeiden. Wie bereits erwähnt, erhält man vielfach aus der Modellbildung Systeme hoher Ordnung. Werden bei der Reglerauslegung diese Modelle als Grundlage verwendet, erhält man komplexe Regler, deren Anwendung auf das reale System aufgrund der hohen Reglerordnung oftmals unmöglich ist. Ursache dafür ist die notwendige Rückführung aller Zustandsgrößen, deren Bestimmung technisch schwierig bzw. sogar unmöglich sein kann. Die meisten Reglerentwurfsverfahren verlangen deshalb als Grundlage Modelle mit einer handhabbaren Systemordnung.

Literaturverzeichnis

[1] Dourdoumas, N.: Eine Methode zur Reduzierung von Systemen hoher Ordnung. Regelungstechnik 23 (1975). S. 133/139.
[2] Eitelberg, E.: Modellreduktion linearer zeitinvarianter Systeme durch Minimierung des Gleichungsfehlers. Freiburg: Hochschulverlag 1979.
[3] Dourdoumas, N.: Approximation linearer zeitinvarianter Systeme durch Systeme niedriger Ordnung. Regelungstechnik 22 (1974). S. 217/221.
[4] Kokotovic, P.V.; O'Malley, R.E.; Sannuti,P.: Singular Perturbation and Order Reduction in Control Theory – An Overview. Automatica 12 (1976). S. 123/132.
[5] Liu, Y.; Anderson, B.D.O.; Singular Perturbation approximation of balanced systems. International Journal of Control 50 (1989). S. 1379/1405.
[6] Davison, E.J.: A Method for Simplifying Linear Dynamic Systems. IEEE Transactions on Automatic Control 11 (1966). S. 93/101.
[7] Marshall, S.A.: An Approximate Method for Reducing the Order of a Linear System. Control (1966). S. 642/643.
[8] Chidambara, M.R.: Further Remarks on Simplifying Linear Dynamic Systems. IEEE Transactions on Automatic Control 12 (1967). S. 213/214.
[9] Chidambara, M.R.: Two Simple Techniques for the Simplification of Large Dynamic Systems. Preprints Joint Automatic Control Conference (1969). S. 669/674.
[10] Litz, L.: Reduktion der Ordnung linearer Zustandsraummodelle mittels modaler Verfahren. Freiburg: Hochschulverlag 1979.
[11] Litz, L.: Praktische Ergebnisse mit einem neuen modalen Verfahren zur Ordnungsreduktion. Regelungstechnik 27 (1979). S. 273/280.
[12] Troch, I.; Müller, P.C.; Fasol, K.-H.: Modellreduktion für Simulation und Reglerentwurf. Automatisierungstechnik 40 (1992). S. 45/53, 93/99, 132/141.
[13] Fortuna, L.; Nunnari, G.; Gallo, A.: Model Order Reduction Techniques with Applications in Electrical Enginieering. London: Springer Verlag 1992.
[14] Föllinger, O.: Reduktion der Systemordnung. Regelungstechnik 30 (1982). S. 367/377.
[15] Moore, B.C.: Principal Component Analysis in Linear Systems: Controllability, Observability, and Model Reduction. IEEE Transactions on Automatic Control 26 (1981). S. 17/31.
[16] Laub, A.J.: Computation of «Balancing« Transformations. Proceedings Joint Automatic Control Conference, 1980.
[17] Laub, A.J.; Heath, M.T.; Paige, C.C.; Ward, R.C.: Computation of System Balancing Transformations and Other Applications of Simultaneous Diagonalization Algorithms. IEEE Transactions on Automatic Control 32 (1987). S. 115/121.
[18] Guth, R.: Stationär genaue Ordnungsreduktion balancierter Zustandsraummodelle. Automatisierungstechnik 39 (1991). S. 286/290.
[19] Hippe, P.: Balancierte Realisierungen und stationär genaue Modelle. Automatisierungstechnik 40 (1992). S. 268/270.
[20] Sreeram, V.: Model reduction using balanced realizations with improved low order frequency behavior. Systems and Control Letters 12 (1989). S. 33/38.
[21] Chow, J.H.; Kokotovic, P.V.: Eigenvalue Placement in Two-Time-Scale Systems. IFAC Symposium on Large Scale Systems, Udine 1976. S. 321/326.
[22] Winkelman, J.R.; Chow, J.H.; Allemong, J.J.; Kokotovic, P.V.: Multi-Time-Scale analysis of a Power System. Automatica 16 (1980). S. 35/43.
[23] Fernando, K.V.; Nicholson, H.: Singular Perturbational model reduction of balanced systems. IEEE Transactions on Automatic Control 27 (1982). S. 466/468.

[24] Shamash, Y.: Order reduction of Padé approximation methods. University of London: Imperial College of Science and Technology. PhD thesis (1973).
[25] Chen, C.F.; Shieh, L.S.: A Novel Approach to Linear Model Simplification. International Journal of Control 8 (1968). S. 561/570.
[26] Chen, C.F.: Model Reduction of Multivariable control systems by means of matrix continued fractions. International Journal of Control 20 (1974). S. 225/238.
[27] Goldman, M.J.; Porras, W.J.; Leondes, C.T.: Multivariable systems reduction via Cauer forms. International Journal of Control 34 (1981). S. 623/650.
[28] Hutton, M.F.; Friedland, B.: Routh approximations for reducing order of linear, time-invariant systems. IEEE Transactions on Automatic Control 20 (1975). S. 329/337.
[29] Hayer, P.: Anwendung der »Aggregationsmethode« und stationär genaue Ordnungsreduktion modal transformierter Systeme in Zustandsraumdarstellung. Universität der Bundeswehr in München. Institut für Regelungstechnik. Studienarbeit (2000).
[30] Moore, B.C.: Singular value analysis of linear systems, parts I,II. IEEE Conference on Decision and Control (1978). S. 66/73.
[31] Hammarling, S.J.: Numerical Solution of the Stable, Non-negative Definite Lyapunov Equation. IMA Journal of Numerical Analysis 2 (1982). S. 303/323.
[32] Pernebo, L.; Silverman, L.M.: Model Reduction via Balanced State Space Representations. IEEE Transactions on Automatic Control 27 (1982). S. 382/387.
[33] Pernebo, L.; Silverman, L.M.: Balanced systems and model reduction. IEEE Proceedings on Conference of Decision and Control (1979). S. 865/867.
[34] Davidson, A.M.: Balanced Systems and Model Reduction. Eletronic Letters 22 (1986). S. 531/532.
[35] Fernando, K.V.; Nicholson, H.: Reciprocal Transformations in Balanced Model-Order Reduction. IEEE Proceedings 130 (1983). S. 359/362.
[36] Fasol, K.H.; Gehre, G.; Varga, A.: Anmerkungen zum Beitrag von R. Guth: Stationär genaue Ordnungsreduktion balancierter Zustandsraummodelle. Automatisierungstechnik 40 (1992). S. 270/271.
[37] Bandyopadhay, B.; Unbehauen, H.; Patre, B.M.: A New Aloghrithm for Compensator Design for Higher Order System via Reduced Model. IFAC Computer Aided Control Systems Design (1997).
[38] Hickin, J.; Sinha, N.K.: Model Reduction for Linear Multivariable Systems. IEEE Transactions on Automatic Control 25 (1980). S. 1121/1127.
[39] Aoiki, M.: Control of Large-Scale Dynamic Systems by Aggregation. IEEE Transactions on Automatic Control 13 (1968). S. 246/253.
[40] Bosley, M.J.; Kropholler, H.W.; Lees, F.P.: On the Relation Between the Continued Fraction Expansion and Moments Matching Methods of Model Reduction. International Journal of Control 18 (1973). S. 461/474.
[41] Gehre, G.: Regelungstechnische Modellaproximation im Zeit- und Frequenzbereich. Schriftenreihe des Lehrstuhls für Regelungssysteme und Steuerungstechnik, Band 32, Ruhr-Universität Bochum, Dissertation (1989).
[42] Hwang, C.; Chen, M.Y.: A multipoint Continued-Fraction Expansion for Linear System Reduction. IEEE Transaction AC-31 (1986). S. 648/651.
[43] Kortüm, W.; Troch, I.: Modellreduktion für Simulation und Reglerentwurf. 6. ASIM Symposium Simulationstechnik, Wien 1990. In »Fortschritte in der Simulationstechnik«, Band 1. Braunschweig: Vieweg-Verlag 1990. S.87/91.
[44] Shamash, Y.: Critical Review of Methods for Deriving Stable Reduced Order Models. IFAC Symposium on Identification and System Parameter Estimation (1982).
[45] Bosley, M.J.; Lee, F.P.: A Survey of Simple Transfer-Function Derivations from High-Order State Variable Models. Automatica 8 (1972). S. 765/775.
[46] Kiendl, H.; Post, K.: Invariante Ordnungsreduktion mittels transparenter Parametrierung. Automatisierungstechnik 36 (1988). S. 92/101.
[47] Reichardt, Th.: Ordnungsreduktion linearer Systeme mit Hilfe der Kettenbruchentwicklung der Übertragungsfunktion. Messen-Steuern-Regeln (1984).

[48] Bronstein, I.N.; Semendjajew, K.A.: Taschenbuch der Mathematik. Zürich Frankfurt: Verlag Harri Deutsch 1965.

[49] Truxal, J.G.: Entwurf automatischer Regelsysteme. Wien: R. Oldenbourg Verlag 1960.

[50] Reichhardt, Th.: Ordnungsreduktion linearer Systeme mit Hilfe der Kettenbruchentwicklung der Übertragungsfunktion. Messen-Steuern-Regeln (1984). S.120.

[51] Chen, T.C.; Chang, C.Y.; Han, K.W.: Reduction of transfer functions by the stability-equation method. Franklin Inst. (1979). S. 389/404.

[52] Fortuna, L.; Gallo, A.; Guglielmino, C.; Nunnari, G.: On the solution of a nonlinear matrix equation for MIMO symmetric realisations. System and Control Letter 11 (1988). S. 79/82.

[53] Müller, H.W.: Ein Verfahren als Hilfsmittel zur Modellreduktion. Automatisierungstechnik (1986). S. 275/279.

[54] Shamash, Y.: Model reduction using the Routh stability criterion and the Padé approximation technique. International Journal of Control 21 (1975). S. 475/484.

[55] Pal, J.: Stable reduced order Padé approximations using the Routh array. Electronics Letter 15 (1979). S. 225/226.

[56] Pal, J.; Ray, L.N.: Stable Padé approximations in multivariable systems using a mixed method. Proceedings IEEE 68 (1980). S. 176/178.

[57] Shieh, L.S.; Gaudiano, F.F.: Matrix continued fraction expansion and inversion by the generalized matrix Routh algorithm. International Journal of Control 20 (1974). S. 727/737.

[58] Kiendl, H.; Post, K.: Invariante Ordnungsreduktion mittels transparenter Parametrierung. Automatisierungstechnik 36 (1988). S.92/101.

[59] Halevi, Y.: Discrete-Time Frequency Weighted Model Order Reduction. 30th IEEE-CDC. Brighton (1991).

[60] Halevi, Y.: Frequency Weighted Order Reduction. ASME-paper 90-WA/DSC-15, Presented at 1990 Winter Annual Meeting Dallas,Tx.

[61] Sanathanan, C.K.; Koerner, J.: Transfer Function Systhesis as a Ratio of two Complex Polynimials. IEEE Transactions AC-8 (1963). S. 56/59.

[62] Vittal Rao, S.; Lamba, S.S.: A new Frequency Domain Technique for the Simplification of Linear Dynamic Systems. International Journal of Control 20 (1974). S.71/79.

[63] Lepschy, A.; Viaro, U.: Some considerations on nonminimality, ill-conditioning, and instability of Padé approximations. International Journal of System Science 14 (1983). S. 633/646.

[64] Fasol, K.H.; Gehre, G. : Diskussion einiger Verfahren zur Ordnungsreduktion. 6. ASIM Symposium Simulationstechnik, Wien 1990. In »Fortschritte in der Simulationstechnik«, Band 1. Braunschweig: Vieweg-Verlag 1990. S.92–96.

[65] Kiendl, H.: Das Konzept der invarianten Ordnungsreduktion. Automatisierungstechnik 34 (1986). S. 465/473.

[66] Sinha, N.K.; De Bruin, H.: Near optimal control of high-order systems using low-order models. International Journal of Control 17 (1973). S. 257/262.

[67] Pautzke, F.: Invariante Ordnungsreduktion für Mehrgrößensysteme. Automatisierungstechnik 5 (2000). S. 248/254.

[68] Antoulas, A.C.: Mathematical System Theory. Berlin-Heidelberg-New York: Springer-Verlag 1991.

[69] Bartels, R.H.; Stewart, G.W.: Solution of the Matrix Equation AX + XB = C. Communs. Ass. Comp. Mach. 15 (1972). S. 820/826.

[70] Enright, W.H.; Kamel, M.S.: On Selecting a Low-Order Model Using the Dominant Mode Concept. IEEE Transactions on Automatic Control 25 (1979). S. 976/978.

[71] Fasol, K.H.; Varga, A.: Zur Ordnungsreduktion linearer Systeme. Automatisierungstechnik 41 (1993). S. 6/18.

[72] Föllinger, O.: Regelungstechnik. Zweite völlig überarbeitete Auflage. Berlin: Elitera Verlag 1978.

[73] Hammarling, S.J.: Numerical Solution of the Stable, Non-negative Definite Lyapunov Equation. IMA Journal of Numerical Analysis (1982). S.303/323.

[74] Hashim, G.; Rachid, A.; Humbert, C.: Aggregation Method For Model Reduction Via Schur Decomposition. In »Mathematical and Intelligent models in system simulation«, Herausgeber: Hanus, R.; Kool, P.; Tzafestas, S.: IMACS (1991). S.11/16.

[75] Ketchum, J.R.; Craig, R.T.: Simulation of Linearized Dynamics of Gas-Turbine. Washington: National Advisory Committee for Aeronautics. Technical Note 2826 (1952).

[76] Rao, A.S.; Lamba, S.S.; Rao, S.V.: Comments on »A Note on Selecting a Low-Order System by Davison's Model, Simplification Technique. IEEE Transactions On Automatic Control 24 (1979). S. 141/142.

[77] Tombs, M.S.; Postlethwaite, I.: Truncated balanced realization of non-minimal state-space systems. International Journal of Control 46 (1987). S. 1319/1330.

[78] Zurmühl, R.; Falk, S.: Matrizen und ihre Anwendungen. Berlin Heidelberg New York Tokyo: Springer-Verlag 1984.

[79] Harrer, H.: Modellbildung, Systemanalyse und Entwicklung reduzierter Modelle zur dynamischen Simulationen von Fluggasturbinen. Universität der Bundeswehr München. Dissertation 1995.

[80] Hayer, P.: Vergleichende Untersuchung zur Ordnungsreduktion dynamischer Systeme und Herleitung eines mehrstufigen, stationär genauen Verfahrens. Universität der Bundeswehr München. Fakultät für Elektrotechnik. Diplomarbeit 2001.

[81] Guth, R.: Anmerkungen zu den Zuschriften von P. Hippe und K.H. Fasol et al. Automatisierungstechnik 40 (1992). S.272.

[82] Henneberger, H.; Eckardt, D.: Ordnungsreduktion diskreter Systeme mit Hilfe einer balancierten und einer dazu äquivalenten Zustandsdarstellung. Automatisierungstechnik 39 (1991). S.170/178.

[83] Glover, K.: All Optimal Hankel-Norm Approximations of Linear Multivariable Systems and their L^∞-error Bounds. International Journal of Control 39 (1984). S. 1115/1193.

[84] Glover, K.: Model Reduction: A Tutorial on Hankel-Norm Methods and their Lower Bounds on L^∞ Errors. München: Proceedings 11th IFAC World Congress 1987.

[85] Glover, K.: Multiplacative Approximations of Linear Multivariable Systems with L^∞-Error Bounds. Seattle: Proceedings 25th IEEE-CDC 1986.

[86] Harrer, H.:Ein Beitrag zur stationär genauen Ordnungsreduktion. Automatisierungstechnik 41 (1993). S. 29/31.

[87] Desai, U.B.; Pal, D.: A Transformation Approach to Stochastic Model Reduction. IEEE Transactions on Automatic Control 29 (1984). S.1097/1100.

[88] Safonov, M.G.; Chiang, R.Y.: Model Reduction for Robust Control: A Schur Relative Error Method. International Journal of Adaptive Control and Signal Proc. 2 (1988). S. 259/272.

[89] Varga, A.; Fasol, K.H.: Square Root Balancing Free Stochastic Truncation Model Reduction Algorithm. Tucson: Proceedings 31th IEEE-CDC 1992.

[90] De Villemagne, CH.; Skelton, R.E. : Model Reductions Using a Projection Formulation. International Journal of Control 46 (1987). S. 1241/2169.

[91] Litz, L.: Ordnungsreduktion linearer Zustandsraummodelle durch Beibehaltung der dominanten Eigenbewegungen. Regelungstechnikchnik 27 (1979). S. 80/86.

[92] Litz, L.: Modale Maße für Steuerbarkeit, Beobachtbarkeit, Regelbarkeit und Dominanz-Zusammenhänge, Schwachstellen, neue Wege. Regelungstechnik 31 (1983). S. 148/158.

[93] Chidambara, M.R.: On »A Method for Simplifying Linear Dynamic Systems«. IEEE Transactions on Automatic Control 12 (1967). S. 119/120.

[94] Bonvin, D.; Mellichamp, D.A.: A unified derivation and critical review of modal approaches to model reduction. International Journal of Control 35 (1982). S. 829/848.

[95] Roth, H.: Modale Ordnungsreduktion linearer Zustandsraummodelle mittels Parameteroptimierung. Regelungstechnik 32 (1984). S. 27/34.

[96] Trilling, U.; Klein, H.J.: Erfahrungen bei der Reduktion der Ordnung linearer dynamischer Prozessmodelle hoher Ordnung mit Hilfe von modalen Verfahren. Regelungstechnik 27 (1979). S. 37/68.

[97] Bosley, M.J.; Lees, F.P.: A Survey of Simple Transfer-Function Derivations from High-Order State-Variable Models. Automatica 8 (1972). S. 765/775.

[98] Lastman, G.J.; Sinha, N.K.: A Comparison of the Balanced Matrix Method and the Aggregation Method of Model Reduction. Transactions on Automatic Control 30, S. 301/304.

[99] Michailesco, G.; Siret, J. M.; Bertrand, P.: Aggregated Models For High-Order Systems. Electronics Letters 11 (1975). S. 398/399.

[100] Lastman, G. J.; Sinha, N. K.: Worst-case errror analysis of the aggregation method, with application to the selection of reduced-order models. International Journal of Systems Science (1988). S. 2057/2065.

[101] Sinha, N. K.; Bandopadhyay, B.: Model Reduction With Balanced Realization: A New Interpretation. ECC'99 (European Control Conference).

[102] Heineken, F.G.; Tsuchiya, H.M.; Aris, R.: On the mathemetical status of the pseudo-steady state hypothesis of biochemical kinetics. Math. Biosciences 1 (1967). P. 95/113.

[103] Kelley, H.J., Edelbaum, T.N.: Energy climbs, energy turns and asymptotic expansion. Journal of Aircraft 7 (1970). S. 93/95.

[104] Asatani, K.; Iwazumi, T.; Hattori, Y.: Error estimation of prompt jump approximation by singular perturbation theory. Journal of Nuclear Science Technology 8 (1971). S. 653/656.

[105] Van Ness, J.E.; Zimmer, H.; Cultu, M.: Reduction of dynamic models of power systems. PICA Proceedings (1973). S. 105/112.

[106] Reddy, P.B.; Sannuti, P.: Optimization of a Coupled-Core Nuclear reactor system by the method of asymptotic expansions. Proceedings 11th Allerton Conference on Circuit and System Theory, University of Illinois (1973) S. 708/711.

[107] Kelley, H.J.: Aircraft maneuver optimization by reduced order approximations. Control and Dynamic Systems. New York: Acadenmic Press 1973. S. 131/178.

[108] Jamshidi, M.: Three-stage near-optimum design of nonlinear-control processes. IEEE Proceedings 121 (1974). S. 886/892.

[109] Asatani, K.: Studies in Singular Perturbations of Optimal Control Systems with Applications to Nuclear Reactor Control. Inst. Atomic Energy. Kyoto University 1974.

[110] Ardema, M.D.: Singular Perturbations in Flight Mechanics. NASA TMX-62 (1974).

[111] Calise, A.J.: Extended Energy management methods for flight performance optimization. AIAA 13th, Aerospace Sciences Meeting. Pasadena Calif. 1975. Papers 75/30 and 75/208.

[112] Hutton, M.F.: Routh approximation method and singular perturbations. University of Illinois: Proceedings13th Allerton Conference On Circuit and System Theory 1975.

[113] Stelter, R.: Modellreduktion und Betriebsoptimierung für Gasverteilernetze. Universität Wuppertal. Dissertation 1987.

[114] Kokotovic, P.V.; Khalil, H.K.: Singular Perturbations in Systems and Control. New York: IEEE Press 1986.

[115] Kokotovic, P.V.; Bensoussan, A.; Blankenship, G.: Singular Perturbations and Asymptotic Analysis in Control Systems. Lecture Notes in Control and Information Sciences 90. Berlin Heidelberg: Springer Verlag 1987.

[116] Kokotovic, P.V.; Allemong, J.J.; Winkelman, J.R.; Chow, J.H.: Singular Perturbation and Iterativ Seperation of Time Scales. Automatica 16 (1980). S. 23/33.

[117] Litz, L.; Roth, H.: State decomposition for singular perturbation order reduction – A modal approach. International Journal of Control 34 (1981). S. 937/954.

[118] Saksena, V.R.; O'Reilly, J.; Kokotovic, P.V.: Singular Perturbations and Time-Scale Methods in Control Theory: Survey 1976–1983. Automatica 20 (1984). S. 273/293.

[119] Tombs, M.S.; Postlethwaite, I.: Singular Perturbation Approximation of Balanced Systems. International Journal of Control 46 (1987). S. 1319/1330.

[120] Zhou, K.; Aravena, J.L.; Gu, G.; Xiong, D.: 2-D Model Reduction of Quasi-Balanced Truncation and Singular Perturbation. IEEE Transactions on Circuits and Systems, Analog and Digital Signal Processing 4 (1994). S. 593/602.
[121] Saydy, L.: New Stability / Performance Results for Singularily Perturbed Systems. Automatica 32. S. 807/818.
[122] Chow, J.H.; Allemong, J.J.; Kokotovic, P.V.: Singular Perturbation Analysis of Systems with Sustained High Frequency Oscillations. Automatica 14 (1978). S. 271/279.
[123] Georgakis, C.; Bauer, R.F.: Order Reduction and Modal Controllers for System with Slow and Fast Modes. Helsinki: Proceedings IFAC Conference 1978. S. 2409/2413.
[124] Kokotovic, P.V.; Sannuti, P.: Singular Perturbation Method for Reducing the Model Order in Optimal Control Design. IEEE Transactions on Automatic Control 13 (1968). S. 377/384.
[125] Kecman, V.; Bingulac, S.; Gajic, Z.: Eigenvector approach for order reduction of singularly perturbed linear-quadratic optimal control problems. Automatica 35 (1999). S. 151/158.
[126] Klimushev, A.I.; Krasovskii, N.N.: Uniform asymptotic stability of systems of differential equations with a small parameter in the derivative terms. Journal appl. Math. Mech. 25 (1962). S. 1011/1025.
[127] Siljak, D.D.: Singular perturbation of absolut stability. IEEE Transactions on Automatic Control 17 (1972). S. 245/246.
[128] Zien, L.: An upper bound for the singular parameter in a stable, singularly perturbed system. J. Franklin Inst. 295 (1973). S. 373/381.
[129] Hoppensteadt, F.: Asymptotic stability in Singular perturbation problems, II. Journal of Diff. Equations 15 (1974). S. 510/521.
[130] Porter, B.; Shenton, A.T.: Singular perturbation methods of asymptotic eigenvalue assignment in multivariable linear systems. International Journal of Systems Science 6 (1975). S. 33/37.
[131] Porter, B.; Shenton, A.T.: Singular perturbation analysis of transfer function matrices of a class of multivariable linear systems. International Journal of Control 21 (1975). S. 655/660.
[132] Ardema, M.D.: Singular Perturbations in Systems and Control. CISM Courses and Lecture Notes No. 280. Wien New York: Springer-Verlag 1983.
[133] Klotz, R.: Ein Beitrag zur digitalen Simulation von Turboluftstrahltriebwerken mit Hilfe vereinfachter Modelle. Technische Universität Braunschweig. Dissertation 1988.
[134] Barth, J.; Jaschek, H.: Ermittlung wesentlicher Zustandsgrößen bei der modalen Ordnungsreduktion. Automatisierungstechnik 33 (1985). S. 218/226.
[135] Nicholson, H.: Modelling of dynamical systems. IEE Control Engineering Series 1980.
[136] Bollinger, J.G.; Duffie, N.A.: Computer Control of machines and processes. New York: Addison-Wesley 1988.
[137] Eastman, W.L.; Bossi, J.A.: Robust Control Design for large space structures. Proceedings of the Workshop on Identification and Control of Flexible Space Structures. NASA JPL Publication 1985.
[138] Skelton, R.E.: Dynamic systems control. New York: John Wiley 1988.
[139] Phillex.de: Lexikon der Philosophie.
[140] Lohmann, B.: Ordnungsreduktion und Dominanzanalyse nichtlinearer Systeme. VDI-Fortschrittsberichte, Reihe 8 – Meß-, Steuerungs- und Regelungstechnik Nr. 406. VDI Verlag 1994.
[141] Föllinger, O.: Regelungstechnik, Einführung in die Methoden und ihre Anwendungen, 6. Auflage. Heidelberg: Hüthig-Verlag 1990.
[142] Tiedemann, V.: Entwicklung und Erprobung eines Ordnungsreduktionsverfahrens für nichtlineare Systeme. Universität Karlsruhe: Institut für Regelungs- und Steuerungssysteme 1991.
[143] Hinrichsen, D.; Philippsen, H.-W.: Modellreduktion mit Hilfe balancierter Realisierungen. Automatisierungstechnik 38 (1990). S. 648/651.

[144] Stahl, H.: Ordnungsreduktion linearer Systeme, Modellvereinfachung nichtlinearer Systeme und Reglerentwurf durch Gütevektoroptimierung. Automatisierungstechnik 35 (1987). S. 103/111.
[145] Gwinner, K.: Vereinfachung von Modellen dynamischer Systeme. Regelungstechnik 24 (1976). S. 325/360.
[146] Eigenberger, G.; Bauer, M.: Methoden zur Vereinfachung komplexer Modelle am Beispiel von Blasensäulen-Reaktoren. Sonderforschungsbereich 412, Teilprojekt C3.
[147] Reuss, M.; Schmalzriedt, S.: Entwicklung reduzierter Modellstrukturen für gerührte Bioreaktoren. Sonderforschungsbereich 412, Teilprojekt C2.
[148] Chidambara, M.R.: A new canonical form of state-variable equations and its application in the determination of a mathematical model of an unknown system. International Journal of Control 14 (1971). S. 897/909.
[149] Galiana, F.D.: On the approximation of multiple input – multiple output constant linear systems. International Journal of Control 17 (1973). S. 1313/1324.
[150] Rogers, R.O.; Sworder, D.D.: Suboptimal control of linear systems derived from models of lower dimension. AIAA Journal 9 (1971). S. 1461/1467.
[151] Sinha, N.K.; Pille, W.: A new method for reduction of dynamic systems. International Journal of Control 14 (1971). S. 111/118.
[152] Sinha, N.K.; Bereznai, G.T.: Optimum approximation of high-order systems by low-order models. International Journal of Control 14 (1971). S. 951/959.
[153] Wilson, D.A.: Optimum solution of model reduction problem. Proceedings IEE 117 (1970). S. 1161/1165.
[154] Wilson, D.A.: Model reduction for multivariable systems. International Journal of Control 20 (1974). S. 57/64.
[155] Benninger, N.F.: Die Reduktionsdominanz als Ausgangspunkt für neue Maßzahlen bei der Ordnungsreduktion. Automatisierungstechnik 35 (1987). S. 19/26.
[156] Juen, G.: Anmerkungen zu den Strukturmaßen für die Steuer- Stör- und Beobachtbarkeit linearer, zeitinvarianter Systeme. Regelungstechnik (1982). S. 64/66.
[157] Elrazaz, Z.; Sinha, N.K.: A review of some model reduction techniques. Can. Elect. Eng. Journal 6 (1981). S. 34/40.
[158] Jörns, C.; Litz, L.: Comparison of some order reduction methods by application on high order models of technical processes. Wien: Proceedings of the 1. IMACS Symposium on Mathematical Modelling 1994. S. 217/221.
[159] Fasol, K.H., Gehre, G.: Vergleich der Ergebnisse verschiedener Ordnungsreduktionsverfahren – Eine Fallstudie, 6. ASIM Symposium Simulationstechnik, Wien 1990. In »Fortschritte in der Simulationstechnik«, Band 1. Braunschweig: Vieweg-Verlag 1990. S. 97/101.
[160] Kabamba, P.T.: Balanced Gains and Their Significance for L2 Model Reduction. IEEE Transactions on Automatic Control 30 (1985). S. 690/693.
[161] Chen, T.C.; Chang, C.Y.; Han, K.W.: Model reduction using the stability equation method and the continued-fraction method. International Journal of Control 32. S. 81/94.
[162] Pal, J.: System reduction by a mixed method. IEEE Transactions on Automatic Control 25. S. 973/976.
[163] Appiah, R.K.: Linear model reduction using Hurwitz polynomial approximation. International Journal of Control 28. S. 476/488.
[164] Shamash, Y.: Linear system reduction using Pade approximation to allow retention of dominant modes. International Journal of Control 21 (1975). S. 257/272.
[165] Wan, B.W.: Linear model reduction using Mihailov criterion and Padé approximation technique. International Journal of Control 33 (1981). S. 1073/1089.
[166] Shamash, Y.: Stable Reduced-Order Models Using Padé-Type Approximations. IEEE Transactions on Automatic Control. Technical Notes And Correspondence 1974. S. 615/616.
[167] Stahl, H.; Hippe, P.: Comments on »FF-Padé Method of Model Reduction in Frequency Domain«. IEEE Transactions on Automatic Control 33 (1988). S. 415/416.

[168] Lepschy, A.; Viaro, U.: A Note on the Model Reduction Problem. IEEE Transactions on Automatic Control 28 (1983). S. 525/527.
[169] Krishnamurty, V.; Seshadri, V.: Model Reduction Using the Routh Stability Criterion. IEEE Transactions on Automatic Control. Technical Notes And Correspondence 23 (1978). S. 729/731.
[170] Khatwani, K.J.; Tiwari, R.K.; Bajwa, J.S.: On Chuang's Continued Fraction Method of Model Reduction. IEEE Transactions on Automatic Control 25 (1980). S. 822/824.
[171] Parthasarathy, R.; Jayasimha, K.N.; John, S.: On Model Reduction by Modified Cauer Form. IEEE Transactions on Automatic Control 28 (1983). S. 523/525.
[172] Parthasarathy, R.; Jayasimha, K.N.: System Reduction by Cauer Continued-Fraction Expansion About s = a And s = ∞ Alternatively. Electronics Letters 18 (1982). S. 376/378.
[173] Hwang, C.; Lee, Y.C.: Multifrequency Padé Approximation Via Jordan Continued-Fraction Expansion. IEEE Transactions on Automatic Control. Technical Notes And Correspondence 34 (1989). S. 444/446.
[174] Lucas, T.N.: Linear System Reduction by Continued-Fraction Expansion About Three Points. Electronics Letters 20 (1984). S. 50/51.
[175] Lucas, T.N.: System Reduction by Cauer Continued-Fraction Expansion About s = a And s = ∞ Alternatively. Electronics Letters 20 (1984). S. 335/336.
[176] Lucas, T.N.: Linear System Reduction by Impulse Energy Approximation. IEEE Transactions on Automatic Control 30 (1985). S. 784/786.
[177] Senf, B.; Strobel, H.: Verfahren zur Bestimmung von Übertragungsfunktionen linearer Systeme aus gemessenen Werten des Frequenzganges. Messen-Steuern-Regeln (1961). S. 411/420.
[178] Stahl, H.: Transfer function synthesis using frequency response data. International Journal of Control (1984). S. 56/59.
[179] Böttiger, A.: Regelungstechnik. München Wien: Oldenbourg Verlag 1988.
[180] Freund, E.; Hoyer, H.: Das Prinzip der nichtlinearen Systementkopplung mit der Anwendung auf Industrieroboter. Regelungstechnik 28 (1980). S. 80/87, S. 116/126.
[181] Csaki, F.: Modern Control Theories. Budapest: Akadémiai Kiadó 1972.
[182] Isidori, A.: Nonlinear Control Systems, 2. Auflage. Berlin Heidelberg etc.: Springer-Verlag 1989.
[183] Sommer, R.: Synthese nichtlinearer, zeitvarianter Systeme mit Hilfe einer kanonischen Form. VDI-Fortschritts-Berichte, Reihe 8, Nr.36. Düsseldorf: VDI-Verlag 1988.
[184] Schwarz, H.: Nichtlineare Regelungssysteme. München Wien: Oldenbourg Verlag 1991.
[185] Aisermann, M.A.; Gantmacher, F.R.: Die absolute Stabilität von Regelsystemen. München Wien: Oldenbourg Verlag 1965.
[186] Narenda, K.S.; Taylor, J.H.: Frequency Domain Criteria for Absolute Stability. New York London: Academic Press 1973.
[187] Ackermann, J.: Robuste Regelung: Beispiele- Parameterraumverfahren. VDI/VDE-GMA Bericht 11: Robuste Regelung. Düsseldorf: VDI-Verlag 1986. S. 1/18.
[188] Kiendl, H.: Robustheitsanalyse von Regelungssystemen mit der Methode der konvexen Zerlegung. Automatisierungstechnik 35 (1987). S. 192/202.
[189] Senf, B.; Strobel, H.: Verfahren zur Bestimmung von Übertragungsfunktionen linearer Systeme aus gemessenen Werten des Frequenzganges. Messen-Steuern-Regeln (1961). S. 411/420.
[190] Sanathanan, C.K.; Koerner, J.: Transfer function synthesis as a ratio of two complex polynomials. IEEE Transactions on Automatic Control 8 (1963). S. 56/59
[191] Stahl, H.: Transfer function synthesis using frequency response data. International Journal of Control 39 (1984). S. 541/550.
[192] Bühler, H.: Einführung in die Theorie geregelter Drehstromantriebe, Band 1 Grundlagen. Stuttgart: Birkhäuser-Verlag 1977.
[193] Stahl, H.: Modellbildung im Turbinen und Generatorbereich einer Kraftwerksanlage. Informatik-Fachberichte 109, Simulationstechnik. Berlin: Springer-Verlag 1985. S. 459/464.

[194] Föllinger, O.: Nichtlineare Regelung, Band I und II. München Wien: Oldenbourg Verlag 1987.

[195] Atherton, D.P.: Nonlinear Control Engineering. London: Van Nostrand Reinhold Verlag 1975.

[196] Magnus, K.: Über ein Verfahren zur Untersuchung nichtlinearer Regelungssysteme. VDI-Forschungsheft 451. Düsseldorf: VDI-Verlag 1955.

[197] Hasenjäger, E.: Digitale Zustandsregelung für Parabolantennen unter Berücksichtigung von Nichtlinearitäten. VDI Fortschritts Bericht, Reihe 8, Nr. 87: Düsseldorf: VDI-Verlag 1985.

[198] Müller, P.C.: Control of Nonlinear Systems by Applying Disturbance Rejection Control Techniques. London: Proceedings IEE International Conference of Control 1988. S. 734/737.

[199] Müller; P.C.: Indirect Measurement of Nonlinear Effects by State Observers. In: Schiehlen, W.: Nonlinear Dynamics in Engineering Systems. Berlin Heidelberg: Springer Verlag 1990. S. 205/215.

[200] Müller, P.C.; Ackermann, J.: Nichtlineare Regelung von elastischen Robotern. VDI-Bericht 598, Steuerung und Regelung von Robotern. Düsseldorf: VDI Verlag 1986. S. 321/333.

[201] Müller, P.C.: Zur Stabilität von Grenzzyklen. Zeitschrift für Angewandte Mathematik und Mechanik 61 (1981). S. T49/51.

[202] Popow, V.M.: Stabilitätskriterium für nichtlineare Systeme der selbsttätigen Regelung basierend auf der Anwendung der Laplace-Transformation (in rumänisch). Studii si Cercetari de Energetica 9 (1959). S. 119/135.

[203] Popow, V.M.; Halanay, A.: Über die Stabilität nichtlinearer Regelsysteme mit Totzeit. AiT 23 (1962). Heft 7

[204] Schultz, D.G.; Gibson, J.E.: The Variable Gradient Method for Generating Ljapunow Functions. Transactions AIEE (1962). S. 203/210.

[205] Kalman, R.E. : On the General Theory of Control Systems. Proceedings First International Congress IFAC. Moskau 1960. Automatic and Remote Control. London: Butterworths & Company 1961, Band 1. S. 481/492.

[206] Ogata, K.: State Space Analysis of Control Systems. London: Prentice-Hall International 1967.

[207] Lohmann, B.: Ordnungsreduktion und Dominanzanalyse nichtlinearer Systeme. VDI – Fortschrittberichte Reihe 8 Nr. 406, 1994

[208] Lohmann, B.: Analytische Lösung von Systemen algebraischer Gleichungen und Anwendung in der Regelungstechnik. 4. Workshop des VDI/VDE-GMA-Ausschuss 1.4, Interlaken 1990

[209] Pitchayan, A.: Vergleichende Untersuchung zur Ordnungsreduktion dynamischer Systeme mittels der singulären Perturbation. Diplomarbeit. UniBwMünchen 2001

[210] Jung, Ch.: Reduktion nichtlinearer Systeme am Beispiel Fahrzeugsimulation. VDI – Fortschrittberichte Reihe 8 Nr. 289. 1992

[211] Buttelmann, M.: Model Simplification and Order Reduction of nonlinear Systems with Genetic Algorithms. Proceedings of 3rd Mathmod. Wien 2/2000. S. 777/781

[212] Kordt, M.: Nonlinear Model Reduction – Method And CAE-Tool Development. Proceedings Mathmod 2000, S. 263/272, Wien 2000

[213] Pohlheim, H.: Genetic and Evolutionary Algorithm Toolbox for use with Matlab (GEATbx). Erste Version: Juni 1995. Buch mit CD-ROM GEATbx Version 1.95: Evolutionäre Algorithmen – Verfahren, Operatoren, Hinweise aus der Praxis. Springer-Verlag, Berlin, 1999.

[214] Hasenjäger, E.: Digitale Zustandsregelung für Parabolantennen unter Berücksichtigung von Nichtlinearitäten. VDI-Fortschrittberichte, Reihe 8, Nr. 87, VDI-Verlag, 1985

[215] Pallaske, U.: Ein Verfahren zur Ordnungsreduktion mathematischer Prozessmodelle. Chem.-Ing.-Techn. 59, 1987, S. 604/605

[216] Löffler, H.-P.; Marquardt, W.: Order Reduction of non-linear differential-algebraic process models. J. Proc. Cont. 1991. S. 32/40
[217] Kordt, M.: Nichtlineare Ordnungsreduktion für ein Transportflugzeug. Automatisierungstechnik 11/99, 1999, S. 532/539
[218] Scherpen, J.M.A.: Balancing for nonlinear systems. System Control Letters 21, 1993, P. 143/153
[219] Newman, A.J.; Krishnaprasad, P.S.: Computing balanced realizations for nonlinear systems. Technical Research Report. Center for Dynamics and Control of smart structures. CDCSS T.R. 2000–4
[220] Desrochers, A.A.; Al-Jaar R.Y.: A method for High Order Linear System Reduction and Nonlinear System Simplification. Automatica 21. 1985. S.93/100
[221] Schoof, Sönke: Vorlesung Simulationsverfahren, http://linux.rz.fh-hannover

Sachverzeichnis